飞行器质量与可靠性专业系列教材

质量文化与技术素养

戴伟　何益海　姜南　赵宇　编著

北京航空航天大学出版社

内 容 简 介

本书在跟踪国内外质量文化的发展演化、质量管理理论和质量工程技术发展应用的基础上,以质量文化的内涵层次为主线,分别对质量精神文化、质量行为文化、质量制度文化和质量物质文化进行了系统的梳理与介绍,着重阐述各个层次质量文化的突出特点和应用场景。在突出质量文化和技术素养融合特色的同时,力求内容的系统性与可操作性。全书共6章;第1章介绍质量文化与技术体系的概念,第2~5章分别介绍质量文化各层次的概念内涵与技术方法,第6章介绍质量文化与技术的融合发展现状。本书可作为高等院校的质量文化与技术素养的通识课教材,也可供从事质量专业的工程技术人员参考。

图书在版编目(CIP)数据

质量文化与技术素养 / 戴伟等编著. -- 北京 : 北京航空航天大学出版社,2023.11
 ISBN 978-7-5124-4230-6

Ⅰ. ①质… Ⅱ. ①戴… Ⅲ. ①质量管理学—高等学校—教材 Ⅳ. ①F273.2

中国国家版本馆 CIP 数据核字(2023)第 211402 号

版权所有,侵权必究。

质量文化与技术素养

戴伟 何益海 姜南 赵宇 编著
策划编辑 蔡喆　　责任编辑 龚雪

*

北京航空航天大学出版社出版发行

北京市海淀区学院路37号(邮编100191)　http://www.buaapress.com.cn
发行部电话:(010)82317024　传真:(010)82328026
读者信箱: goodtextbook@126.com　邮购电话:(010)82316936
北京凌奇印刷有限责任公司印装　各地书店经销

*

开本:787 mm×1 092 mm　1/16　印张:11.5　字数:294千字
2023年11月第1版　2023年11月第1次印刷　印数:1 000册
ISBN 978-7-5124-4230-6　定价:49.00元

若本书有倒页、脱页、缺页等印装质量问题,请与本社发行部联系调换。联系电话:(010)82317024

飞行器质量与可靠性专业系列教材

编委会主任： 林　京

编委会副主任：

　　　　王自力　白墨宇　康　锐　曾声奎

编委会委员(按姓氏笔画排序)：

　　　　于永利　马小兵　吕　川　刘　斌

　　　　孙宇锋　李建军　房祥忠　赵　宇

　　　　赵廷弟　姜同敏　章国栋　屠庆慈

　　　　戴慈庄

执行主编： 马小兵

执行编委(按姓氏笔画排序)：

　　　　王立梅　王晓红　石君友　付桂翠

　　　　吕　琛　任　羿　李晓钢　何益海

　　　　张建国　陆民燕　陈　颖　周　栋

　　　　姚金勇　黄姣英　潘　星　戴　伟

序

1985年国防科技界与教育界著名专家杨为民教授创建了国内首个可靠性方向本科专业，开启了我国可靠性工程专业人才培养的篇章。2006年在北航的积极申请和原国防科工委的支持与推动下，教育部批准将质量与可靠性工程专业正式增列入本科专业教育目录。2008年该专业入选国防紧缺专业和北京市特色专业建设点。2012年教育部进行本科专业目录修订，将专业名称改为飞行器质量与可靠性专业（属航空航天类）。2020年该专业获批国家级一流本科专业建设点。

当今在实施质量强国战略的过程中，以航空航天为代表的高技术产品领域对可靠性专业人才的需求越发迫切。为适应这种形势，我们组织长期从事质量与可靠性专业教学的一线教师出版了这套《飞行器质量与可靠性专业系列教材》。本系列教材在系统总结并全面展现质量与可靠性专业人才培养经验的基础上，注重吸收质量与可靠性基础理论的前沿研究成果和工程应用的长期实践经验，涵盖质量工程与技术，可靠性设计、分析、试验、评估，产品故障监测与环境适应性等方面的专业知识。

本系列教材是一套理论方法与工程技术并重的教材，不仅可作为质量与可靠性相关本科专业的教学用书，也可作为其他工科专业本科生、研究生以及广大工程技术和管理人员学习质量与可靠性知识的工具用书。希望这套教材的出版能够助力我国质量与可靠性专业的人才培养取得更大成绩。

编委会
2020年12月

前　言

2017年9月5日，中共中央、国务院印发的《关于开展质量提升行动的指导意见》中明确提出："将质量文化作为社会主义核心价值观教育的重要内容，加强质量公益宣传，提高全社会质量、诚信、责任意识，丰富质量文化内涵，促进质量文化传承发展"。2023年2月6日，中共中央、国务院印发的《质量强国建设纲要》中也明确提出："要着力提高全民质量素养，积极对接国际先进技术、规则、标准，全方位建设质量强国，为全面建设社会主义现代化国家、实现中华民族伟大复兴的中国梦提供质量支撑"。我国经济社会发展已由高速增长阶段转向高质量发展阶段的新时代，质量专业的科研教学与工程实践需要把握经济社会发展的需求，探索质量文化与技术在工业文明变革中的发展规律。本书希望为高等院校开展质量文化与技术素养通识教育提供专业教材，也可供从事质量专业的管理与工程技术人员参考。

质量文化与质量技术是人类在工业文明发展的道路上与故障作斗争的过程中不断进行思考和总结的经验和智慧。本书在跟踪国内外质量文化的发展演化、质量管理理论和工程技术发展应用的基础上，以质量文化的内涵层次为主线，分别对质量精神文化、质量行为文化、质量制度文化和质量物质文化进行了系统的梳理介绍，着重阐述了在各个层次质量文化的突出特点和应用场景。在突出质量文化和技术素养融合特色的同时，力求内容的系统性与可操作性。全书共6章，第1章介绍质量文化与技术体系的概述，阐述了其基本概念、质量文化内涵与层次、质量技术基础与系统；第2章介绍了质量精神文化与观念意识，阐述了从工业时代开始的质量观念发展；第3章介绍了质量行为文化与实践模式，阐述了以PDCA持续改进为核心的质量行为方法论；第4章介绍了质量制度文化与标准规范，阐述了由国家法律法规、地方部门规章、组织制度文件所构成的质量制度体系;第5章介绍了质量物质文化与工具方法,阐述了用于定量和定性质量分析的方法工具;第6章介绍了质量文化与技术的融合发展,阐述了可靠性系统工程、零缺陷、六西格玛管理、卓越绩效准则等质量经营模式。

本书由戴伟、何益海、姜南、赵宇编著,戴伟负责第1~3章的编写,何益海负责第5章的编写,姜南负责第4章的编写,赵宇负责第6章的编写,全书由戴伟统编。在本书编写过程中李建军研究员、卿寿松研究员、陈大圣研究员、汪邦军研究员、姬广振研究员、王晓亮研究员、高泽研究员等专家学者给予了指导和建议;李亚洲、赵博阳、白金卓、郑庆霖、梁浩洋、王竞玄、彭楚欣、王昱瑾等同学协助进行了案例的整理校对;本书初稿完成后,于2019—2023年在北京航空航天大学的本科核心通识课《质量文化与技术素养》中试用,北京航空航天大学教务部邀请的匿名专家对试用教材进行了审阅,教学实践中还得来自各方面的意见和建议,使得书稿不断完善。

本书出版得到北京航空航天大学教改项目和北京航空航天大学教材出版项目的资助,在此表示感谢。

质量管理理论和工程技术方法随着工业生产活动的开展不断进化,其内涵也越来越丰富,由于水平有限,文中的疏漏和错误,敬请广大读者批评指正,不胜感激。

编 者
2023年10月

目 录

第1章 绪 论 ·· 1

    1.1 基本概念 ··· 1

        1.1.1 质量与质量意识 ··· 1

        1.1.2 文化与企业文化 ··· 2

        1.1.3 质量文化 ·· 4

        1.1.4 技术素养 ·· 5

    1.2 质量管理学科的发展历程 ·· 6

        1.2.1 质量检验阶段 ··· 6

        1.2.2 统计质量控制阶段 ··· 7

        1.2.3 全面质量管理阶段 ··· 8

    1.3 质量文化的内涵与层次 ·· 8

        1.3.1 质量文化的精神层面 ··· 9

        1.3.2 质量文化的行为层面 ··· 9

        1.3.3 质量文化的制度层面 ·· 10

        1.3.4 质量文化的物质层面 ·· 10

    1.4 质量技术 ·· 10

        1.4.1 质量技术基础 ·· 11

        1.4.2 质量技术系统 ·· 14

    1.5 本章小结 ·· 16

    习题一 ·· 17

第2章 质量精神文化与观念意识 ·· 18

    2.1 质量精神文化概述 ·· 18

        2.1.1 质量精神与价值观念 ·· 18

        2.1.2 影响质量观念的因素 ·· 19

    2.2 符合性质量观 ··· 20

        2.2.1 工业革命背后的质量观念 ·· 21

        2.2.2 开启现代工业管理的泰勒思想 ·· 21

        2.2.3 产品质量检验 ·· 23

        2.2.4 质量波动理论与统计过程控制 ·· 26

2.3 适用性质量观 ··· 29
  2.3.1 设计质量 ··· 29
  2.3.2 顾客需求是质量的源头和终点 ··· 30
  2.3.3 卡诺模型 ··· 32
2.4 全面质量观 ··· 35
  2.4.1 全面质量管理的发展 ·· 35
  2.4.2 全面质量管理的基本原则 ··· 36
  2.4.3 武器装备"四全"质量管理方法 ·· 37
2.5 卓越质量观 ··· 40
  2.5.1 质量经营 ··· 40
  2.5.2 卓越质量观的凝练方法 ·· 42
2.6 本章小结 ·· 46
习题二 ··· 47

第3章 质量行为文化与实践模式 ·· 48

3.1 质量行为文化概述 ·· 48
  3.1.1 质量行为 ··· 48
  3.1.2 质量行为文化的作用 ·· 48
3.2 质量行为的方法论 ·· 51
  3.2.1 质量改进行为 ··· 51
  3.2.2 朱兰三部曲 ·· 53
  3.2.3 PDCA持续改进模型 ·· 55
  3.2.4 质量改进活动的组织形式 ··· 57
3.3 质量活动的系统行为 ··· 59
  3.3.1 并行工程 ··· 59
  3.3.2 集成产品开发方法 ··· 60
  3.3.3 面向产品生命周期的设计 ··· 60
3.4 质量风险的管控行为 ··· 62
  3.4.1 风险管控 ··· 62
  3.4.2 质量问题归零 ··· 63
  3.4.3 航天"双想"风险管控思维 ·· 66
  3.4.4 航空适航管理 ··· 70
3.5 质量改进的创新行为 ··· 71
  3.5.1 质量与创新的关系 ··· 71
  3.5.2 技术系统进化与发明专利 ··· 72
  3.5.3 马斯洛需求层次结构 ·· 76

3.6 本章小结 ·· 80
习题三 ·· 80

第4章 质量制度文化与标准规范 ··· 81
4.1 质量制度文化概述 ··· 81
4.1.1 质量制度 ·· 81
4.1.2 质量制度文化的作用 ··· 82
4.2 质量法律法规 ·· 83
4.2.1 诚信敬业与市场失灵 ··· 83
4.2.2 质量管理法制化 ··· 85
4.3 质量管理体系 ·· 91
4.3.1 ISO 9000 族标准的诞生和构成 ·· 92
4.3.2 质量管理的基本原则 ··· 93
4.3.3 质量管理体系的建立和运行 ·· 97
4.4 本章小结 ··· 105
习题四 ·· 105

第5章 质量物质文化与工具方法 ·· 106
5.1 质量物质文化概述 ·· 106
5.1.1 质量物质和质量形象 ··· 106
5.1.2 质量形象塑造和评价 ··· 107
5.2 质量控制基本工具 ·· 108
5.2.1 调查表 ··· 109
5.2.2 散布图 ··· 111
5.2.3 直方图 ··· 113
5.2.4 排列图 ··· 116
5.2.5 控制图 ··· 119
5.2.6 因果图 ··· 120
5.2.7 分层法 ··· 122
5.3 质量管理基本工具 ·· 124
5.3.1 箭条图 ··· 125
5.3.2 过程决策程序图 ··· 127
5.3.3 系统图 ··· 128
5.3.4 矩阵图 ··· 130
5.3.5 亲和图 ··· 131
5.3.6 关联图 ··· 132

5.3.7　矩阵数据分析法 ………………………………………………… 135
　5.4　本章小结 ……………………………………………………………… 137
　习题五 ……………………………………………………………………… 138

第6章　质量文化与技术的融合发展 ………………………………………… 139

　6.1　科学文化、工业科技革命与质量文化 ………………………………… 139
　　　6.1.1　世界科学文化中心的转移 …………………………………… 139
　　　6.1.2　世界科学中心与工业革命 …………………………………… 140
　　　6.1.3　工业时代质量概念的内涵发展 ……………………………… 141
　6.2　可靠性系统工程 ……………………………………………………… 143
　　　6.2.1　可靠性工程需求及发展 ……………………………………… 143
　　　6.2.2　浴盆曲线与寿命周期故障率 ………………………………… 145
　　　6.2.3　可靠性系统工程基本理论 …………………………………… 146
　6.3　零缺陷管理 …………………………………………………………… 149
　　　6.3.1　定义 …………………………………………………………… 150
　　　6.3.2　基本原则 ……………………………………………………… 150
　　　6.3.3　管理理念 ……………………………………………………… 151
　　　6.3.4　实施步骤 ……………………………………………………… 151
　6.4　六西格玛管理 ………………………………………………………… 152
　　　6.4.1　定义 …………………………………………………………… 152
　　　6.4.2　六西格玛管理DMAIC实施流程 …………………………… 153
　　　6.4.3　六西格玛项目确立方法 ……………………………………… 155
　　　6.4.4　六西格玛项目组织管理 ……………………………………… 156
　　　6.4.5　六西格玛改进常用的工具 …………………………………… 157
　　　6.4.6　六西格玛项目总结和评审 …………………………………… 158
　6.5　卓越绩效准则和质量奖 ……………………………………………… 159
　　　6.5.1　卓越绩效模式的基本理念 …………………………………… 159
　　　6.5.2　日本"戴明奖"及评价指标 …………………………………… 163
　　　6.5.3　美国"波多里奇国家质量奖"及评价指标 …………………… 165
　　　6.5.4　欧洲质量奖及评价指标 ……………………………………… 166
　　　6.5.5　我国质量奖及评价指标 ……………………………………… 168
　6.6　本章小结 ……………………………………………………………… 170
　习题六 ……………………………………………………………………… 171

参考文献 ………………………………………………………………………… 172

第1章 绪 论

子曰:"道之以政,齐之以刑,民免而无耻,道之以德,齐之以礼,有耻且格。"

——《论语·为政》

1.1 基本概念

质量学科源于生产实践,脱颖于科学技术,汇流于现代管理,是一项综合性的技术,具有科学技术和现代管理双重属性。在社会生产发展的不同历史时期,人们对质量的理解各有不同。现代社会"产品质量的好坏,从侧面反映了一个民族的素质"。这句话深刻揭露质量的人文本质,把质量与国情、民风联系起来,延伸、拓展和丰富了质量的本质内涵,将质量提升至关系民族素质、国家形象的高度。

1.1.1 质量与质量意识

在工业革命到来之前,质量尚未引起人们足够的重视,也就没有被发展为专门学科,商品的提供者以最朴素的质量观为用户提供产品,而使用者在物资匮乏、没有物流的年代也缺乏宽泛的选择。工业革命不仅提高了生产力,也为人类创造了丰富的物质基础,人们对商品有了更大的选择权。随着质量管理学科的发展,不同的学者也对质量做出不同的定义,并赋予相应的内涵。

美国著名的质量管理专家约瑟夫·朱兰(Joseph M. Juran)博士认为,产品质量就是产品的适用性,即"产品在使用时能成功地满足用户需要的程度"。在朱兰的定义中,"使用要求"和"满足程度"是质量的关键。

作为使用者和消费者,在日常生活中提到"质量"的时候,往往会与心理预期直接相关。对于满足了人们期望的功能需求、可靠耐用、具备感官享受的产品,会表达一句:"××产品质量不错";若是未能满足心理预期,则评价往往相反。

"质量"的评价是动态发展的,会随着时间、状态或动作的发展变化而不断刺激顾客心中的评价准则,这是因为某些隐含的要求只有在特定场景下才会浮现。譬如:刚刚购买了一部新手机,手机样式新颖,拍照自带美颜,音响效果甚佳。但是,不小心滑落到地上,屏幕裂了一道缝,这突如其来的一条裂缝会瞬间破坏你对它的喜爱。尽管说明书或者技术指标中没有任何条义阐述手机的抗摔能力,但在内心深处认为屏幕不应该从桌面上滑落就碎掉。结果,评价就变成了"××手机质量不太好"。

因此,所谓的"使用要求",往往要受使用时间、使用场景、用户等各种因素的影响。而用户对产品使用要求的"满足程度",不仅取决于产品的性能、环境适应性、服务等多个方面,还与成本、市场、用户的心理偏好密切相关。这些因素的变化,会使人们对同一产品提出不同的质量要求。因此,质量不是一个固定不变的概念,而是一个动态的、变化的、综合的概念,并不是技术特性越高就越好,而是追求诸如创新、性能、时尚、美感、服务、价格等因素的最佳组合。这里最典型的例子就是苹果手机的横空出世,对诺基亚、爱立信等大手机厂商的"降维"打击。

所以朱兰认为,用户对产品的基本要求就是"适用","适用"恰如其分地表达了"质量"的内涵。

另一位杰出的质量专家、零缺陷理论的提出者克劳士比也贡献了自己对质量的定义。他认为"质量并非意味最佳,而是达到或者超越客户预期的使用感受、价格及服务的能力"。简单来讲,质量就是符合要求,而不能简单评价为好或者不好。

国际标准化组织(International Organization for Standardization,ISO)2005年发布了《质量管理体系——基础和术语》(ISO 9000:2005),我国的《质量管理体系——基础和术语》(GB/T 19000—2008)等同采用了国际标准,给出的质量定义为:"一组固有特性满足要求的程度。"这一定义曾经被广泛采纳。在这一定义中,关键词有3个——固有特性、要求、满足程度。而这一定义也是百年来质量内涵的高度凝练。这3个关键词的内涵如下:

① 固有特性:产品与生俱来的特性。"特性"分为固有特性和赋予特性,固有特性包括:物理特性(如机械、电、化学或生物学特性)、感官特性(如嗅觉、触觉、味觉、视觉、听觉)、行为特性(如礼貌、诚实、正直)、时间特性(如准时性、可靠性、可用性)、人体工效特性(如生理特性或有关人身安全的特性)、功能特性(如飞机的最高速度)等。固有特性就是质量特性,是产品与生俱来的特性,不随使用对象的改变发生(如导弹的"射程"和"精度");赋予特性是指人为增加的或因为某个活动使事物具有的特性(如商品由于贸易活动使其具有"价格"这一赋予特性)。事物的固有特性和赋予特性有时候可以相互转化,例如物流行业要求及时性,送货的及时性本是人为定义的赋予特性,而在这里却是物流行业的固有特性。

② 要求:是指一个产品或一项服务必须满足的明示的或隐含的需求或期望。隐含的"要求"通常是指质量相关方的习惯或惯例;"要求"可由不同的质量相关方提出;"要求"可使用修饰词表示,如产品要求、质量管理要求、顾客要求等。

③ 满足的程度:具有符合度、适用度、动态性等特征,满足的程度高,质量就好,满足的程度低,质量就不好;对于明确的要求,强调质量的符合度,对于隐含的要求,强调质量的适用度。

2015年,ISO再次对《质量管理体系——基础和术语》(ISO 9000:2015)等标准进行了修订。对"质量"这一定义作出更深层次的解释:

一个关注质量的组织倡导一种通过满足顾客和其他相关方的需求和期望来实现其价值的文化,这种文化将反映在其行为、态度、活动和过程中。

组织的产品和服务质量取决于满足顾客的能力,以及对相关方的有意和无意的影响。

产品和服务的质量不仅包括其预期的功能和性能,而且还涉及顾客对其价值和受益的感知。

新版的标准定义进一步加深和解释了质量的内涵,并且将"文化"一词放在首句,说明了现代质量观对文化的重视,将文化作为一切满足顾客及相关方的活动的基石。

下面来阐述何为文化,何为企业文化。

1.1.2 文化与企业文化

1. 文 化

一般认为,文化是一种社会现象,它是由人类长期创造而形成的产物,同时又是一种历史现象,是人类社会与历史的积淀物。"文化"一词,最早出现于《易经》的贲卦:"刚柔交错,天文也;文明以止,人文也。观乎天文,以察时变,观乎人文,以化成天下。"在《大辞海》中,文化被定义为"人类在社会实践过程中所获得的物质、精神的生产能力和创造的物质、精神财富的总和,狭义指精神生产能力和精神产品,包括一切社会意识形式:自然科学、技术科学、社会意识形态,有时又专指教育、科学、艺术等方面的知识与设施"。

各国学者也都曾经对文化进行过理论方面的研究。例如,人类学家威廉·A·哈维兰指出,文化是一系列规范或准则;而《美国传统词典》对"文化"一词的解释是"人类群体或民族世代相传的行为模式、艺术、宗教信仰、群体组织和其他一切人类生产活动、思维活动的本质特性的总和"。

可见,"文化"一词尽管有千种解释,但其本质是特定人类群体世代相传的特征,是被诸多定义所共同描述的对象。既然是被人类群体世代相传,那么可以推演出文化概念所包含的两个不同层面——文化的较深层面和文化的较浅层面。

在较深层次不易察觉的层面上,文化代表着基本的价值观念。这些价值观念是一个人类群体所共有的,即使这一群体中成员不断更新,文化也会得以延续和保持。其中,非常典型的是我国的儒家文化。儒家文化是一种"入世"的哲学,以"仁、义、礼、智、信"为教化之本培养有益于国家、有益于社会的人。这种文化及其追求影响了中华民族几千年——士为知己者死、先天下之忧而忧、修身齐家治国平天下,乃至父慈子孝、兄友弟恭……无一不是儒家文化的处世之道。尽管其中也有糟粕,但儒家文化的确在民族发展中延续和继承了下来。

所以,文化代表了一个国家、一个民族、一个地域的某种共同气质,为社会的价值和信仰奠定了基础;拥有某种文化的人群在工业化管理中,会共同带领企业形成特定的企业文化。

2. 企业文化

从微观上看,企业就是一个微型社会,离不开其民族、地域特征。例如,尽管均以近、现代以来的工业化进程为基础,但是在以儒家文化为背景的行为模式、伦理道德、经营思想、法制和国家观念的总和构成的东亚文化影响下,亚洲的企业文化与欧美的企业文化存在显著不同。虽然企业文化不同,但对企业的作用是同等重要的,都是企业的灵魂,是推动企业发展的不竭动力。

仰视杰出优秀的企业,看到的往往是——大批毕业于名校的斗志昂扬的员工、沉着从容有条不紊的工作流程、干净整洁的办公环境,甚少去思考其如此优秀的更深层次的原因——企业文化。IBM咨询公司曾经对世界500强企业做过深入调查,认为这些企业最为卓越的实践就是对企业文化的塑造——所有令人瞩目的技术创新、管理改革都根植于其内在的企业文化。华为总裁任正非极其重视企业文化,力图以企业文化为先导来经营企业,他认为资源是会枯竭的,唯有文化才能生生不息。他说:"人类所占有的物质资源是有限的,总有一天石油、煤炭、森林、铁矿会枯竭,而唯有知识会越来越多。"

那么企业文化到底是什么呢?企业文化是企业在生产经营实践中,逐步形成的、为全体员工所认同并遵守的、带有本组织特点的使命、愿景、宗旨、精神、价值观和经营理念,以及这些理念对于生产经营实践、管理制度、员工行为方式与企业对外形象等方面体现的总和,其核心是企业的精神和价值观。这里讲的价值观不是泛指企业管理中的各种文化现象,而是企业或企业中的员工在从事商品生产与经营中所持有的价值观念。

例如,以"两弹一星"和载人航天精神为核心的思想文化体系在过去几十年里逐渐成为我国军工企业的文化特色,这种精神形成了中国航天"以国为重,以人为本,以质取信,以新图强"的价值观。在这一价值观影响下,一代代航天人产生了对航天事业发展的使命感和自豪感,形成了强大的凝聚力和向心力,磨练出艰苦奋斗、勇于担当的意志品质,并为此忠于职守,忘我工作,贡献聪明与智慧、心血与汗水,为富国强军做出了卓越的贡献。

近20年全球科技快速发展,出现过很多互联网高科技公司,它们或手握某项关键技术,或赢得资本的青睐,但遗憾的是,由于忽视企业文化在经营管理活动中的作用,最终使这些公司没有长期存续下来。甚少有企业在创立之初便想着赚点快钱就宣布倒闭,然而它们为什么难以持久发展呢?抛开技术、资金、市场竞争等因素,良好的企业文化也是影响企业发展和寿命的关键因素。初创企业规模较小,十几人或几十人的时候倾向于全力解决生存问题,很少注重企业文化的塑造,从而错过了建立企业文化的最佳时机,而缺乏健康文化的企业,即使短期之内能盈利,也会因缺少内在凝聚力和发展动力而失败。

1.1.3　质量文化

文化的不同层面之间是相互作用的。例如,群体共有的基本价值观念作用于群体的行为模式和实践活动,而行为模式和实践活动也可以反作用于群体的基本价值观念。事实上,群体共有的基本价值观念正是群体行为模式和实践活动长期积累的结果或效应——由此可以说,质量文化的形成与发展正是人类自 20 世纪以来的质量实践活动所形成的自然结果。作为人类社会的基本实践活动之一,质量实践活动是伴随着工业文明的脚步共同成长起来的。如今,从乡村旅馆到五星级大酒店,从米老鼠到航天飞机,从街道小院到联合国大厦,质量实践活动已经从最初的工业领域渗透到人类社会生活的方方面面。从纯技术的范畴看,质量实践体现为确保实体(可以觉察或想象到的任何事物)的性质能够使用户的需要和期待得到持续满足的完整过程,具体包括两个基本方面:一是满足既定的需要和期望;二是对满足需要和期望的持续改进能力。随着质量实践活动的不断积累,质量实践逐步超越了纯技术的范畴而演变为一种精神、规则、技术、物质相融合的文化现象——质量文化。

由此形成了一个阐释当代质量实践活动的基本概念:质量文化是指以近现代的工业化进程为基础,以特定的民族文化为背景,不同民族或群体在各自质量实践活动中逐步形成的物质基础、技术知识、管理思想、行为模式、法律制度与道德规范等因素及其总和。《企业质量文化建设指南》(GB/T 32230—2015)给出了企业质量文化的定义:企业和全体成员所共有的关于质量的理念与价值观、习惯与行为模式、基本原则与制度以及物质表现的总和。质量文化的功能包括:导向功能、凝聚功能、约束功能、激励功能和辐射功能。

质量文化的概念天然地体现着 20 世纪以来工业文明的特征,它继承了当代质量实践活动的主流价值观念——TQM 思想的绝大多数精髓,并突破了 20 世纪 80 年代以来在发达国家得到广泛关注与研究的企业文化的界限。可以认为,质量文化是企业文化的核心组成部分,其形成与发展反映了企业文化乃至社会文化的成熟程度,也是国家或地区借助于文化力量振兴其经济竞争力的强大武器。

但是,质量文化的培育和建设是一个异常艰难、漫长的过程,其中既涉及技术的进步、产品的创新、管理的提升,也涉及观念乃至道德的树立。现代社会的技术变革、社会发展使得人们的生活方式急剧变化,时代更替的节奏加速,人们主动或被动地卷入竞争和被竞争的追逐,往往片面地重视利益而淡视事物的本质内涵和人生的终极价值,甚至在经济利益的纵容下背叛了道义。这些行为特征事实上影响了众多企业的质量文化建设。2008年,成立于1956年的三鹿集团被曝出臭名昭著的三聚氰胺事件,因此接受治疗的有上万婴儿,这家曾经获得过国家科学技术进步奖的老企业最终于2009年宣布破产,作为一个历史上也曾辉煌过并且取得了无数消费者信任的企业,三鹿集团并不缺乏管理体系(较早通过了ISO 9001、ISO 14001认证、GMP审核和HACCP认证,获国家实验室认可证书、国家认定企业技术中心称号),也不缺乏技术规范,造成其高速翻车的根本原因,是其醉心于规模扩张后的运营风险管理失控,更是管理失控下潜藏的深层次问题:质量意识的淡薄、质量管理流于表面、质量文化诚信欠缺。

党的十八大以来,党中央高度重视质量兴国,明确提出把推动发展的立足点转到提高质量和效益上来,在历次经济工作会议上强调要以提高发展质量和效益为中心并提出了著名的"三个转变"——要推动中国制造向中国创造转变,中国速度向中国质量转变,中国产品向中国品牌转变。可见,质量文化既通民生之命脉,又系国家之危重,文化建设是改善质量问题的基础和关键。值得说明的是,尽管从工业革命开始,质量作为一门学科伴随工业进步而发展并实践,但质量文化却一直处在雾里看花的研究状态,因为质量文化思想还处在初创发展阶段,所以存在着将质量文化概念与企业文化概念混同的现象。

1.1.4 技术素养

素养是通过训练和实践而获得的技巧、能力、修养。《汉书·李寻传》写道:"马不伏历,不可以趋道;士不素养,不可以重国",陆游的《上殿札子》写道:"气不素养,临事惶遽"。素养与素质的区别在于素质侧重于能力,素养则既要有能力,还要通过实践养成好的习惯,素养包含岗位技能、质量意识、工作认识等。要想做好质量工作,根本在于提高具体操作者的素养,有了高素养的操作者就有了高质量的保证,这里说的操作者不仅仅是指工人,还包括一线的辅助人员、管理人员、技术人员。著名的海恩法则指出:一起重大的质量安全事故背后都会有29个事故征兆、300个事故苗头、1 000个事故隐患。也就是发生一个重大的质量问题,它背后有1 329个征兆、苗头和隐患,如果就每个问题去解决问题,就会耗费大量精力、物力和财力,所以通过提高操作者的素养,在日常工作中少犯错误或不犯错误,才是根本之道,也就是说在日常的质量工作中能敏锐及时地发现这些事故征兆、苗头和隐患,并果断采取措施加以控制或消除,就可成功避免重大质量安全问题的发生。

技术素养是指人们在技术方面所具有的一定的素质和修养,包括对技术的全面理解和应用的能力以及辨别不同技术及其用途的能力。一般认为技术素养包括:理解技术的能力、使用技术的能力、管理技术能力和参加技术活动的能力。

① 理解技术的能力:理解技术不仅包括对技术的概念、原理与方法的理解,还包括理解技术语言、理解技术规范、理解技术伦理、理解技术价值等。

② 使用技术的能力:包括正确地使用技术、高效地使用技术、道德地使用技术等方面的能力。

③ 管理技术的能力:包括技术选择能力、技术决策能力、技术维护能力,技术更新能力等。

④ 参与技术活动的能力:包括对技术亲近的情感、积极探究技术的姿态以及对新技术关心和社会上关于技术的问题讨论等方面的能力。

深入研究戴明博士的质量管理十四条就会发现,从第六条到第十四条,全是围绕着如何提高员工的质量技术素养来开展质量工作的,如第十三条"要有一个强而有效的教育培训计划,以使员工能够跟上原材料、产品设计、加工工艺和机器设备的变化"。从长远抓质量工作而言,抓好质量素养的提高才是最关键的。如果说抓质量问题处理和体系建设都是"治标",那么抓质量技术素养的提高才是真正的"治本"。美国、日本、德国等发达国家几乎都是高质量产品的生产国,毫无疑问,这些国家工业文明水平也很高,而这些发达国家的操作者也是具有高质量技术素养的操作者。由此可知,企业要想提高产品的质量水平,就必须回到人的质量技术素养的提升工作上。具体如下:

① 要认识到技术知识的重要性。想方设法地提高人的知识技能及其运用水平,开展具有一定前瞻性的技术培训,加大岗位技能培训力度,不可走过场,磨刀不误砍柴工,让不合格的人上岗带来的问题是不可估量的,"没有经过培训的员工,是企业最大的成本,没有经过系统培训的管理者是企业的灾难",热衷于技术知识的学习,是从事质量技术工作、提高质量技术素养的基础。

② 要掌握一定的方法论和技术思想。方法论是质量技术素养的制高点,其从全局出发整体把握和推进质量工作;技术思想是技术方法本身所固有的思维方式,体现在工具算法、设计原则、设计模式等的经验总结。无论技术本身如何变化和创新,方法论和技术思想仍然能够指导技术的理解和运用。人们在技术思想的指导下处理实际工作中遇到的各种质量技术问题,不断提高技术行为能力的同时,总结一些好的经验以完善自己的技术思想,从而在思想层面持续提高质量技术素养。

③ 要坚持以人为本的工程技术理念。一方面,让团队成员互相学习提高技术素养,使团队的每个成员保持良好的协作与沟通;另一方面,养成团队成员认真负责的态度,提高其工作责任心。要着力选拔和奖励工作认真、具有质量自律的人员,通过高质量技术素养的职工队伍来获得高质量的产品。

1.2 质量管理学科的发展历程

从 18 世纪 60 年代英国发起第一次工业革命开始,机器生产逐步取代手工操作,新型的生产组织形式带动了包括质量管理在内的诸多学科的蓬勃发展。质量管理科学与其他任何一门科学的发展一样,都有其内在的规律性,是以社会对质量的要求为原动力的。工业革命之前,产品的质量由生产工人自己来保证。伴随着工业革命,实现工业化分工以来,质量管理才真正进入了科学化的阶段。质量管理的发展历史主要经过了 3 个阶段:以实物质量检验为基础的质量检验阶段,以统计过程控制为主要方式的统计质量控制阶段,以包含设计生产全过程管理为特色的全面质量管理阶段。

1.2.1 质量检验阶段

最初的质量检验主要靠手工操作者本人依据自己的手艺和经验把关,因而又称为"操作者的质量管理",概括起来就是没有分离出专业和专门的"质量检验员",每个工步操作分别留下操作记录和检验签署,即使在现代化的工厂仍是一种质量检验跟踪的有效方法。

这一阶段是质量管理的初级阶段,其主要特点是以事后检验为主,在此之前的工厂的产品检验都是通过工人的自检来进行的。20世纪初美国工程师泰勒(F. W. Taylor)提出科学管理理论,要求按照职能的不同进行合理的分工,首次将质量检验作为一种管理职能从生产过程中分离出来,建立了专职质量检验制度,这对保证产品质量起到积极的重要作用。

同时,大批量生产条件下的互换性理论和规范公差的概念也为质量检验奠定了理论基础,根据这些理论规定了产品的技术标准和适宜的加工精度。质量检验人员根据技术标准,利用各种测试手段,对零部件和成品进行检查,做出合格与不合格的判断,不允许不合格品进入下道工序或出厂,从而起到了把关的作用。

1.2.2 统计质量控制阶段

质量检验的专业化及其重要性至今仍不可忽视。只是早期的质量检验通常在产品制造出来后才进行,即事后把关。在大量生产的情况下,由于事后检验信息反馈不及时所造成的生产损失很大,故又萌发出"预防"的思想,促使了质量控制理论的诞生。

质量控制理论是质量管理与统计数学的跨学科结合。20世纪20年代,英国数学家费希尔(R. A. Fisher)结合农业试验提出方差分析与实验设计等理论,为近代数理统计学奠定了基础;与此同时,美国贝尔电话实验室(Bell Telephone Laboratory)成立了两个课题研究组,一组为过程控制(Process Control)组,学术负责人是休哈特(W. A. Shewhart),另一组为产品控制(Product Control)组,学术负责人是道奇(H. F. Dodge)。休哈特与道奇是把数理统计方法引入质量管理的先驱者,也是统计质量控制理论的创始人。

休哈特于20世纪二三十年代提出统计过程控制(SPC)理论并首创监控过程的工具——控制图。1931年,休哈特出版了《加工产品质量的经济控制》一书,为质量控制理论奠定了基础。休哈特的这本专著可以称得上是划时代的,它于1980年在美国重新再版,这在科技图书方面是鲜见的。道奇与罗米格(H. G. Romig)则于20世纪30年代提出抽样检验理论,该理论为质量检验理论的重要内容。上述两项研究成果有着深远的影响,从20世纪30年代至今,关于质量控制统计方法的研究成果数以千计,但至今未能脱其窠臼。本阶段的上述成果都为质量管理的进一步科学化奠定了理论基础。

这一阶段的主要特点是:从单纯依靠质量检验、事后把关,发展到过程控制,突出了质量的预防性控制的管理方式。在质量控制理论提出之时,恰逢发达国家处于经济衰退时期,所以当时这些新理论乏人问津,直至第二次世界大战期间,由于国防工业迫切需要保证军火质量,才获得广泛应用。上述理论应用于实际后所产生的效果显著,战后遂风行全世界。这一里程碑也被称为质量管理学科的第二个发展阶段——统计质量控制(Statistical Quality Control,SQC)阶段。

质量管理发展到统计质量控制阶段,在生产过程中强调定量分析,即强调"用数据说话",并应用统计方法进行科学管理,这是质量管理科学开始走向成熟的一个标志。统计质量控制的重要性无论如何强调都不过分,因为质量管理学科是众多管理科学中首先引入统计数学的,开创了管理学、经济学与统计数学融合发展的先河。

统计方法的应用减少了不合格品,降低了生产费用。但是现代化大规模生产十分复杂,影响产品的质量因素是多种多样的,单纯依靠统计方法不可能解决一切质量管理问题。随着大规模系统的涌现与系统科学的发展,质量管理也走向系统工程的道路。

1.2.3 全面质量管理阶段

全面质量管理阶段从 20 世纪 60 年代开始,至今仍在不断发展和完善。20 世纪 50 年代末,科学技术突飞猛进,大规模系统开始涌现,人造卫星、第三代集成电路计算机等相继问世,并相应出现了强调全局观点的系统科学;在国际贸易方面,第二次世界大战后国际贸易竞争开始加剧并要求进一步提高产品质量,这些都促使了全面质量管理(Total Quality Management,TQM)的诞生。

提出全面质量管理的代表人物有美国的费根堡姆(A. V. Feigenbaum)、朱兰等人。全面质量管理主要就是"三全"的管理,"三全"指:①全方位的质量,即不限于产品质量,还包括服务质量和工作质量等在内的广义的质量;②全过程,即不限于生产过程,还包括市场调研、产品开发设计、生产技术准备、制造、检验、销售、售后服务等质量环的全过程;③全员参加,即不限于领导和管理干部,而是全体工作人员都要参加,质量第一,人人有责。事实上,上述"三全"就是系统科学全局观点的反映,所以我国著名数学家华罗庚指出,全面质量管理是质量的系统工程。应该指出,正是统计质量控制阶段,为严格的科学管理和全面质量管理奠定了基础。1993年日本第 31 次高层经营者质量管理大会明确指出:"TQM(全面质量管理)的基础是 SQC(统计质量控制),SQC 与 TQM 二者不能偏离,专业技术与管理技术同等重要。"

20 世纪 60 年代以后,全面质量管理的观点在全球范围内得到了广泛的传播,各国都结合自己的实践进行了创新。例如,日本结合国情,提出全公司质量管理(Company - wide Quality Control,CWQC)。全面质量管理的概念已逐步被世界各国所接受。全面质量管理虽然发源于美国,但最初取得成效的却是日本,而美国由于种种原因并未实现理想的效果。直至 20 世纪 80 年代初,在激烈的国际商业竞争中逐渐处于不利地位的美国重新认识到质量管理的重要性,在著名统计学和质量管理专家戴明(W. Edwards Deming)博士的倡导下,大力推行统计过程控制(SPC)理论和方法,取得显著成效。从 1980 年起,经过 15 年的努力,美国的主要民用产品如钢铁、汽车等的质量已经重新赶上日本,消除了美日间的差距。据 1994 年上半年统计,美国劳动生产率的增长已上升到 5.4%,为当时世界最高水平,而德国只相当于美国的 80%,日本只相当于美国的 60%。

应该看到,质量管理发展的三个阶段不是孤立的、互相排斥的,而是前一个阶段为后一个阶段的基础,后一个阶段是前一个阶段的继承与发展。这三个阶段理论的形成、技术的开发,都离不开其背后推手——质量文化的作用与引导。

1.3 质量文化的内涵与层次

质量文化作为一种与现代工业文明密切相关的文化现象,有其自身独特的结构化特征,质量文化分为精神、行为、制度和物质 4 个层面,按照从低到高的顺序共同组成了质量文化金字塔结构,如图 1-1 所示。

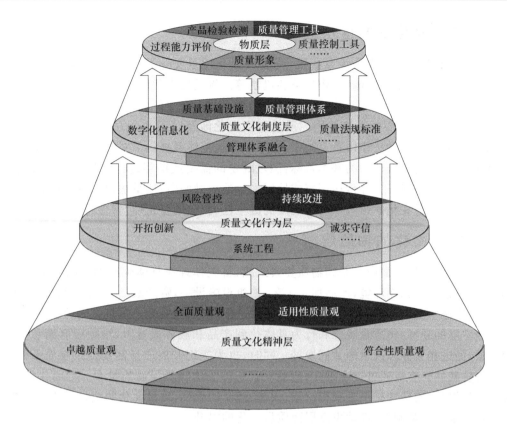

图 1-1 质量文化知识体系金字塔结构

1.3.1 质量文化的精神层面

质量文化的精神层面是质量文化金字塔的基础,是受社会文化背景和意识形态影响而长期形成的一种精神信仰和文化观念,既是质量文化的核心内容和最高境界,也是质量文化建设的哲学思想和最终目标。质量文化的精神层面包括质量文化理念、质量价值观、质量道德观等,它决定了组织对一种行事方法或者目标的持久性偏好和对事物重要性排序的普遍性接受,积极主动地尊重与维护的价值取向和精神追求。现阶段,各级组织的质量精神文化集中表现为尊重顾客和相关方的权益,积极主动地维护全社会质量文化的权威,追求产品质量的社会效益与完美主义,以及倡导资源的可循环利用和社会的可持续发展理念。

1.3.2 质量文化的行为层面

质量文化的行为层面体现为组织成员在质量理念引领下开展质量活动的行为模式。组织的质量行为文化包括质量管理活动、宣传教育活动、人际关系活动中产生的文化现象,是质量文化的具体实施。从企业人员的管理层级看,质量文化的行为包括领导干部的决策行为、质量管理队伍的专业行为、其他员工的从业行为等。通过总结行为规范、提炼活动准则,不断精益求精,形成比较有特色的质量行为文化。长期稳定、持之以恒、潜移默化的质量行为文化塑造能够有效推动质量文化影响力的形成。

1.3.3 质量文化的制度层面

质量文化的制度层面表现为系统性、强制性固化质量文化的主要机制,包括质量领导体制、质量组织机构、质量保证体系、质量奖惩机制等。将质量实践活动中行之有效的规章制度、管理规范进行归纳、总结、提炼,并且上升为长期遵循的制度文件,通过组织长期不断的推广和学习,成为一种深入人心的办事准则。质量制度文化涉及以下 3 个方面,即标准化与规范体系、质量奖励制度和质量法律体系。其中,标准化与规范体系提供了对行为及行为结果的指导与评价,揭示了质量实践活动的基本目标:满足既定的需要或期望;质量奖励制度体现在对行为模式的激励与导向作用,并传达国家或地区当局的鼓励倾向;质量法律体系是行为层面的强制性塑造,其对质量文化的影响取决于制度的健全性、执法的公正性、管理的及时性。

1.3.4 质量文化的物质层面

质量文化的物质层面由一系列物质要素组成,首先体现在具体生产的产品和提供的服务上,另外还包括质量工作环境,产品加工工艺,建筑设施设备,资产数量、质量与结构,科学技术水平,人力资源状况,以及企业的对外宣传、制服徽标、产品包装等。质量文化的物质层面是质量文化金字塔的顶部,将质量观念和行为具体化到产品和服务质量上,增强顾客满意度,提升质量形象,促进相关方和成员的共同发展。同时,也为组织开展质量活动提供物质条件、信息环境等物质载体。企业通过资金投入,能够显著获得质量物质层面的提升。然而仅依靠质量物质层面的提升,质量文化很难获得持续、快速、健康的发展,质量文化的建设需要在不断提高的质量物质水平的基础上,推动更高层面质量文化的提升。

相对而言,质量文化的 4 个层次中,组织成员的精神价值层面和行为模式层面是质量文化的内在表现形态,较难形成和改变;组织的质量制度层面和质量物质层面是质量文化的外在表现形态,较容易形成和改变。当质量文化各个表现形态一经改变,其影响力和持续时间与改变的难易度成正比,即越难改变的质量文化形态在形成后影响力越大、持续时间越长。精神层面、行为层面、制度层面和物质层面的建设难度、影响力如表 1-1 所列。精神层面和行为层面的质量文化属于质量文化中的较深层面,制度层面和物质层面的质量文化属于质量文化中的较浅层面。在质量文化建设过程中,组织对质量文化各个表现形态施加影响时,应考虑上述因素。

表 1-1 质量文化各层次特征

地 位	层 次	建设内容	影响力	抗 性
内化于心	精神层面	始终坚守的精神信仰和文化观念	影响广泛深远	较难以形成和改变
外化于行	行为层面	长期习惯形成的做事行为准则	强制性的影响力	
固化于制	制度层面	需要遵循的系统性和制度性措施	影响力相对较大	较容易形成和改变
物化于效	物质层面	容易开展,也容易见到初步的效果	影响力相对较小	

1.4 质量技术

质量技术是将现代质量管理理论及其实践与现代管理科学和工程技术成果相结合,以控制、保证和改进产品质量为目标而开发、应用的技术和技能。质量技术涉及各类与质量管理和技术活动相关的组织结构、资源配置、过程体系等,其中质量管理技术是在质量方面起到指挥和控制活动的作用,通常包括制定质量方针和质量目标,以及质量策划、质量控制、质量保证和质量改进等活动;质量工程技术是以系统工程理论为指导,保证产品质量特性实现的所有技术的统称,是实现产品"全系统全寿命全特性"质量管理的重要基础,是其他工程技术发挥效能的共性使能技术。

1.4.1 质量技术基础

2006年,联合国工业发展组织(United Nations Industrial Deuelopment Organization,UNIDO)、世界贸易组织(World Trade Organization,WTO)和国际标准化组织(International Standardization Organization,ISO)共同提出了"国家质量技术基础设施"(National Quality Infrastructure,NQI)的概念,将计量、标准、合格评定(包含认证认可、检验检测)并称为质量技术基础的三大支柱,如图1-2所示。其中,计量是标准和合格评定的基准,是控制质量的基础;标准是合格评定的依据,是计量的重要价值体现,用以引领质量提升;合格评定是推动计量溯源水平提升和标准实施的重要手段,控制质量并建立质量信任。三者构成一条完整的链条,对于支撑产业升级、加强质量安全、保护消费者、促进公平竞争、推进国际贸易便利化、营造商业环境具有积极的促进作用,能够有效支撑未来经济的可持续发展。

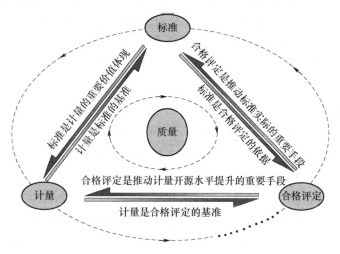

图1-2 国家质量基础设施

1. 标 准

远古时代,人类在长期与大自然搏斗的过程中,逐渐学会了使用木棒、石块等狩猎和防御工具,吼叫声也成为交流思想感情和传达信息的方式,在这种原始语言的基础上,又创造了符号、记号、象形文字,经过漫长的岁月发展成今天的文字,这就是人类第一次伟大的标准化创举。中国历史上的标准和标准化发展并不落后。

标准是为了在一定范围内获得最佳秩序,经协商一致制定并由公认机构批准,共同使用和重复使用的一种规范性文件。自然经济下的标准具有零散、自觉、缺乏定量化的特点,从出土的大量文物来看,无论是青铜器、瓷器,还是玉器、钱币,从选材、加工、制造等各个环节已具备技术上的一致性,说明当时就有了统一的技术概念和要求,这种统一性的要求就是标准。由于标准在经济发展中的作用还并不突出,所以也会看到很多古代青铜器、工艺美术品等孤品。在惊叹当时冶炼技术和精湛技艺的同时,还应该想到由于缺乏互换性模式化的生产,这些器具在当时都是无法复制、无法大规模生产的,并且也难以进入普通百姓的日常生活。

近代标准化是在工业大分工的基础上发展起来的。进入18世纪,随着第一次工业革命的到来,标准化也得到了迅速发展。18世纪末,"现代工业标准化之父"惠特尼在制造轧棉机和来福枪时提出了两个重要理念:"可替换零件"和"标准化生产"。通过采用标准化零件,分别制作后组装成整机,实行劳动分工,保证零件具有互换性,从而大幅提高生产效率。1841年,英国的约瑟夫·惠特沃斯敦促英国采用统一的螺纹制度,并设计出惠氏螺纹,最终形成世界第一份螺纹标准,极大推广了螺纹技术,提高了产品质量。1901年,英国工业标准委员会(英国标准学会BSI的前身)成立,成为世界上第一个正式的标准化组织机构,成立伊始即将钢铁的型号大幅缩减。1917年,具有广泛代表性的公益性标准化机构——德国标准化学会(Deutsches Institut für Normung e. V.,DIN)成立,DIN制定的标准涉及建筑工程、采矿、冶金、化工、电工、安全技术、环境保护、卫生、消防、运输、家政等各个领域。该机构每年大约制定1 500个标准,其中80%以上的标准被欧洲各国采纳,2/3的标准转化为全球接受的国际标准。

20世纪以来,标准化在企业、行业、国家以及国际范围内迅速发展,企业、行业组织以及学术研究团体均参与了标准制定,1906年成立的国际电工委员会(International Electrotechnical Commission,IEC)和1947年成立的国际标准化组织(ISO)作为全球最有权威的两大标准化组织也参与其中,推动国际合作,增进相互了解,正如ISO的宗旨:"在世界范围内促进标准化工作的发展,以便于国际物资交流和互助,并扩大在文化、科学、技术和经济方面的合作。"

2. 计 量

在古代,人类社会进行了两次大分工。第一次是农业和畜牧业的分离,第二次是手工业与农业的分离,经过两次大分工之后,社会上出现了专门的农业、畜牧业和手工业。社会分工引起的直接结果是生产的发展和产品的交换,为了遵循产品交换和分配过程中的等价原则,必须对交换物的长短、大小、轻重进行计量,这就是最初产生计量器具的社会经济原因。计量器具在我国古代被称为"度量衡",用于测量物体的长度、体积、质量等物理量,由于它对人类社会的生存和发展非常重要,以至于从诞生之日起,决定度量衡标准就成为了正义与权力的象征。在故宫的太和殿面前,东边的日晷作为计时标准器、西边的嘉量作为容量标准器,象征着国家的统一和皇权对时间、空间的掌控。

计量是实现单位统一、保障量值准确可靠的活动。通过使用法定单位实现计量单位的统一,依靠计量检测体系来保证量值的准确可靠。计量发展的初级阶段,计量单位并不统一,检测基准也没有科学依据,经常用人体的某一部分、动物的某种能力、植物果实、乐器等物品来表征,例如,在我国古代,"布手知尺""掬手为升",在12世纪的英格兰1码(约0.914 m)的长度被定义为国王伸展手臂时,从鼻尖到拇指的长度。随着手工业与农业的分离、商品生产和交换的进一步发展,商品的品种和数量越来越多,人们对计量器具的准确要求越来越高,于是产生了早期的度量衡标准器具。

春秋战国时期群雄并立,各国度量衡标准不一,对社会发展造成阻碍。商鞅变法统一了秦国度量衡,使秦国国力大增,一跃成为战国后期最富强的诸侯国。秦始皇统一全国后,继续向全国推行"车同轨、书同文、钱同币、行同伦",颁发统一度量衡的诏书,并制定了一套严格的管理制度,为中国封建社会的基本社会规则奠定了基础。图1-3所示为战国商鞅方升。

图1-3　上海博物馆收藏的战国商鞅方升

1875年,法、德、美、俄等17个国家的代表在巴黎签署《米制公约》,用于协调国际单位制,规定长度主单位为米:等于通过巴黎的子午线长度的四千万分之一;规定质量主单位为千克:1 dm^3 的纯水在4 ℃时的质量;规定容量主单位为升:1 kg纯水在标准大气压下4 ℃时的体积;规定时间主单位为秒:根据地球围绕太阳的转动周期而确定。这种以"米"为基础的制度被作为国际通用计量单位,因此得名"米制公约"。为了实现世界范围内的测量一致性,建立新的米制标准,保持国际标准原器,并进行必要的比对,这是有史以来人类第一次根据一种基本且普遍的事物定义的计量单位。国际《米制公约》的签订,标志着国家质量基础进入了依托科学的时代,从此国家质量基础将成为工业时代新的发展根基。

3. 合格评定

合格评定的目的是给用户或消费者提供信任,即确定或证实材料、产品、服务、过程、体系、人员或机构已经符合相关要求。我国国家标准《合格评定　词汇和通用规则》(GB/T 27000—2006)给出了合格评定的定义:"与产品(包括服务)、过程、体系、人员或机构有关的规定要求得到满足的证实。"

按照定义,合格评定主要包括检测、检查、认证和认可等活动。其中,检测、检查、认证的对象是产品、服务、过程、体系、人员等,而认可的对象则是从事检测、检查、认证活动的机构。合格评定的主要目的是给用户或消费者提供信任,即确定或证实材料、产品、服务、安装、过程、体系、人员或机构已经符合相关要求和技术标准。目前,认证认可已经成为国际通行的提高产品、服务质量和管理水平、促进经济发展的重要手段,产品取得认证,也就意味着质量符合相关组织、国家或国际的技术标准。

早在北宋,我国就出现了图形商标形式的民间自发认证,图1-4所示为现藏于中国国家博物馆的用于印刷广告的青铜模版,铜版的上方标明"济南刘家功夫针铺",名称下方有一只白兔,它正拿着捣药杵捣药,白兔的两侧刻着"认门前白兔儿为记"。铜版下半部分附着一则广告"收买上等钢条,造功夫细针。不误宅院使用,转卖兴贩,别有加饶,请记白兔儿为记"。这块内容丰富的济南刘家功夫针铺铜板已被专家证实是我国目前最早的商标广告,一方面通过商标向人们传达自己的经营理念,另一方面向顾客证明具有该商标的产品货真价实。

图1-4 中国国家博物馆收藏的宋代用于印刷广告的青铜模板

现代质量认证制度发源于英国。1900年,英国钢铁商斯开尔顿(H. J. Skelton)针对钢材型材尺寸、规格繁多的问题,向英国钢铁联合会提交了一份主张实行标准化的报告,该报告被高度重视。1901年,英国工程标准委员会成立,制定了钢轨尺寸标准和建筑用型钢尺寸标准,使钢轨品种从75种简化到5种,通用结构钢品种也减少30%,巨大的经济效果引起社会对标准化工作的重视。1903年,英国工程标准委员会以国家标准为依据,在通过认证的英国铁轨上使用风筝标志(BSV)(见图1-5),开创了国家认证制度的先河。

   =
British   Standards   Verification   Kitemark

图1-5 英国风筝认证标志

第二次世界大战之前,一些工业化国家已经建立起以本国法规、标准为基础的国家认证制度,对本国市场流通的产品实施认证制度;第二次世界大战后到20世纪70年代,开始了国与国之间双边、多边互认的认证制度;20世纪80年代后,国际组织开始实施以ISO国际标准规则为依据的国际认证制度,并广泛开展了国际或区域互认制度,以减少贸易技术壁垒,促进国际贸易发展。

1.4.2 质量技术系统

质量技术系统以解决质量问题和满足顾客需求为目标,以质量体系为依托,以质量工程技术为基础,通过质量策划、质量控制、质量保证和质量改进等质量工作过程实现其职能,由完成质量工作过程所需的人员、设备、信息、能源等组成的具有特定功能的有机整体。

质量技术系统层次如图1-6所示,横轴从专业领域可以划分为质量管理技术、质量形成技术与质量检测技术三个专业,纵轴将每个专业领域又划分为基础理论、基础技术、应用技术等。其中,每个专业领域有各自的基础理论、基础技术与应用技术,构成其体系框架,不同专业领域之间的基础理论、基础技术与应用技术也可以共用,同时新的技术和新的方法还在不断涌现和扩充。

质量技术系统			
知识层次	技术分类		
	质量管理技术	质量形成技术	质量检测技术
基础理论	质量波动论…	故障学…	计量学…
基础技术	QFD…	FMEA…	应力检测…
应用技术	质量策划技术…	可靠性设计…	损伤检测…
经验和认识	质量工程实践		

图 1-6 质量技术系统的层次

质量管理技术是以 PDCA 环为基础,控制和降低通用特性与专用质量特性的波动为任务,为保持装备的性能稳定、检验其与标准或规范的符合性、降低质量损失、满足用户需求的过程中所应用的一系列技术和方法。质量管理技术的基础理论是对质量特性演化的认识,包括认识质量特性波动和控制的规律;质量管理技术的基础技术包括质量特性设计工具、质量特性控制工具、质量特性管理工具等;质量管理技术的应用技术包括质量策划技术、质量控制技术、质量改进技术、质量评价技术。

质量形成技术是研究产品全寿命过程中与故障作斗争的科学体系,它从系统的整体性及其同外界环境的辩证关系出发,研究产品发生故障的机理与规律,预防、控制与修复产品故障的理论与方法,并运用这些机理与规律、理论与方法开展一系列相关的技术与管理的活动。质量形成技术的基础理论是认识故障规律,包括认识故障发生的规律和故障表现的规律;基础技术包括故障预防技术、故障控制技术和故障修复技术;应用技术包括用于产品综合论证、设计与分析、试验与评价、生产保证、运用与保障等应用技术。

质量检测技术是确定质量特性的量值,获得产品使用与性能变化数据的技术,进而判断其是否符合规范或标准的要求,为质量特性的设计、评价、改进提供必要的数据支撑。质量检测技术的基础理论是对检测对象特性的认识,包括认识检测对象的理化特性和结构特性;基础技术包括无损检测技术、理化检测技术、电子检测技术;应用技术包括软件质量检测、元器件质量检测、机械工艺质量检测等。

如图 1-7 所示,给出了质量技术系统的运行模型。以 PDCA(Plan Do Check Act)循环指导质量问题的持续改进,在质量策划 P 阶段定位目标并在后续实施监督管理,在质量控制 D 阶段进行过程管理并进行风险控制,在质量评价 C 阶段对结果进行检测评价并验证目标达成度,在质量保证 A 阶段对制度体系进行优化并形成最佳实践标准。在质量问题持续改进的过程中,还伴随着质量文化的塑造和传播,从而推动质量观念的发展和转变。

(1) 质量策划和监督

为了保证产品质量,责任主体以社会责任、法规标准、技术规范、合同目标等为依据,对产品、体系和过程等对象进行质量策划,并进行连续或一定频次的监视和验证,对质量记录进行分析以验证是否符合质量要求的管理和技术活动。

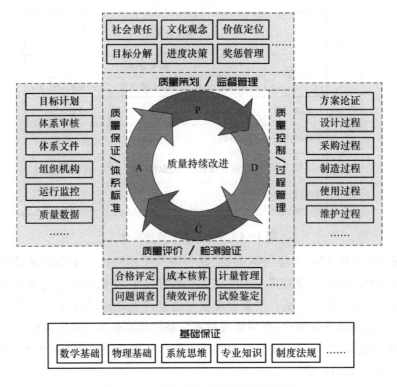

图 1-7 质量技术系统的运行模型

(2) 过程质量控制

通过对产品论证、设计、采购、制造、使用、维护质量的监测与控制,以质量技术检验、分析、评价等为手段,全面反映和跟踪产品形成过程中的质量状况,建立产品质量控制体系,提高并保证产品质量。

(3) 质量评价与检测验证

在顾客需求的驱动下,通过检测产品质量特性,分析和评价质量技术系统的运行绩效,检验核心竞争力的优势程度,确定质量技术系统发展方向和定位,为企业质量技术系统的改进决策提供依据。

(4) 质量体系保证

从目标与资源的角度记录企业经营活动,反映企业经营状态,分析企业经营效果,根据企业生产、经营活动需求合理调度资源。质量体系保证主要包括:体系文件管理、组织机构管理、运行监控管理等。

(5) 基础保证与持续改进

基础保证是质量技术系统运行的根基,为上述质量监督、质量控制、质量评价、质量保证提供必要的技术与物质保证,将系统工程的建模、分析与评价理论应用到质量技术系统中,持续改进产品质量技术系统的运行效能。

1.5 本章小结

本章主要介绍质量、质量文化、质量技术等基本概念,回顾了质量管理科学产生发展和逐步成熟的历史,其内在的驱动力便是工业革命孕育的质量文化,质量文化总是在看不见的地方、润物细无声地成就着今天的科技繁荣和工业文明。

习题一

1.1 从身边的例子说说你对质量的理解。
1.2 质量管理学科主要经历了哪些发展阶段?
1.3 试列举你所知道的企业的特有的质量文化。
1.4 列出一种你所熟悉的产品的主要质量特性。

第 2 章 质量精神文化与观念意识

子贡问政。子曰:"足食,足兵,民信之矣。"
子贡曰:"必不得已而去,于斯三者何先?"曰:"去兵。"
子贡曰:"必不得已而去。于斯二者何先?"曰:"去食。自古皆有死,民无信不立。"

——《论语·颜渊》

2.1 质量精神文化概述

质量精神文化包括:质量观念、质量理念、质量价值观、质量意识等,表现为组织对一种行事方法或者目标的持久性偏好,是组织成员积极主动地尊重与维护的价值取向和精神追求。质量精神文化是质量文化的核心和精髓,也是质量文化建设的哲学思想和最高目标,是最为稳定、最具影响力的一层。质量观念是组织质量文化的核心,也是质量文化的"原点"。

2.1.1 质量精神与价值观念

"观念"是人的基本看法和思想,是人们对客观事物的一种反映,是思维的结果和理性的概念,质量观念是人们对质量的基本认识和对质量问题的基本观点。质量观念决定着组织成员的质量态度和行为取向,且随着社会科学技术和消费水平的变化而变化。落后的质量观念必然产生消极的质量态度和不适宜的质量行为,从深层次上制约产品质量的提高和质量工作的开展,因此,组织必须树立正确的质量观念。

从社会角度来看,任何产品的生产最终都是为了消费,而产品的质量如何,对消费往往具有决定性的意义。当人类还处在茹毛饮血、采撷渔猎的时代,就已经开始关注产品的质量了。例如,哪些东西可以吃,哪些东西不能吃,哪些东西好吃,哪些东西不好吃,这是最原始的质量问题。吃就是消费的过程,而采撷渔猎就是生产的过程,吃的过程产生消费质量要求,指导采撷渔猎过程的具体生产行为。于是,最原始的质量观念就形成了。当时生产和消费还没有完全分离,消费质量的需求直接驱动生产过程的行为,而且全部体现在既是消费者又是生产者的原始人本身上。随着生产力的发展,人们对产品质量的认识逐渐加深,人类的质量观念在不停地深化和进步。特别是到了当代,整个社会的质量观念进步和变化频率加快,先进的质量观念在生产、消费、交换和分配的过程中不断涌现,如表 2-1 所列,现代质量观念经历了从诚信的原始质量观到符合性质量观、适用性质量观、全面质量观再到卓越质量观的发展过程,不同的质量观念适应不同的社会生产方式,同时带来质量管理模式的变化。

表 2-1 质量观念与质量管理模式

质量观念	质量管理模式	主要特征	主要生产方式
诚信	技艺传承	熟能生巧、天赋领悟	自然经济
符合性	质量检验	社会大分工、检验工种从生产中独立存在	流水生产线

续表 2-1

质量观念	质量管理模式	主要特征	主要生产方式
适用性	统计质量控制	设计保证、过程控制、顾客满意	多品种小批量
全面系统	全面质量管理	全员的、全过程和全系统、全特性的质量管理	精益制造
卓越绩效	智能质量管理	数字化质量管控、大数据分析、小样本评估、质量经营战略	智能制造

2.1.2 影响质量观念的因素

质量观念指通过理解组织所处的内外资源环境，提炼组织的质量价值观并融入全体人员的思想意识中，从而获得成员的充分理解和认同。因此，质量观念的塑造被称为"内化于心"，主要由组织领导进行推动，同时需要考虑组织所处的环境并开展相关方关系管理，充分发挥相关方在组织绩效方面的作用，实现组织持续成功。质量观念作为一种价值观，在特定的资源条件和地理环境下，具有相对的稳定性和持久性；由于发展经历和时代背景不同，其具有浓重的历史性与选择性；再加上个人好恶和衡量尺度的差异，其具有鲜明的主观性与差异性。制约质量观念的影响因素，主要包括以下几个方面。

1. 科学技术的发展

科学技术是第一生产力，产品质量的提升首先依赖于科学技术的进步。因此，科学技术对质量观念的形成起着推动和制约作用。回顾近百年来质量观念的发展过程不难发现，每当科学技术出现重大突破，产品质量就会迈上一个新的台阶，而人们的质量观念也就会有新的提升。例如，第二次科技革命将人类带入电气时代，机械化、电气化、自动化的科学技术进入生产、生活领域，并推动质量管理的发展使其形成了标准化、模块化、成组化的质量观念，进一步促成以流水线方式组织产品的生产装配；随着芯片的持续研发，运算速度不断取得突破，信息技术企业就需要树立追求"更快速、更智能"的质量观念。企业在新产品投产、新设备引进、新技术运用时，应当探索和调整新的质量观念，遵循科学技术发展的需要，不要让旧的质量观念阻碍新产品、新设备、新技术带来的效能提升。

2. 顾客的质量需求

生产的最终目的是消费，而消费者就是组织的顾客。ISO 9000 提出的第一项质量管理原则就是"以顾客为关注焦点"，标准指出："与顾客相互作用的每个方面，都提供了为顾客创造更多价值的机会。理解顾客和其他相关方当前和未来的需求，有助于组织的持续成功。"组织的质量观念主要来自于顾客的质量需求，组织可以对顾客需求进行普遍性的认知，例如，安全、适用、可靠、经济、环保、新颖等；但事实上，不同的顾客对产品有不同的质量需求，即使是相同的产品，顾客对其质量需求也在不断调整或提升。因此，组织不能仅用社会普遍认知的质量需求或者一成不变的质量观念，去臆断顾客需求，而是应当通过调查主动把握顾客对质量的针对性需求。只有真正了解了顾客对质量的针对性需求，甚至了解顾客对未来的需求，才能保证质量观念不落后，也才能在竞争中更好地赢得顾客的信赖。

3. 最高管理者的质量观念

如果最高管理者的质量观念落后，势必造成组织的质量观念落后。ISO 9000 提出的第二项质量管理原则就是"领导作用"，标准指出："领导建立统一的宗旨和方向，并创造全员参与实现组织的质量目标的条件"。组织的质量观念通常由最高管理者确立,或者是在最高管理者的质量认识基础上形成的。在成为最高管理者之前,他已经形成了自己的质量观念,这种固有的质量观念必然会影响他所领导的组织的质量观念。当然,由于管理角度的变化以及组织生存发展的压力,最高管理者也必然要对自己的固有质量观念进行调整,甚至完全来一次"思想革命"。但不管怎么样,最高管理者的质量观念对组织的质量观念起着"领头羊"的作用,组织的质量观念往往都被深深打上其最高管理者(特别是首任最高管理者)的质量观念烙印。

4. 组织的传统和现状

组织的质量观念还会受到传统文化和生产现状的影响,可根据企业自身的生产经营类型、所有制关系、历史传统、规模等选择质量规章制度,设置质量组织机构及其职能权限,确定质量管理活动及其具体要求。塑造组织的质量观念时,务必要兼顾现有的生产方式和质量观念。例如,单品种大批量生产和多品种小批量生产两类不同的企业,由于组织模式、生产规模、管理方法等不同,组织采用了不同的领导体制和组织机构,就需要塑造不同的质量观念,适应组织发展现状、融合传统质量文化。

5. 组织的社会责任

赢利是企业生存发展的需要,也是社会进步的需要,但是组织的经营活动始终同社会系统中的政府、顾客、股东、金融机构、协作商、新闻媒介、公众、社区存在千丝万缕的联系。因此,组织在树立质量观念时,必须考虑和增加社会的整体利益,承担节约资源保护环境、关注员工生存状态、参与制定行业标准、参与社会公益事业等社会责任。组织长期稳定发展不仅取决于自身的经营效益和竞争能力,而且也依赖于社会的方方面面,组织存在的价值和意义也需要得到社会各界的认可和支持,塑造勇于承担社会责任的质量观念,才能使组织的发展和社会的进步达到统一。

如果说原始经济时代人们的质量观念核心还仅仅是能吃能用的话,那么经过了自然经济时代耐穿耐用的质量观念、大工业时代符合性质量观念、适用性质量观念的发展,如今人们的质量观念已经集中到精神卓越的价值追求上,向全面提升生活质量和社会发展的质量观念不断进步。人们对高质量生活的追求不会停歇,对产品质量的要求也会越来越高,质量观念的价值方向也需要跟随社会发展和科技进步进行持续的提升。

2.2 符合性质量观

工业革命极大地提高了生产力,使自然经济向商品经济转化。在生产效率提升的物质基础上,规模化、标准化的工业大生产随之诞生,出现了两个重要的生产行为理念:"可互换性零件"和"标准化生产",推动了生产专业化分工、产品零件标准化设计生产。这一阶段的产品质量取决于检验人员的技艺水平和经验,因此"质量是产品符合规定要求的程度",这一质量观念将质量问题转换成为"工作结果是否符合工作要求"的问题,从而诞生了"符合性质量观"。在这种质量观念中,最可贵的品格是员工的诚信,质量工作最重要的是质量检验,即阻止不合格产品流入市场。这是从生产者的角度来定义的质量,即强调产品要达到规定要求或标准,质量保证工作的重心就是在产品生产制造阶段保证质量的符合性。

2.2.1 工业革命背后的质量观念

在 14 世纪文艺复兴运动的影响之下,社会经济快速发展,商人希望借助公共权力来保护其产权与利益。这时,"重商主义"受到了西方国家的推崇,重商主义认为只有能实现,并且真正实现为货币的东西才是财富,因此金银即货币是财富的唯一形态,国家的经济政策和一切经济活动都归结为攫取金银。例如,葡萄牙、西班牙、荷兰从 16 世纪开始的海外掠夺。这种以掠夺财富为目的的观念并不能一直持续下去,逐渐被"重工主义"取代。重工主义认为,一个国家货币多并不能够说明富强,关键要看这个国家经济的份额在世界上所占的比重——这又取决于国家生产的工业产品在世界贸易中所占的比例。这种以工业产品占世界经济份额的多寡作为评判一个国家贫富标准的观念也被称为"真正的重商主义",这在英国权贵阶层得到了广泛的认同,国家权力转向一种新的途径,帮助工业取得经济优势。正是在这一观念的影响下,1623 年英国议会通过了《垄断法规》,该法规被认为是世界上第一部具有现代意义的专利法,旨在保护科技的发明创造,保护创新技术的人持有专利权,同时又设计了在若干年后公开专利来回馈全社会的良性循环,很大程度上推动了工业革命的发生和发展。

第一次工业革命的成就远远不止是珍妮纺纱机带来的纺织业发展和瓦特蒸汽机带来的动力改良,机械、动力、化学、冶金技术的发展对交通、印刷、采矿等各个领域都影响弥深。工业革命为英国提供了丰富的物质基础,开创了以机器代替手工劳动的时代。工业革命也不仅仅是一个技术革命,而是整个工业组织、结构、形态都发生革命性变化的划时代的系统工程,其关键是把工业的组织形式制度化,奠定了现代意义上的工厂制度。从社会关系上看,依附于落后生产方式的自耕农阶级消失了,工业资产阶级和无产阶级形成和壮大起来。

总之,技术进步不仅降低了成本、提高了效率,同时还提高了质量,并奠定了推动这一趋势更快发展的基础。第一次工业革命可以概括为一场技术革命、生产制度革命、基础设施革命,同时也带来了一场质量观念的革命,从人、设备、物质等方面对符合性质量观的形成奠定了基础。第一次工业革命为社会积累了财富,更大程度地满足了人们对物质资料的需求,接下来就是要解决如何提高生产效率、赢取最大利润的问题。这既催生了古典管理科学,也驱动了符合性质量观的形成。

2.2.2 开启现代工业管理的泰勒思想

提及工业革命带来的现代工业管理,弗雷德里克·温斯洛·泰勒(Frederick Winslow Taylor,1856—1915)是当之无愧的开拓者。泰勒是美国古典管理学家,科学管理的创始人,被管理界誉为科学管理之父(见图 2-1)。他出生于美国费城,18 岁时进入哈佛大学攻读法律,但因为眼疾而辍学,不久到费城米德维尔钢铁工厂做学徒工。泰勒在此工作了 12 年,担任过车间管理员、技师、小组长、工长等职务,在这家工厂的经历使他了解工人们普遍怠工的原因,他感到缺乏有效的管理手段阻碍了生产率的提高,于是泰勒从"车床前的工人"开始,研究如何提高工厂具体工作的效率,不断在工厂实地进行试验,系统地研究和分析工人的操作方法和具体动作所花费的时间,探索科学的管理方法和理论,逐渐形成并完善了其理论

图 2-1 科学管理之父泰勒

学说——科学管理。

泰勒在《科学管理原理》一书中阐述了科学管理的基本理论,即管理是一门建立在明确的法规、条文和原则之上的科学。科学管理的核心观点是:科学管理的根本目的是追求更高的工作效率;获取更高工作效率的手段是运用科学的管理方法,替代老旧不合时宜的经验管理;实施科学管理的核心问题是管理者和雇员双方在思想和观念上的变革。基于这3项核心观点,科学管理的主要内容可分为3个方面:作业管理、组织管理和管理哲学。19世纪70年代,在科学试验的基础上,对具体某项工作所用工具设备、操作方法及动作进行了规定,研究出了一套确定操作顺序和劳动时间的方法,从而制定了工作标准定额,逐步形成了科学管理理论。

1. 作业管理

作业管理是泰勒科学管理的基本内容之一,泰勒认为科学管理的中心问题是提高劳动生产率,劳动生产率的显著性提高是区分文明国家和不文明国家的标志。之所以百年前的奢侈品成为当代社会的普通产品,就是劳动生产率的迅速提高所致。那么如何提高劳动生产率呢?显然需要一种科学的方法来替代老旧的经验。

泰勒从事作业管理的最著名试验就是铁锹试验。长期以来,铁锹的生产由工人承担,而工人则按照自己的习惯和经验进行工作,工作效率主要取决于工人技术的熟练程度及其工作态度。泰勒深信这不是最高效率,必须用科学的方法来改变。科学的方法就是找出标准、制定标准,然后按标准执行。他记录了试验前每天工人的平均铁块搬运量为16吨,现场工人516人,每人每日工资为1.15美元。泰勒精心挑选并观察其中比较优秀的工人的做法,并优化确定为作业规范,对其他工人进行了充分培训,显著提高了工作效率,平均铁块搬运量增加为59吨,工人减少到140人,而每人日工资也提高到了1.88美元,实现了企业主和工人的双赢。

泰勒曾说:"管理的主要目标应该是使雇主的财富最大化,同时也使每一位雇员的财富最大化",他曾表示,"财富最大化只能是生产率最大化的结果。"

2. 组织管理

正如铁锹试验所见,通过找出最佳实践并制定标准,然后通过培训促使所有工人按标准工作,可以显著提高工作效率。但是,谁来组织制定标准呢?显然,在现场完成生产任务的工人是不可能完成这一工作的,必须由专门的部门(称为计划部门)和专门的人员来负责,其职责是:

① 进行调查、研究并确定工作定额和标准化的操作方法和工具。

② 拟定计划,发布工作指令。在现场,工人或工头从事执行的职能,按照计划部门制定的操作方法的指示,使用规定的标准工具从事实际操作,不能自作主张、各行其是;

③ 把标准和实际情况进行比较,以便进行有效的控制。

在其管理哲学中组织管理理论的提出建立了分工思想,使得管理思想的发展向前迈进了一大步。

3. 管理哲学

泰勒提出将所有管理的职能都从企业生产职能中独立出来,使企业开始有专人从事管理工作。工厂进行了岗位设置,每个人只专注于生产线上的某一个环节,成为流水线作业中某一个环节的"螺丝钉",从整体上看最大程度地提升了生产效率。于是,小作坊式的生产方式逐步转化为工厂流水线式的工作方式。泰勒并未对质量管理做出专门的论述,但是他的管理哲学促使了质量检验员这一岗位的独立,质量检验开始作为一个专门、独立的岗位在生产线中发挥作用,有力保证了生产线上产出符合标准要求的产品。

科学管理不仅仅是将科学化、标准化引入管理,更重要的是提出了实施科学管理的核心问题——观念革命。在铁锹试验中,泰勒让工人们感受到的非常重要的一点就是——科学的方法会节省体力、提高效率、获得更高的个人收益。这就是观念革命的具体体现,它吸引了众多工人参与到科学管理中来。观念革命是基于科学管理,认为企业主和工人双方的利益是一致的。因为对于企业主而言,追求的不仅是利润,更重要的是事业的发展。而事业的发展不仅会给工人带来较丰厚的收入,而且更意味着充分发挥每个人的潜质,满足自我实现的需要。双方的友好合作、共同努力方可提高工作效率,获得比过去更多的利润,企业主的利润得到增加,企业规模得到扩大;相应地也可使工人收入提高,满意度增加。

科学管理在当时的美国和欧洲受到了热烈欢迎,它推动了生产力的发展,使得创新能力、产业规模、产出效率都得到了巨大的提升,而且为质量管理理论的进一步发展提出了更深一层的需求。

2.2.3 产品质量检验

质量检验是指根据产品标准或检验规程对原材料、半成品、成品进行观察、测量或试验,并把所得到的特性值和规定值作比较,判定出各级产品或批次是否合格、质量等级如何,以及决定是否接收该产品或批次的技术性检查活动。在产品生产制造完成后,如果未经质量检验,就无法判断其质量的好坏。

1. 质量检验的目的

质量检验是符合性质量观下最直观的技术手段,在产品质量形成过程中起着非常重要的作用,是产品质量管理和质量保证的重要环节,是企业生产经营活动中必不可少的组成部分。质量检验的作用并不仅限于放行或拒收,质量数据作为重要的质量记录,其使用价值更大。

① 质量检验最直接的目的是判断产品质量是否合格,确保企业向用户提供合格的产品,不仅可以减少用户的索赔、换货等损失,而且可以得到用户的信赖,不断扩大自己的市场份额。

② 确定产品质量等级或产品缺陷的严重性程度,为质量改进提供依据。

③ 通过对质量检验数据的分析,了解生产线贯彻标准和工艺的情况,督促和检查工艺纪律,监督工序质量;通过质量检验不仅可以使生产过程处于受控状态,而且还可以确保企业生产出合格的零部件。

④ 收集质量数据,并对数据进行统计、分析和计算,提供产品质量统计考核指标完成的情况,为质量改进和质量管理活动提供依据。

⑤ 当应用于外协过程时,企业可以获得合格的原材料、外购件及外协件,如果供需双方因产品质量问题发生纠纷时,实行仲裁检验,质量检验数据可以协助判定质量责任。

随着质量管理体系的贯彻与运行,质量检验数据作为重要的质量记录,也成为判断质量管理体系是否正常运行的重要依据。

2. 与质量检验相关的概念

在质量检验技术发展过程中,定义了诸多检验术语。简要介绍如下:

(1) 三检制度

三检制度即为"自检、互检、专检"三级检验制度。为保证产品质量,一般运用操作人员自我检查(一级)、同班组操作人员互相检查(二级)、专职质检员检验(三级)而确定最终的符合性。对于关键重要工序,一般要通过三检制度保证加工质量。

(2) 首件检验

为了尽早发现生产过程中影响产品质量的因素,预防批量不合格品的发生,在设备或制造过程发生任何改变(如人员的变动、换料及换工装、机床设备的调整、工装刀具的调换修磨等)以及每个班次开始工作前,对加工的第一或前几件产品都要严格进行首件检验,一般要检验连续生产的 3～5 件产品,首件检验合格后方可继续加工后续批产产品。

(3) 批　量

批量是指检验批中单位产品的数量,常用符号 N 来表示。

(4) 缺　陷

质量特性未满足预期的使用要求,即构成缺陷(Defect)。

(5) 不合格

不合格是指单位产品的任何一项质量特性未满足规定要求。

(6) 不合格品

具有一项或一项以上质量特性不合格的单位产品,称为不合格品(Nonconforming Unit)。

(7) 批不合格品率

批不合格品率指批不合格品数 D 除以批量 N,即

$$\frac{D}{N} \qquad (2-1)$$

(8) 批不合格品百分数

批不合格品百分数指批不合格品数除以批量,再乘以 100%,即

$$\frac{D}{N} \times 100\% \qquad (2-2)$$

批不合格率和批不合格品百分数常用于计件抽样检验。

(9) 批每百单位产品不合格数

批每百单位产品不合格数指批不合格数 C 除以批量,再乘以 100%,即

$$\frac{C}{N} \times 100\% \qquad (2-3)$$

批每百单位产品不合格数常用于计点检验。

3. 质量检验的分类

质量检验按生产过程可以划分为进货检验、过程检验、零件完工检验、成品检验等;按照检验目的可以划分为生产检验、验收检验、复查检验等;按照检验对产品的后果性质可以划分为破坏性检验、非破坏性检验;按照检验对象的比例数量可以划分为全数检验、抽样检验。抽样检验技术的提出与发展是质量检验的重大突破,直接降低了检验这一重要的但非增值活动的成本。道奇(H. F. Dodge)博士和罗米格(H. G. Romig)博士最早开展抽样检验技术的研究,并催生了众多的抽样技术的形成与应用,现今关于抽样检验的国际标准和国家标准也多是在道奇和罗米格的研究中发展形成的。下面介绍一下全数检验和抽样检验。

全数检验是对一批产品中的所有个体逐一进行检验,以判断其是否合格。要得到百分之百是合格品,唯一的办法就是全检,甚至通过一次以上的全检。全数检验的缺点在于检验的工

作量相对较大、检验的周期长,从而需要配置更多的人力、财力、物力资源,使检验成本高昂,而重复单调的检验工作也使得检验人员易疲劳、检验工具磨损快,进而导致较大的错检率和漏检率,特别是产品批量大、不合格品率低,检验工作单调,检验工具使用方法复杂,检验人员水平低、责任心不强时,全检的错误就会增加。

即便有诸多缺点,但由于全数检验可以提供产品完整的检验数据、更可靠的质量信息,全数检验在现代制造企业中仍然有广泛的应用。全数检验常常适用于下列情况:不能互换的但是对装配可互换性要求很高的产品;关键件的关键、重要项目或特别贵重的产品;对后续工序有决定影响的项目;过程控制能力不足的工序。例如,航天单机级产品为单件小批量生产模式,一批产品往往只有几个,产品价值贵重,而且其质量对于整星整箭的成败至关重要,因此需要全数检验。

全数检验适用于:零件的检验是非破坏性的、单件小批量的产品、昂贵高精度的产品,需要检验的质量特性通常比较重要、项目较少,检验成本可以接受、最好能够采用自动检验方法。

在大工业生产下,产品供应能力大幅提升,如果在生产、交付过程实施全数检验,将带来高额检验成本,使企业难以承受。抽样检验是按数理统计的方法,从待检的一批产品中随机抽取一定数量的样本,并对样本进行检验,然后根据样本的合格情况推算这批产品的质量状况。

全数检验和抽样检验的差别如下:

① 全数检验与抽样检验的判定过程不同,可用图 2-2 和图 2-3 来说明。

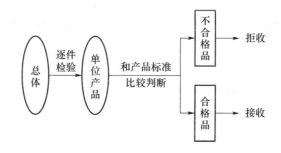

图 2-2 全数检验的判定过程

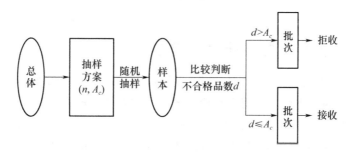

图 2-3 抽样检验的判定过程

② 全检判定对象是单位产品(单件产品),抽检判定对象是产品批。为了对提交检验的产品批实施抽样验收,必须先制定一个科学合理的抽样方案。在最简单的计数型抽样方案中通常要确定两个参数:抽取的样本量 n,对样本进行检验时判断批是否合格的合格判定数 A_c。有了这两个参数后,就能够进行抽样检验并评定产品批是否合格。从产品批总体 N 中随机抽取样本容量为 n 的产品进行检验,记下其中的不合格品数(或不合格数)d。如果 $d \leqslant A_c$,则认为

该批产品质量合格,予以接收;如果 $d > A_c$,则认为该批产品质量不合格,予以拒收。

③ 全检如果检验本身不出现差错,则检验剔除不合格品后接收的产品批只存在合格品;抽检判定合格的产品批中仍含有不合格品,抽检为不合格的产品批中也不全是不合格品。要注意的是,全检在实践中不可能完全无差错,甚至某些情况下还会大于抽检判定差错(主要包括检测差错的判定差错和漏检)。

④ 全检判定不合格后,只是拒收所检测的产品;批抽检判不合格是拒收整个产品批,这会给生产商带来较大压力,但有利于促进生产商提高产品质量。

4. 质量检验的数据

利用质量数据进行科学决策已成为现代质量工程的基本特征。质量数据是描述质量特性是否满足质量要求程度的数据,产品的质量特性可分为定性和定量两种。定性质量特性一般是用文字进行说明,通常不规定具体的质量特性值。比如,产品的外形是否美观、操作是否方便等,主要靠人的感觉来判断。定量质量特性通常都规定具体的质量特性值,比如尺寸精度、表面粗糙度、硬度、噪声等。在现代质量工程中,定量质量指标与定性质量指标相比更易于比较,更易于判断产品质量是否合格或确定产品的质量水平。根据定量数据的表达形式,定量质量数据又可以分成两大类:计量值数据和计数值数据。

(1) 计量值数据

计量值数据是指可以用仪器测量的连续性数据,如长度、强度、温度、硬度、质量、压力、时间、成分等。根据给定的技术标准,将单位产品的质量特性用连续尺度测量出具体数值并与标准对比的检验,称为计量检验。

(2) 计数值数据

计数值数据是指不能连续取值的,只能用自然数表示的数据,如合格品件数、废品数、疵点数等。对于计数值数据,还可进一步细分为计件值数据和计点值数据。计件值数据是按产品个数计数的数据,如合格品件数、废品件数等;计点值数据是按点计数的数据,如铸件表面的缺陷数、气孔数等。根据给定的技术标准,将单位产品简单地分成合格品或不合格品的检验,称为计件检验;或是统计出单位产品中不合格品数的检验,称为计点检验。计件检验和计点检验合称为计数检验。

2.2.4 质量波动理论与统计过程控制

随着生产规模的不断扩大,生产效率得到了显著提高,生产能力能够充分满足市场的需求,大量的商品随之涌向市场。采用全数检验的手段就会使生产成本飙升,产出效率也会快速下降;而如果采用抽样检验的手段,在生产控制能力不足的情况下,也会造成鱼龙混杂。在质量、成本、上市时间等综合要求下,急需一种解决上述实际问题的方法。

在产品没有生产出来的时候,能不能就确保高合格率的输出呢?如果可以,就可以降低大量的检验成本,提高抽样检验的效率,对于企业而言则是真金白银的利润。但是,由于产品还没有生产出来就需要控制质量,听起来像是无源之水、无本之木,谈何质量控制,谈何质量检验呢?

不妨直观地想象,不合格品绝不会凭空而降,必然是通过一些不良过程所产生的。那么如果控制好每一个过程,不合格品就可以避免呢?这时,对生产过程本身的研究应运而生。

1. 质量波动理论

任何一个制造过程生产的产品，其质量特征总存在着一定的差异，这种差异称为产品质量特性的波动特性。产生这种差异是因为生产过程中的 6 大要素(5M1E)——操作者(Man)、设备(Machine)、材料(Material)、工艺方法(Method)、测量(Measurement)及环境(Environment)存在波动，这些要素在质量工程中称为5M1E，它们对产品质量的作用是一个极其复杂的过程。

引起波动的 5M1E 中存在着不同因素，按影响大小与作用性质，可以分为随机因素与异常因素：

(1) 随机因素

随机因素具有 4 个特点：①影响微小，即对产品质量的影响微小；②始终存在，即只要进行生产，这些因素就始终在起作用；③逐件不同，由于这些因素是随机变化的，所以每件产品受到的影响是随机的；④不易且不需要消除，指消除随机因素的影响在技术上有困难或在经济上不允许。

随机因素的例子很多，例如，机床开动时的轻微振动、原材料的微小差异、环境温度的微小波动、操作的微小差别等。随机因素在加工工程中通常是不可避免的，由随机因素形成的产品质量波动称为随机波动，这是一种正常波动。如果生产过程只存在随机因素的影响，则称这一生产过程处于稳定状态或统计受控状态。

(2) 异常因素

异常因素又称系统因素。与上述随机因素相对应，异常因素也有 4 个特点：①影响较大，即对产品质量的影响比较大；②有时存在，它是由某种具体原因所导致的，在生产过程中并不是始终存在的；③产生同一方向的影响，指工件质量指标受到的影响是都变大或都变小；④相对容易且必须予以消除，指这类因素在技术上可以识别和消除，在经济上也往往是能够承担的。

异常因素的例子也很多。例如，由于螺母松动造成机床较大的振动，刀具严重磨损致使工件表面粗糙，混入了不同规格的原材料，违反规程的错误操作等。

随着科学的进步，有些随机因素的影响可以被识别为异常因素从而设法减少，甚至基本消除。但从整体来看，随机因素是不可能完全被消除的。因此，随机因素引起产品质量的随机波动是不可避免的，大多数的随机因素不必予以特别处理。异常因素则不然，它对产品质量影响较大，导致过程发生异常波动(又称为系统波动)，进而导致产品质量不合格。异常因素虽然在过程中出现的时间不确定，但是引起变异的方向是确定的，因此只要识别出来，还是易于消除的。因此，在生产过程中异常因素是关注的对象，一旦发现产品质量有异常波动，就应尽快找出其异常因素，并采取措施将其消除。如果生产过程出现受系统异常因素影响的状态，则该状态称为非稳定状态或非统计受控状态。

2. 统计过程控制保证产品的符合性

在波动理论的指导下，通过识别异常因素来提前干预可以确保过程不发生异常波动，从而避免不合格产品的出现。这时，来重新回答这一问题——在产品还未生产出来就控制质量，听起来不再是无源之水、无本之木了吧？

时势造英雄，一位伟大的统计学家提出了质量控制的新思想，并提供了有效的工具——利用统计推断原理对过程的变异进行预测和判断,达到"事前控制"的效果,他就是沃特·阿曼德·休哈特(Walter A. Shewhart),其被誉为"统计过程控制(Statistical Process Control,SPC)之父"。休哈特为质量管理学科奠定了坚实的数理基础,开创了统计质量时代,影响力至今不衰。

1891年,休哈特出生于美国伊利诺伊州的新坎顿,26岁时在加州大学伯克利分校获得物理学博士学位,1918年在西方电气公司(Western Electric,隶属于贝尔实验室体系)担任工程师。

1924年,休哈特制作了第一张"控制图"(Control Chart)。他认为"确切性比纯科学有过之而无不及",变异和随机波动存在于生产过程的各个方面,但是通过统计分析方法可以确定变异性质和分布情况,从而区分引起质量波动的原因是偶然的还是系统的。

贝尔实验室是史上最杰出的实验室,它长期按照基础研究与技术创新并重的发展思路运行,为众多科技工作者提供了自由的工作环境和充足的研究经费。在贝尔实验室百年发展史上,产生了9个诺贝尔奖、5个图灵奖的获得者、获得3万多项专利,在工业工程领域培养了休哈特、戴明、朱兰、道奇等杰出的质量大师,足以说明文化的土壤对培育技术思想的重要性。彼时,贝尔实验室成立了以休哈特博士为负责人的过程控制研究小组对质量管理从质量检验阶段发展到统计质量控制阶段做出了重要贡献。

休哈特控制图如图2-4所示,表面看来与运行图并无两样,但其关键核心在于引入了统计量σ,从概率角度区分了随机因素与异常因素,从而在没有生产出不合格品之前就可以识别将要生产不合格品的可能性。休哈特著作颇丰,1931年出版了《产品生产的质量经济控制》,该书被公认为质量控制基础理论和科学内涵的起源;1939年完成《质量控制中的统计方法》(*Statistical Method from the Viewpoint of Quality Control*),该书将统计方法系统地引入质量管理,这对于质量控制而言是一个巨大的进步,使质量管理从质量检验迈入质量控制的新纪元。

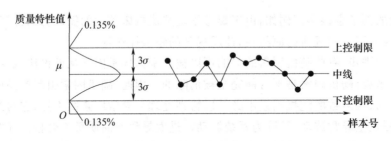

图2-4 休哈特控制图

第二次世界大战前,统计过程控制思想虽然在学术界已经具有很大的影响力,但在工业界并未引起广泛的关注和应用;残酷的战争往往会刺激新理念的迅速发展和新技术的快速使用,第二次世界大战期间美国军工企业最早开始认识到过程控制的重要性,并逐步推广应用SPC技术;第二次世界大战后,SPC技术在日本经济恢复当中得到迅速推广,日本科学家与工程师联盟(Japanese Union of Scientists and Engineers,JUSE)邀请戴明、朱兰等美国质量专家赴日讲学,前后10年培训了将近2万名中高层管理者,将统计质量控制方法和质量观念根植到日本工业制造领域的管理人员意识中。后来SPC等质量管理方法在行业迅速推广,为日本企业战后的崛起发挥了巨大的推动作用,帮助日本建立了良好的质量观念基础,使日本的产品质量达到了被世界广泛承认的水平,甚至在汽车、电子等领域日本产品的质量反超美国,间接地促成 20 世纪七八十年代日本经济总量接近美国。

2.3 适用性质量观

从"符合性质量"到"适用性质量",是一个艰苦的探索过程。为什么产品的技术指标与合格率已经接近完美,结果市场销售情况还是差强人意?随着商品经济从卖方市场转向买方市场,除了合格率高、一致性好,还有什么是没有考虑的质量因素?如何才能真正赢得顾客?这一转变过程反映了人们对质量的认识过程中,开始把顾客需求放在首要位置,即质量的高低是由顾客实际使用的效果来评价,换句话说"质量是产品满足顾客需求的程度",这一质量观念认为质量工作的重点在于组织能否为顾客创造价值,从而诞生了"适用性质量观":在这种质量观念中,最可贵的能力是捕捉市场和顾客的需求,最重要的质量工作就是质量创新,不断开发新的产品从而追赶和引领不断发展的市场需求,才能具备持续满足和超越顾客需求的能力。"适用性质量观"是从顾客的角度来定义质量,质量保证工作的重心转移到了在产品设计阶段保证质量的适用性。

2.3.1 设计质量

产品的形成经历了从设计到工艺、零部件生产、装配、测试试验、检验、再到销售服务这一漫长的周期,任何一个环节都对质量产生重大的影响。那么,设计质量有多重要呢?

如图 2-5 所示,越是到产品研制周期的后端,发生的质量问题越需要更多的人力、物力来解决,而这些问题往往是前面诸多过程失控累加的结果。据统计,产品 70%~80% 的质量问题是由于设计原因造成的。强调设计质量的重要性,其意图为避免片面地将质量归咎于生产与检验。

提到设计质量,就不得不提到一位杰出的质量大师——日本的田口玄一(Genichi Taguchi)博士(见图 2-6)。

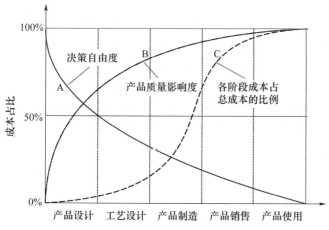

图 2-5 产品全生命周期各阶段影响曲线

图 2-6 最先强调设计质量重要性的田口玄一

田口玄一博士在日本电话与电报公司的电子通信实验室工作期间,重视以预防为主的质量管理,他将数理统计、经济学等应用到了质量工程中,逐渐开发了设计实验过程优化的田口方法,形成了比较独特的质量哲学。

"质量是设计出来的"便是田口玄一提出的理念,他认为:质量不是靠检验得来的,也不是靠控制生产过程得来的,生产和检验都处于产品形成的下游阶段;而设计开发阶段才是保证产品质量的源头,设计过程决定了产品的"基因",设计质量决定了产品的质量。只有抓好上游,才能更容易地进行下游的管理;反之,如果设计质量水平不足,生产制造过程就很难造出低成本、高质量的产品。这一质量观念成为日本20世纪70—90年代质量管理水平超越美国的重要武器。

从田口玄一的论点不难发现日本企业在优化资源、控制成本方面,比众多其他国家的企业表现出了更大的热情。除了专注于设计质量的田口方法,诞生于日本的精益思想、6S管理无不体现了日本企业对"浪费"的深恶痛绝。现在,设计质量的重要性已经获得了前所未有的认同。

那么质量是设计出来的,还是制造出来、检验出来的?事实上,这是一个不能称为问题的问题。因为凡是顾此失彼之问,皆因未观全局,或者是为了抬高自己研究领域的地位而故意发问。质量本身乃是一个全过程协同的产物,设计质量是为了创造良好的功能性能满足顾客需求,并且通过稳定的制造过程实现批量的输出,通过合理的检验计划确保合格产品投放市场。各个环节缺一不可,关注设计质量是对质量管理向前的延伸,而非对生产质量控制的替代。

2.3.2 顾客需求是质量的源头和终点

随着工业革命的进行,大规模生产具备了为社会及消费者快速提供商品的能力,卖方市场逐渐向买方市场转化,顾客在享受产品和服务的过程中有了更多的思考——我需要的究竟是什么?我对产品和服务的提供者有什么要求?如果产品和服务缺乏辨识度,企业获利将越来越难,定义顾客需求势必成为定义技术规格的先决条件。所有企业的成功,都将顾客需求的获取与分析提升到了战略层面,强调"以需求为导向",通过深刻理解与精确把握客户需求,实现"供给的有效性"。

保证设计质量的基础是需求分析,那么需求都包含哪些内容?对于设计团队来说,需要将杂乱的、显见的或者隐含的顾客需求进一步分析整理成为设计过程中需要传递的功能型需求和技术型需求,进而转化为设计方案并付诸实施,这就是产品设计的需求分析过程。功能型需求是直接描述待设计产品的功能和使用目的的需求,是产品存在的根本。而技术型需求则是以定性或定量的方法描述产品设计方案需要满足的约束条件,是评估产品设计质量的首要依据。一个成功的设计,不仅仅要满足市场和顾客对功能、价格等的需求,还要满足产品功能、性能以及通用质量特性(包括可靠性、测试性、维修性、保障性、安全性、环境适应性)等方面的使用需求,工艺设计、制造装配等方面的生产需求,以及经济效益、报废和环保等方面的社会需求。

1. 使用需求

新产品要被市场认可、能够吸引顾客的关注,获取市场和用户的使用需求是基础,而使用需求一般包括以下内容:

(1) 专用质量特性

专用质量特性是体现产品符合性的质量特性,主要是指产品的功能性能;产品性能是指产品在一定条件下,实现预定目的或者规定用途的能力。产品功能是描述了待设计产品的使用目的和具备的能力,是产品存在的根本。

(2) 通用质量特性

通用质量特性是体现产品适用性的质量特性,主要是围绕功能性能的故障属性所定义的质量特性。在军工产品研制中广泛地对通用质量特性做了要求,民用产品也越来越注重通用质量特性。事实上,通用质量特性所指的可靠性、测试性、维修性、保障性、安全性、环境适应性,随着现代工业技术的高速发展、顾客要求的提高而备受重视。在产品的研制过程中融合通用质量特性要求,可保障组织以合理的成本实现产品的特性指标,满足产品的实际使用要求。

那么,通用质量特性的定义是什么呢?根据《可靠性维修性保障性术语》(GJB 451A)的定义,可靠性是指产品在规定的条件下和时间内,完成规定功能的能力;测试性是指产品能及时并准确地确定其状态(可工作、不可工作或性能下降),并隔离其内部故障的能力;维修性是指产品在规定的条件下和规定的时间内,按规定的程序和方法进行维修时,保持或恢复到规定状态的能力;保障性是指装备的设计特性和计划的保障资源满足平时战备完好性和战时利用率要求的能力;安全性是指产品所具有的不导致人员伤亡、系统毁坏、重大财产损失或不危及人员健康和环境的能力;环境适应性则是指装备在其寿命期内预计可能遇到的各种环境的作用下能实现其所有预定功能、性能和(或)不被破坏的能力。通用质量特性既包含了传统工程技术所考虑的功能、性能和各种物理性质,更从设计、管控、操作和应用方面关注产品所具备的技术属性。

为落实通用质量特性工作,我国已制定了多项标准。在《可靠性维修性保障性术语》(GJB 451A)确定了通用质量特性范围和定义,在《装备测试性工作通用要求》(GJB 2547A)、《装备维修性工作通用要求》(GJB 368B)、《装备综合保障通用要求》(GJB 3872)等系列标准中,明确了通用质量特性各项工作的流程和要求。

2. 制造需求

可制造性在打破产品研发壁垒之前是一个非常严重的问题,设计师设计的产品有可能到制造环节才发现,现有工艺并不能实现理想的设计。归根结底,是生产能力的限制导致的这一需求,从而催生了面向制造的设计理念与技术(Design for Manufacturing,DFM)。例如,芯片设计中,复杂的逻辑电路设计能否实现其预期的算力与功耗,部分取决于可选用的工艺能力。

随着并行工程(Concurrent Engineering,CE)模式的提出,研发团队逐渐从单一的设计师扩展为由设计师、工艺师、检验人员甚至销售工程师等不同角色构成的组织,可制造性成为产品研发的基本需求。

3. 社会需求

社会需求往往是产品设计中容易忽视的一环,它是社会生活所引起的并受到社会制约的高级需求,而且随着经济、政治、文化的变化而不断变化。开发新产品固然是要满足顾客的使用需求、推动社会进步,但同样重要的是要满足社会发展的需要,这就要求开发新产品时对社会的需求具有准确认知和前瞻性。例如,新能源汽车的推出就准确把握住了社会需求。"金山银山不如绿水青山",环境污染和能源问题已经成为多年来备受关注的焦点,绿色、低碳、可循环技术正在带动产业升级。新能源汽车把握社会需求并推动技术变革,势必会引起更多用户群体的关注。

综上,在产品设计过程中,设计人员必须综合考虑使用、制造和社会等方面的需求。但仅仅是获取需求并不够,因为来自于市场和顾客的需求是凌乱的,有些需求是相互冲突和矛盾的,准确分析顾客需求并以需求为驱动进行产品设计,是取得市场成功的必要手段。

2.3.3 卡诺模型

为了全面满足顾客需求,需要更好地理解产品性能和用户满意度之间的关系。卡诺模型是由日本东京理工大学狩野纪昭(Noriaki Kano)发明的对顾客需求分类和优先排序的工具,以分析产品质量对用户满意的影响为基础,体现了产品性能和用户满意之间的非线性关系。早期的卡诺模型将用户需求分为3类:必备型需求(基本质量)、期望型需求(期望质量)和魅力型需求(魅力质量),如图2-7所示。

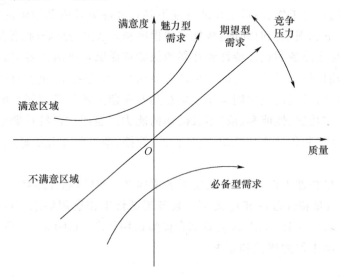

图2-7 早期的卡诺模型

卡诺模型是一个典型的定性分析模型,一般不直接用来测量用户的满意度,常用于识别用户对新功能的接受度,帮助企业了解不同层次的用户需求,找出顾客和企业的接触点,挖掘出让顾客满意的至关重要的因素。

① 必备型需求:产品质量是顾客对产品基本需求的一种体现。顾客认为产品达到该质量是理所当然的,如果产品或服务未能达到该质量,将会引起顾客强烈的不满。如轿车容易启动、无剧烈的颠簸感、车内噪声较小,这些都是轿车的基本质量。仅仅提供基本质量远远不足以满足当下的顾客要求。

② 期望型需求:期望型需求是顾客明确考虑和期望的需求。如顾客在购物超市收银台前排队的时间。期望型需求用直线表示,是体现竞争能力的需求,满足得越好,顾客就越满意。反之,顾客就不满意。

③ 魅力型需求:魅力型需求是那些顾客未曾想到的创新,能为顾客提供惊喜。对产品魅力质量的微小改进,就会较大程度地提高顾客对产品的满意度。当然,如果不提供此需求,也不会降低顾客的满意度。

后来,卡诺模型又增加了两类需求,如图2-8所示。

④ 无差异需求:无差异需求是指无论提供或不提供此功能,顾客满意度不会改变的需求。

也就是说,顾客根本不在意有没有这个功能。无差异需求往往费力不讨好,需要尽力避免。

⑤ 反向需求:顾客根本都没有此需求,提供后顾客满意度反而会下降。

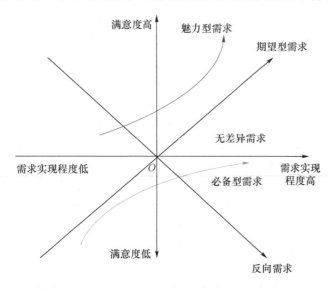

图 2-8 不断完善的卡诺模型

卡诺模型是企业寻求与同行企业竞争差异的重要工具之一。随着社会发展和市场竞争压力的提升,今天的魅力质量将成为明天的基本质量。所以,企业要引领市场,就需要持续创新,仅仅跟随竞争对手是不够的。刘源张院士曾经表达了这样的观点:"产品质量的好坏根据标准来确定并符合标准是最低层次的,往上一个层次就是产品对客户有没有魅力,而最高层次的质量就是超越客户的想象,在客户想到之前把产品做出来。"

当然这里需要澄清的是,适用性质量观的出现并不意味着符合性质量观就可以抛弃了。任何文化都是在发展的过程中不断沉淀和丰富的,质量文化亦不例外。适用性质量观从顾客或用户的角度思考问题,逐渐将顾客使用需求放在首位,认为一组固有特性满足"顾客使用需求"的程度就叫适用性质量。适用性质量观的出发点是顾客需求,以适应顾客需求的程度作为衡量依据,产品在使用中能够满足顾客的需求即为合格的质量。

例 2.1 美国通用电气航空集团航空发动机"全频谱"满足用户需求

挖掘顾客需求,说易行难。为了挖掘顾客需求,企业往往将目标顾客群体进行分类,挖掘不同顾客群体的需求。美国通用电气航空集团(GE Aviation,中文简称通用航空)是商用飞机发动机的主要生产商之一,总部位于美国波士顿,其竞争对手包括英国罗尔斯·罗伊斯公司(Rolls-Royce Plc,中文简称罗·罗公司)、美国普拉特·惠特尼集团(Pratt & Whitney Group,中文简称普·惠公司)和法国赛峰(SAFRAN)集团。美国通用航空公司在航空发动机领域经过近百年的成长壮大,已成为世界航空发动机"俱乐部"的霸主,其研制生产的高涵道比涡轮风扇航空发动机是唯一的"全频谱"发动机,该公司的产品从小推力(CF34)到中推力(LEAP)再到大推力(GE9X),实现全范围覆盖。GE90 系列是目前全球推力最强的商用飞机发动机,于 1995 年正式进入商业运营,GE90-115B 发动机推力达到 569 kN,GE9X 发动机的推力更是达到了 597 kN,现主要用于全球最大的双引擎宽体客机 B777 系列飞机;由 GE90 衍生出的 GEnx 发动机最大推力为 340 kN,现主要用于 B787 和 B747-8 飞机;通用航空公司和普·惠公司组成的"发动机联盟"联合研制生产的 GP7000 也是 GE90 的衍生产品,最大推力为 363 kN,可选装于全球最大的四引擎宽体客机 A380 飞机;另外,美国通用航空公司与法国赛峰集团组建了 CFM 国际发动机公司,为全球约 3/4 的窄体客机提供动力,获得"商用航空中最受欢迎的发动机"的美誉,其主营的 CFM56 系列发动机于 1974 年投入使用,发动机的推力覆盖 82～151 kN,主要型号有 CFM56-3、CFM56-5B、CFM56-7B、CFM56-LEAP 分别用于 B737 系列、A320 系列、A340 系列;CF34 系列发动机是一种支线飞机的小推力引擎,由军用 TF34 系列发动机演变而来,最大推力为 90 kN,主要用于庞巴迪的 CRJ 系列飞机和挑战者系列飞机、巴西航空工业的 E-JET 系列飞机以及中国商飞的 ARJ21 系列飞机。这正是针对不同的顾客群体需求进行不同层次产品设计的典范,意在将可能的顾客收入囊中。

例 2.2　海尔集团"人单合一"

在推出"人单合一"这一模式前,海尔集团正处在全球化战略阶段。创始人张瑞敏在分析市场时说道:"跨国公司到中国占领市场,是以十攻一;我们现在到全球创牌,是以一攻十。因此每一个人必须顶十个人,每个人都要明确自己在全球的位置、全球的目标,并以最快的速度去实现,这也是在创造一种资源。"于是他提出"人单合一"模式。

张瑞敏对于"人单合一"模式的解释如下:人就是员工,"单"表面上是"订单",本质是用户资源。表面上解释是把员工和订单联合在一起,但订单的本质是用户,包括用户的需求、为用户创造的价值。"人单合一"就是把员工和他应该为用户创造的价值,以及面对的用户资源"合"在一起。简单分析就是以用户为出发点,不断适应顾客的需求,这就很好地解释了"适用性质量观"。

为了更好地实施"人单合一"的管理模式,海尔在不同的战略阶段在组织结构上也进行了多次的改革。在第四个全球化战略阶段,将企业划分为不同的自主经营体,自主经营体以创造并满足用户需求为目标,这就要求每个员工都要参与进来,面对市场创造用户价值,自主经营体拥有用人权、分配权和决策权以及自己独立的核算报表。在第五个网络化战略阶段,"人单合一"模式也有了新的解释:"人"升级为"创客",而"单"同样指"用户价值"。为构建共创共赢的平台,张瑞敏提出"三化":企业平台化、用户个性化和员工创客化,并将组织结构逐步演变成"平台+小微企业",将权力进一步向市场前端释放。在第六个生态战略阶段,"人单合一"的核心目标变为构建基于物联网生态品牌的"黑海生态",某种意义而言,仍是坚持以用户价值为中心,共享平台升级为共赢进化,即和用户一起进化,充分体现了去中心化的用户自信任,让用户参与价值创造,不断推进"产销一体化"模式,让用户与企业共同进化,从而形成共创共赢的"黑海生态"系统。

坚持以用户价值为中心,这是"人单合一"管理模式一以贯之的核心原则,让每一个员工找到自己的市场和用户,并在为用户创造价值的同时实现自身价值。这样的战略使每一个人都有一个市场,有一个"订单"。人与市场直接联系起来,实销实发,实现正现金流。

"人单合一"的管理模式在本质上回答了彼得·德鲁克提出的 4 个经典管理问题:谁是企业的顾客?什么是顾客认可的价值?企业的经营战略是否匹配顾客的价值?从顾客那里获得的价值是什么?将用户充分融入组织的价值创造与价值分配机制中,是"适用性质量观"的一个充分体现。

例 2.3　降落伞的质量问题

这是一个发生在第二次世界大战中期美国空军和降落伞制造商之间的真实案例。在当时,降落伞的安全度不够完美,经过厂商努力改善,降落伞的合格率已经达到了99.9%,这个合格率已经是当时技术能达到的最高水平。

但是美国空军却对此公司说No,他们要求所交降落伞的合格率必须达到100%。于是降落伞制造商的总经理便专程去飞行大队商讨此事,看是否能够降低这个水准?因为厂商认为,能够达到这个程度已接近完美了,没有必要再提升。当然美国空军一口回绝,因为99.9%的降落伞合格率,就意味着每一千个跳伞的人中有一个人会送命。后来,军方改变了检查质量要求的方法,决定从厂商交付的降落伞中,随机挑出一个,让厂商负责人装备上身后亲自从飞机上跳下。这个方法实施后奇迹出现了,降落伞的质量从此上了一个台阶,不合格率变成零。

生产商看重技术规格,目的是指导生产过程的每一个环节,确保所有的努力都是朝着满足顾客的需求,但同时必须明确的一点是,再详细的技术规格也无法100%覆盖顾客的需求,因此需要站在用户的立场,以产品"适用性"为目标持续不断地完善、修正技术规格,从而尽可能理解和保证顾客的要求。

2.4 全面质量观

产品质量是一组固有特性满足要求的程度,通过符合性描述这组特性符合标准要求的程度。适用性描述这组特性满足顾客需求的程度。适用性决定了符合性,符合性使适用性得以实现,符合性需要在适用性的前提下才具有价值。设计阶段的主要任务是保证产品满足适用性质量,制造阶段的主要任务是保证产品满足符合性质量。然而,随着制造工业以及产品复杂程度的不断发展,单靠独立的过程控制,无法解决系统性的质量问题,质量的关注对象逐渐从产品实物的设计制造环节,扩展到全系统、全过程、全特性、全方位的全面质量管理,强调质量的整体性、综合性、择优性和社会性。第二次世界大战后人类社会生产力的迅速发展,质量管理的新理论、新方法不断被提出,并在当时取得了广泛的应用。质量管理学作为一门独立学科,从20世纪60年代开始逐渐向理论化、学术化、专业化的方向发展,然而就在这时出现了质量管理与一线设计生产活动脱离的问题,也就是现在常说的"两张皮"现象。在这一背景下,全面质量管理(Total Quality Management)理论的提出,对推动质量管理理论与方法的普及起到了关键的作用。

2.4.1 全面质量管理的发展

全面质量管理特别强调"质量责任感"(Accountability of Quality),明确地指出质量职能是企业全体人员的共同责任,尤其是最高决策层应当重点关注、实时监督的事项。20世纪60年代,鞍山钢铁公司总结出了一套名为"鞍钢宪法"的企业管理经验,得到毛泽东同志的高度评价,其基本内容是:"干部参加劳动,工人参加管理;修改不合理的规章制度;工人群众、领导干部和技术员三结合(两参一改三结合)"。该管理思想已经初具"全面质量管理"的雏形,并在六七十年代极大地促进了我国工业生产力的发展。20世纪70年代,为了克服石油危机,日本全面推行全面质量控制(Total Quality Control,TQC),一方面将TQC从大企业向中、小企业推广,另一方面使TQC从制造业向第三产业发展。1980年3月,原国家经济委员会公布实行《工业企业全面质量管理暂行办法》,在我国工业企业贯彻落实"质量第一"的方针,推行全面质量管理。

1961年，美国通用电气公司质量经理费根堡姆(Armand V. Feigenbaum)在他的著作《全面质量管理》(Total Quality Management)中首次提出："全面质量管理是一种将企业内不同部门的质量研制、质量保持、质量改进活动集成为一体的有效体系，这种体系的目标是在最低的经济支出水平下，尽可能地满足顾客的需求。"质量管理理论进入了一个全新的历史阶段。20世纪80年代，随着制造业向东亚各国的转移，戴明、朱兰等质量专家在日本取得的成就引起了全世界的重视，1985年美国海军正式采用"全面质量管理"解决武器装备生产质量管理问题，全面质量管理的思想、理论随即被世界各国广泛采纳、应用，并在不同的行业中取得了与具体生产活动相适应的发展。

全面质量管理就是一个组织以质量为中心，以全员参与为基础，目的是通过让顾客满意、本组织所有成员及社会受益而达到长期成功的管理途径。全面质量管理的基本要求可以概括为"三全一多样"。①全员的质量管理：任何一个人的工作质量都会不同程度直接或间接地影响产品质量或服务质量。因此，产品质量人人有责，只有人人做好本职工作，全体参加质量管理，才能生产出顾客满意的产品。②全过程的质量管理：产品质量形成的过程、每一个环节都对产品质量产生或大或小的影响。因此要控制产品质量，需要控制影响质量的所有环节和因素。③全方位的质量管理：从组织管理的角度来看，组织各管理层次都有明确的质量管理活动内容，当然各层次活动的侧重点不同。从质量职能角度看，组织的质量职能是由组织内部的各个部门承担，有的涉及组织外部的供应商、销售商、顾客等。要保证和提高产品质量，就必须将分散在组织内外部和各部门的质量职能充分发挥并整合起来。④方法多样的质量管理：随着产品复杂程度的增加，影响产品质量的因素也越来越多。既有物的因素，也有人的因素，既有技术的因素，也有管理的因素；既有组织内部的因素，也有供应链的因素。要把这一系列的因素系统地控制起来，就必须广泛、灵活地运用各种现代化的科学管理方法，加以综合治理。

2.4.2　全面质量管理的基本原则

全面质量管理重视工程应用，与企业质量管理活动、产品生产制造过程密切相关。因此，不同行业由于管理活动、生产制造过程的差异，对全面质量管理的理解与认识存在不同。在全面质量管理提出之前，如果产品的技术没有突破，产品的质量一般很难得到持续改进。而全面质量管理理论的提出，显著地改善了上述质量管理的不足，基于全面质量管理工作的实施形式，全面质量管理应遵循以下四项基本原则。

1. 质量由顾客需求决定

在市场经济的生产模式下，顾客通过需求驱动、使用端感知、购买行为、售后服务，对产品质量具有唯一的定义权与解释权。顾客对于产品质量的定义，一般来自于其在使用、体验过程中对产品质量满意度的感知。

2. 最高管理层对产品质量负有直接责任

费根鲍姆在《全面质量管理》中指出："质量管理是所有人的工作，因此它也容易成为所有人都不关心的工作。其关键在于最高管理层是否能够直接接触质量管理工作并积极参与其中"。可见，全面质量管理对于"质量责任感"尤为强调，而责任感的核心在于团队领导者的责任意识。因此，最高管理层直接责任制是决定质量管理能否落实的重中之重。

3. 质量改进来源于以过程为导向的组织结构

随着科学技术与社会生产力的不断进步，当今企业的生产活动广泛存在着跨学科边界、跨行业边界、跨组织边界的发展趋势。在此背景下，传统的自上而下的组织结构形式逐渐不再适用，而扁平化的、以业务流程或生产过程为导向的组织结构正在成为质量持续改进的主要组织形式。

4. 质量改进来源于团队协作与持续努力

根据朱兰的观点，日本制造业在质量管理领域的最成功经验之一，就是对企业员工在生产活动中积累的知识、经验的充分尊重与合理应用，而这正与"鞍钢宪法"的"两参一改三结合"管理理念不谋而合。一方面，充分利用员工在劳动生产中所积累的经验，对领导层的决策、管理工作无疑是有利的；另一方面，鼓励员工持续参与决策管理，对于持续优化生产过程、持续改进产品质量，也有着不可替代的意义。

2.4.3 武器装备"四全"质量管理方法

随着科技进步和技术发展，以及现代高性能武器装备在实战领域的广泛应用，顾客更加强调产品的使用效能，对于技术精益化、功能复杂化等带来的质量问题就要求：①不仅要关注生产过程，更要抓好设计和使用过程；②在研制阶段对性能和通用质量特性进行一体化设计，不仅要考虑固有特性和设计、生产因素，而且还要考虑使用特性和使用保障因素；③既要考虑固有特性，又要考虑赋予特性，例如，经济性或者价格特性、时间性或者进度特性等，并在全寿命周期内开展面向适用性的质量管理。

全系统、全特性、全寿命、全方位的"四全"质量管理，是全面质量管理发展的趋势，现代质量管理应该强调产品的全系统层次、全寿命周期和全质量特性的全面协调保证，其质量保证要素如图 2-9 所示。

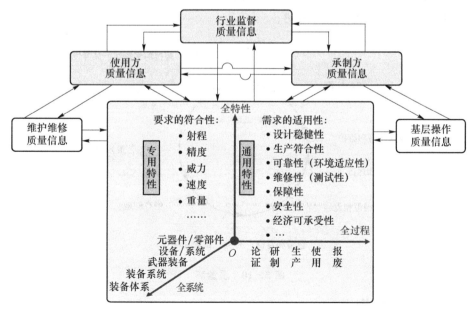

图 2-9 "四全"质量管理的质量保证要素

1. 全系统质量保障

全系统质量保证是指保证质量特性所依附的各种对象的质量。产品质量保证必须从整体上对质量管理的对象进行宏观把握:不仅要保证原材料/元器件/零部件的质量,还要保证武器装备的整体质量;不仅要保证硬件质量,还要保证软件质量;不仅要保证主装备的质量,还要保证保障系统的质量;不仅要保证单一装备的质量,还要保证装备体系各个层次、各个方面的质量。

2. 全特性质量概念

质量的定义是一组固有特性满足要求的程度,即顾客需求的满意程度。固有特性又可分为专用特性和通用特性两部分。专用特性是反映不同产品性能、功能、自身特点的符合性特征,通用特性则是反映不同产品应具有安全可靠、好用耐用等的适用性特征(可靠性、安全性、维修性、测试性、保障性、环境适应性等就是典型的通用质量特性)。相比于产品性能的专用质量特性,面向适用性的通用质量特性往往是产品顾客更为关注的质量指标,将直接影响产品的使用效能。

3. 全寿命质量管理

全寿命质量管理是指对装备全寿命周期过程各个阶段的质量进行管理、协调与保障的活动,包括论证阶段、方案阶段、工程研制阶段、设计定型阶段、生产阶段、使用保障阶段和退役处理阶段。

从产品全寿命周期的角度可以更好地理解全面质量管理,如图 2-10 所示,质量环(Quality Loop)正是对产品质量的产生、形成和实现过程进行的抽象描述和理论概括:从识别需要到评定这些需要是否得到满足的各阶段中,影响质量的相互作用活动的概念模式构成质量管理的循环过程。质量环起始于市场营销和市场调研(对市场的需求进行识别,根据市场的需要进行产品的开发和设计),同样也终于市场营销和市场调研(根据市场对其产品的反馈信息,评价市场的需要是否已得到满足)。因此,质量环反映的是一个连续不断、周而复始的过程,通过不断循环,实现持续的质量改进。

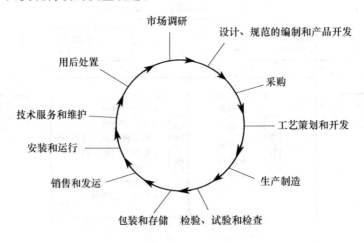

图 2-10 质量环

4. 全方位质量责任

全方位的质量责任是对装备质量的相关责任主体的约束和要求,主要包括:第一方责任,即装备研制、生产、试验和维修单位应履行的质量职责,各军工集团对所属单位承担的装备研制、生产等任务履行质量监督管理的职责;第二方责任,即有关装备使用部门及军事代表对武器装备质量管理的相关职责;第三方责任,即政府及有关装备管理部门在武器装备质量管理和质量责任追究方面的职责。武器装备"四全"质量管理从全系统、全特性、全寿命、全方位四个维度出发,贯穿设计、生产、使用等全寿命周期阶段的现代全面质量管理,强调从全方位开展产品质量的保证工作,是实现新时代"质量强国"目标的重要抓手。

例 2.4　芯片行业全面质量管理

芯片是集成电路的载体。无论是计算机还是手机,都安装着各种各样的芯片,芯片之于电子设备犹如大脑之于人类。我国在2021年、2022年芯片进口总额都在4 000亿美元以上,占各年度外贸进口总额的15%以上,是我国第一大进口商品。基于芯片产业的重要性,早在2006年国务院发布了《国家中长期科学和技术发展规划纲要(2006—2020年)》,列出16个重大科学专项,核高基(核心电子器件、高端通用芯片与基础软件)与载人航天、探月工程并列出现,重点聚焦核高基产品三大方向的自主突破与创新。

对于芯片研发而言,有3个主要的过程:芯片设计、芯片制造和封装测试,如图2-11所示。芯片产品质量首先是设计出来的,其次才是制造出来的。设计是对性能和质量的定位,定位不同,标准不同。好和坏是最原始的质量定位;好和优是对客户和市场的质量定位。交付给客户的芯片产品一定是好的产品和有质量保障的产品,质量的要求不同,芯片设计的要求也就不同。芯片质量不只是功能上的好和坏,还有一系列的标准和要求,每个客户要求遵循的标准不尽相同,在规划和定义产品的时候就要认识到产品要对应的目标客户和市场。一般来说,质量要求的提高意味着成本的提升和研发难度的增加,以及对供应链的要求提高。所以,不能孤立地说质量是设计出来的。芯片的设计强烈依赖于EDA(Electronics Design Automation)工具及IP核,且不论EDA工具及IP自主可控的难度,一个优秀的芯片设计方案可以在追求同等算力、同等功耗等指标的同时,通过充分考虑7 nm或14 nm的工艺约束,以及其他设计与制造的协同手段,减轻对制造方面的需求压力,并且提升芯片的良品率和鲁棒性。当然,芯片的设计指标能不能实现,光刻机等生产设备、7 nm或14 nm的生产工艺,甚至晶圆等生产材料都至关重要。

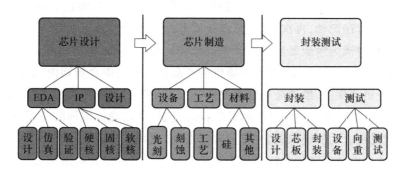

图 2-11　芯片研发三大领域

封装测试是芯片质量管理的关键保障,可靠性是芯片测试的重要部分。可靠性的问题相对比较棘手,如,产品能用多久?能适用什么样的工作环境?

可靠性(Reliability)是对产品耐久力和耐环境条件的测量。它回答了一个产品全寿命周期有多长和能经受什么样的环境考验。在定义和设计产品之前,要考虑到性能指标的测试范围,既要考虑一致性,也要考虑良品率,同时要兼顾可靠性测试要求,最终对应到目标市场和目标客户。芯片可靠性测试主要分为环境测试和寿命测试两个大项:

环境测试包含:

① 机械测试(振动测试、冲击测试、离心加速测试、引出线抗拉强度测试和引出线弯曲测试);

② 引出线易焊性测试;

③ 温度测试(低温、高温和温度交变测试);

④ 湿热测试(恒定湿度和交变湿热测试);

⑤ 特殊测试(盐雾测试、霉菌测试、低气压测试、静电耐受力测试、超高真空测试、核辐射测试、浪涌测试)。

寿命测试包含:

① 长期寿命测试(长期存储寿命和长期工作寿命);

② 加速寿命测试(恒定应力加速寿命测试、步进应力加速寿命测试和序进应力加速寿命测试)。

芯片行业的全面质量管理,建立在正确的质量观念之上,依托完善的质量体系,规范化管理,持续改进优化设计、生产出来的产品才具备了高品质的基础,再经过行业标准的长期考验,逐渐实现产品化、市场化,从而为顾客提供满意、质量可靠的产品。

2.5 卓越质量观

工业革命进一步推动了质量观念的发展,质量管理进入追求卓越质量的阶段。首先,是质量竞争方式的转变,从一味追求产量产能的增长,向追求个性化、差异化、创新化的增长模式转变,通过发挥自身的优势,避免结构趋同、路径单一、竞争同质化造成的恶性竞争;其次,是生产要素配置方式的转变,构建更加完善高效的要素市场化配置机制,促进劳动力、资本、技术、数据等生产要素自主有序流动;再次,是更强调微观基础要素,"以人为本"的理念深入人心,员工爱岗敬业与工匠精神成为组织最重视的竞争资源和财富,质量效益型组织必将成为健康市场的主导;最后,是经营理念的转变,在组织提供的产品和服务的寿命周期内,更注重所承担的社会责任,恪守商业道德规范,维护公众健康安全,注重保护环境资源,履行公民义务,对社会公益事业提供支持,促进组织和整个社会的健康持续发展,从而确保市场的公平竞争、有序竞争、有效竞争。从质量观念的演进来看,注重顾客需求、实现顾客价值、追求顾客满意、提供富有魅力的卓越质量,成为质量管理研究的发展趋势。组织对质量的管理越来越强调赢得顾客忠诚、赢得市场竞争。

2.5.1 质量经营

高科技企业是第四次工业革命的产物,它们遵循"打破常规、以快求胜"的信条,产生了大量创新成果并极大地改善人们的生活水平,降低了产品的价格,科技企业的员工还能享受很高的薪酬。在这个新的商业世界中,质量价值观变得可塑、可变、可再造。然而在几年快速发展之后,新兴市场逐渐集中为少数几个大型科技企业的垄断竞争,新企业的数量跌至低点,不少初创企业更是无力应对大型科技企业的挤压,索性寄希望于被某家主导性企业收购;而大型科技企业希望打造竞争壁垒、成为行业寡头甚至垄断整个行业生态。这种不平等竞争抑制了整个行业的良性循环,扼杀了创新活力,同时形成了结构趋同且恶性循环,不利于新颖观点、多样化价值的形成,最终导致行业效率下降。

质量经营就是在这样的背景下诞生的,2015 年,ISO 9001 标准迎来一次修订换版,从整个体系架构上进行了升级和转变,标志着质量从面向指标的小质量真正地迈步成为面向经营的大质量,组织的质量管理体系也与组织的内外部环境更紧密地关联起来。质量经营就是组织在质量管理活动中主动塑造卓越质量观与经营理念,对所有成员的价值观取向和精神追求进行引导,以综合质量效益为中心,将组织的质量行为统一到质量观念战略的高度上,持续追求卓越。质量经营的内涵包括:制订长期有效的质量经营理念和发展战略,实施质量经营战略管理;确立综合质量效益为中心的质量经营目标与评价标准;围绕质量观念建立有效的质量经营综合管理体系;持续开展以综合质量效益为中心的质量改进活动,所有成员追求卓越质量绩效。

从质量文化的结构层次可以看出,位于质量文化金字塔基础层的精神信仰和质量理念,是受社会文化背景和道德观念影响而长期形成的,表现为组织对质量行动目标的持久性偏好和对质量要求重要性排序的广泛性接受,是组织成员自觉主动地尊重与维护的价值取向和精神追求。相较于全面质量观中注重质量行为模式和系统规范的制度化建设,卓越质量观更注重组织价值观的主动塑造和质量理念的引领作用。卓越质量观以最低的成本、最高的效率,取得最佳经营绩效,在满足符合性、适用性、满意质量要求的基础上,创造能使顾客忠诚的个性化质量。卓越质量观是全面质量观的继承和发展,不仅关注组织对顾客需求的识别与满足程度,而且关注组织在实现产品或服务质量的过程中对价值观的表达与传递能力,组织需要具备以下几个方面的能力。

1. 危机应对能力

组织是在经济周期循环中不断成长,所面临的不仅有生机盎然的气候,还有充满肃杀和萧条之气的环境,不能一厢情愿地寄希望于"舒适稳定"的季节里"追求卓越"。即便有幸诞生在"黄金时代",也应当意识到不断变化才是生存发展的常态,真正百年老店的文化价值、价值理念和精神操守是在不同的经济周期中历练而成的,很多优秀的企业就是在经历金融危机、经济严冬之后,成长为卓越企业。质量大师戴明博士在其著作《转危为安》中提出,企业应当适应时代的要求,学习如何改变,接受重大变革,特别是企业面临不利局面的时候,应当进行自我检查、推陈出新制定长远计划,提高企业持续发展的活力,从而创造机会赢得进一步的发展空间。

2. 持续成长的能力

组织发展到一定规模之后,如何面对外部环境变化、内部环境波动等因素,既要保持主营业务稳健成长,还要不断孵化新的增长点,保持可持续的增长,是比较困难的一件事情。特别值得注意的是,这种持续增长应当区别于特定历史条件下产生的制度红利,以及通过暂时的技术优势建立的竞争壁垒,更不是"一夜暴富"的财富风口。在相对一段稳定时间的盈利状态下,许多企业常常困于上述的"眼前利益"而不思进取,在忘情地"摘取果实"时,无暇顾及"苗圃"和"育种",以致在"果木"变为"枯木"的时候突然惊慌失措,这样的企业自然谈不上卓越了。

3. 团队精神和企业凝聚力

一个有生命力的组织,需要具备凝聚力和团队精神,这是决定一个组织是否长远发展的根本。一个企业并不是因为有了雄厚的资金基础、有了高科技含量的技术,或是拥有知识渊博的人才,就自然而然会形成生命力和发展前景,正如足球场上的教练,会把发挥团队精神放在首位,在注重发挥个别球星作用的同时,极力倡导团队精神。因为只有树立团队意识,才能更好发挥个人的作用。凝聚力高的组织,能够为成员的成长和发展提供更好的条件,团队成员之间能够互相关心通力合作,表现出强烈的归属意识,自觉维护团体的利益和荣誉,使组织形成上下同欲的愿景。

4. 成为受尊重的组织

一家优秀的企业不仅要在商业层面取得成功,还要在价值引领方面有突出的表现,做一个受尊重的企业,这是卓越质量的重要标志,主要表现在以下3个方面:①被员工尊重,通过引导员工价值方向,为员工提供成长发展的条件,与员工分享发展成果,保护员工价值权益,成为被员工尊重的组织;②被顾客尊重,通过引导顾客价值追求,与顾客共同创造价值,保护消费者和顾客权益,成为被顾客尊重的组织;③被社会和竞争对手尊重,做对社会有价值、有贡献、有担当的组织,在诚信经营、行业规范、安全环保、慈善公益等社会责任方面作出表率和贡献,才能受到社会和竞争对手的尊重。

2.5.2 卓越质量观的凝练方法

质量经营中的"质量"是一个广义的质量概念,其内在含义是卓越的经营绩效,追求相关方价值的最大化;质量经营中的"经营"也是一个广义的概念,包括经营的理念、战略、过程、方法、资源和结果,既包括有形资产经营,也包括无形资产经营。质量经营的一切管理活动都需围绕一个质量理念,这个理念就是这里所说的质量价值观。事实证明,一套明确持久的、广泛认知的质量价值观,可以在组织中发挥极大的效能,是组织的战略优势、共同信念的集中体现。质量价值观的提炼是组织质量经营的核心命题和根本思考,甚至在推进国家现代化进程中同样具有十分重要的地位。组织时刻面临市场和顾客的考验,除了要具备过硬的产品质量之外,还要具备参与竞争的各方面实力,要求组织准确提炼一套追求卓越质量的价值观,下面介绍组织凝练质量价值观的思路和方法。

1. 精神感染、凝聚共识

质量价值观包含价值要求,具有强烈的倾向性,并带有鲜明的意向和情感色彩。质量价值观是组织在长期的质量管理中形成和提炼的特色管理思想和理念,离不开时代发展和社会环境的影响,更需要相应的资源和环境条件的支持。因此质量价值观的提炼应当汲取历史上具有积极作用的优秀价值,考虑组织的资源和社会的环境条件,凝聚全体成员的智慧和力量,形成维系组织团结和谐的精神支柱,从而创造相关方价值最大化。一方面,帮助组织在社会和公众面前树立良好的形象,不断提升市场竞争力和顾客认同;另一方面,激励组织成员自觉秉持共同的价值观和信念,克服实际资源和环境条件可能存在的困难,努力实现组织的质量目标,正如习近平总书记所言,"人类社会发展的历史表明,对一个民族、一个国家来说,最持久、最深层的力量是全社会共同认可的质量价值观。"

2. 价值标准、前瞻未来

质量价值观决定人们对事物的取舍,影响人们的态度。作为判断行为的利害、善恶、美丑的根本标准,在市场环境或外界竞争变化时,组织可能会调整经营战略或质量方针,其核心价值还应当具备适度的兼容性。提炼质量价值观应当从长远出发,考虑组织未来发展的前瞻性,为核心价值的延伸创造可能,从而获得更多的外部合作者以及顾客的认同和支持。能够保证利益长期最大化的质量价值观具有如下特点:①创新引领,如技术的领先、理念的先进;②价值独特,如原料的考究、产地的独特、历史的积淀;③形象提升,如完美的细节、极致的工艺;④感受卓越,如情感的归属、理念的共鸣等。

3. 行为导向、支配全局

质量价值观将组织和个体的行为指向一定的价值目标,导向鲜明的核心价值能够获得组织内外相关人员的认同与接受,通过表彰、授权和培训教育,提高组织各级人员对质量价值观的认识,使各个岗位的人员都得到尊重并参与到组织质量目标的实现过程,主动积极完成组织的各项工作,提高组织的竞争力和价值创造力。质量价值观的提炼不能停留在宣传层面,要通过组织的各种过程环节不断地传递到产品和服务中,最终让包括顾客在内的相关方持续感受到这种价值观的魅力,使组织内外的人员真正认同这一质量观念。组织的核心价值应当具有触动组织成员内心世界的能力,引发组织内部成员的共鸣,把大家团结在一个共同追求的目标之下,通过组织成员共同的期待、信任和坚守,进而创造良性的团队行动力,改变每个人的行为习惯。

综上,质量价值观激发组织或个体追求价值行为的动力,帮助组织形成持续追求完美的价值判断和行为标准,构建质量评价体系,清晰界定质量工作的准则,从而指导组织持续追求完美,坚持不懈地将质量价值观内化于心。完美主义是卓越质量观应采取的基本态度,实现完美虽然很困难,但追求完美主义的态度,一方面能使实际的质量工作尽可能减少错误,另一方面也会帮助组织或个人逐渐接近或达到某个细分领域的极致水平。因此,应该让完美主义渗透到整个组织各个环节,成为每个人的习惯。

例 2.5 航天质量管理从精细到精益再到卓越

1965 年 5 月,周恩来对国防科技战线的同志提出"严肃认真,周到细致,稳妥可靠,万无一失"的十六字要求。在建设航天强国的伟大征程中,航天质量管理牢固树立高质量发展理念,持续提升质量管理水平,打造世界一流的航天产品。回顾中国航天的发展历程,始终坚持"质量第一",坚持"质量是政治,质量是生命,质量是效益"的工作理念,质量是实现任务成功的根本保障。航天质量从"精细"到"精益"再到"卓越"的转型之路,从形式上讲,是由过程到结果的升华;从方法上讲,是由定性到定量的转型;从价值上讲,是由增量到增值的导向;从目标上讲,是由对标到引领的追求。

航天质量的"精细"是以高标准保证成功为目标,以过程控制标准化、规范化、精细化为标志。航天的"精细",首先体现在"细",细到管理的每一个环节、工作的每一个流程、软件的每一个符号、电路的每一个极性、状态的每一个变化,在细的基础上追求精,要不惜一切保成功,高质量保证成功。

航天质量的"精益"是以高效率完成任务、高效益推动航天强国和国防建设为目标,以实现价值流的持续优化、快速响应顾客要求为标志。航天的"精益",就是要在"精细"的基础上,提升过程价值,精准投放时间、成本和精力,优化流程,避免浪费,注重质量经济性,注重先进技术和方法手段的运用,提高效率和效益。

航天质量的"卓越"是以全面建成世界一流宇航企业为目标,以形成具有世界知名度和影响力的航天质量品牌为标志。航天的"卓越",是在"精益"的基础上,探索建立具有我国航天特色的航天卓越绩效模式,持续改进和提升领导、战略、顾客、资源、过程等方面的综合能力和水平,从而全方位保证型号一次成功;引导和激励各级组织改进和提升经营管理水平,提高组织的盈利能力和经营绩效,从而更好地履行富国强军的使命;树立标杆并分享其成功经验和最佳实践,促进全行业经营管理水平的共同提高,从而提升全行业整体质量效益。

实现航天质量从"精细"到"精益"再到"卓越"的转型发展之路是一个循序渐进的过程,各阶段关注的重点如下。

(1) 全面精细阶段

在体系建设方面:推进母子公司一体化质量管理体系的方案设计和建设,建立权、责、利清晰的3级质量责任体系,持续推进全领域、全级次、全过程、全要素供应商管理系统建设,推进一体化质量监督系统建设,推动质量管理体系的系统、完整和协同。

在过程管控方面:以差异化管控、全寿命周期管理、型号产品双驱动等科研生产管理新要求为导向,完善预研、研制、批产、售后阶段的产品(质量)保证、风险管控方法和工作机制,确保设计、工艺、生产、操作、试验、管理等过程以实现流程化、标准化、规范化。

在质量基础建设方面:推进精细量化质量管控的手段和能力建设,推进质量制度体系及新型标准体系建设,全面推进产品化管理体系建设,开展航天产品质量验证与评价系统建设,推动各级各类人员质量培训的常态化、制度化,建强质量专业队伍。

(2) 全面精益阶段

在体系建设方面:以提升体系运行的效率、效益和快速响应为目标,持续推进一体化质量管理体系的优化和质量管理信息化,提升质量工作的一体化管控能力,确保各项要求一以贯之,质量管理体系过程持续增值并高效运行。

在过程管控方面:健全型号研制全面风险管控体系,利用大数据、人工智能等新技术手段,实现均衡化、同步化生产,库存控制精准、一体化综合保障,建立航天智能制造体系;航天装备制造实现柔性化、智能化;全型号实现基于模型和知识的智能设计、全性能样机综合仿真验证;生产现场全面实现智能物流配送和智能检测;多型号产品开展混批柔性生产,打通型号研制全过程质量数据链条。

在质量基础建设方面:推动数字化设计、并行工程研制等现代制造背景下的先进质量管理方法、工具、手段的研究与应用,完善产品(质量)保证技术支撑体系,推动"数据驱动"的质量管理,推动质量保证工作的信息化、智能化转型升级,提高质量的在线监测、在线控制和产品全寿命周期的质量追溯能力。

(3) 全面卓越阶段

在体系建设方面:建成系统、协同、科学、高效的质量经营体系,实现治理体系和治理能力现代化,在军民主业的资源配置、组织架构、创新能力等方面深度融合,形成高质量的发展态势。

在过程管控方面:全面提升科技创新、过程管控与资源服务能力,核心技术及重要原材料、关键核心器件自主可控,大力推进数字化、网络化、智能化等技术与设备/设施在质量保证中的应用,全面提升研制、生产、售后各环节的智慧化水平和自主质量保证能力,基于知识驱动的过程管控和质量评价系统全面有效的运行。

在质量基础建设方面:构建世界领先的中国航天质量管理理论方法体系和质量基础能力,健全面向质量保证的技术、设备/设施控制的方法和工具,实现航天产品质量保证工作流程智能化再造,建设世界领先的具有引导力的航天标准体系,构建形成具有世界影响力的航天质量品牌。

航天从"精细"到"精益"再到"卓越"的质量管理发展之路,是适应航天工程系统庞大、环境复杂、参研单位多、技术风险大的任务特点的质量管理模式创新发展之路,是确保任务成功、实现跨越发展、实现从先进到一流再到领先的重要保证,同时也是提高自主创新能力、增强核心竞争力的重要途径,也是构建新型航天科研生产管理体系的重要内容。在具体实践中,牢固树立"高质量、高效率、高效益"的发展理念,全面辨识和控制风险,完善质量管理体系,持续优化质量工作流程,构建科学、协同、高效的航天卓越质量管理体系,整体提升质量管理能力和产品质量竞争力,助力航天强国建设,在质量强国建设中发挥引领作用。

例 2.6 社会主义核心价值观的三个层次

2012 年 11 月,党的十八大报告中明确提出"社会主义核心价值观",即"倡导富强、民主、文明、和谐,倡导自由、平等、公正、法治,倡导爱国、敬业、诚信、友善",这是对社会主义核心价值观的全面概括,是当代中国精神的集中体现,凝结着全体人民共同的价值追求。2018 年 3 月第十三届全国人民代表大会第一次会议通过中华人民共和国宪法修正案,把"倡导社会主义核心价值观"写入宪法,意义重大而深远,有利于发挥社会主义核心价值观对国民教育、精神文明创建、精神文化产品创作生产传播的引领作用;有利于将社会主义核心价值观融入社会发展的各方面,转化为人们的情感认同和行为习惯;有利于强化教育引导、实践养成、制度保障,更好构筑中国力量、中国精神、中国效率。作为新时代坚持和发展中国特色社会主义的基本方略之一,核心价值观将充分发挥评价与导向作用、整合与规范功能,不断增强民族凝聚力,激励和引导广大干部群众万众一心,为实现社会主义现代化和中华民族伟大复兴而不懈奋斗。

社会主义核心价值观主要分为三个层面:个人层面的社会主义核心价值观是社会道德生活的基础,国家层面的社会主义核心价值观是理想目标,社会层面的社会主义核心价值观则是实现理想目标不可逾越的中间环节。

第一层,富强、民主、文明、和谐,是党和国家层面的价值目标,包括经济与国力的富有强大、政治上的社会主义高度民主政治、社会主义文化与社会主义精神文明追求以及社会主义和谐社会的价值追求这样一个四维的理想价值,有着强大的现实感召力,是当代中国人的核心价值诉求。在当代中国,实现国家昌盛、人民幸福和民族复兴,符合近代以来中国人民寻求民族复兴的共同愿景,是一个能够凝聚起亿万人民群众智慧和力量的宏伟目标,形成维系社会团结、民族和社会和谐的精神支柱。

第二层,自由、平等、公正、法治,是社会和市场层面的价值取向。马克思主义追求的根本价值目标是人的自由和全面的发展,我党从成立之初就将其写在自己的旗帜上,在实践上极大发展了人民的自由和平等,极大发展了社会的公正和法治。把这一层面的价值诉求提升到社会核心价值层面,表明了我党的理论勇气和智慧。改革开放前后的历史经验与教训雄辩地告诉我们,追求富强、民主、文明与和谐的社会主义强国,如果没有以自由平等和公正法治为社会主义核心价值观的社会主义市场经济与现代社会主义的公民社会为中介,也难以成功。同时,市场经济建设以来的经验告诉我们,在市场经济条件下建设一个民主与和谐的社会主义强国,社会与市场的公正与法治是必须的内在条件。没有法治也就没有社会主义的民主,没有公平正义,也就难以实现社会主义和谐的理想价值追求。

第三层,爱国、敬业、诚信、友善,是公民个人层面的价值准则,贯穿了社会公德、职业道德、家庭美德、个人品德各方面,集成了中华民族传统美德、中国共产党人革命道德和社会主义新时期道德的精华,具有很强的全面性和系统性,强调了作为一个社会主义社会的公民,应当具有的核心道德价值。

社会主义核心价值观的三个层面之间是内在融贯的统一体。从国家层面来理解的社会主义核心价值观,富强、民主、文明、和谐,作为所提倡的国家共同理想精神和核心价值精神,最集中地体现和代表了马克思主义的核心价值和社会主义初级阶段社会的价值诉求。说到底,是亿万人民的幸福之所在。有了国家的强盛,才有老百姓的幸福生活;有了社会主义的高度民主政治,才可真正保障人民群众当家作主的权利;有了社会主义的精神文明,才可实现中国文化的伟大复兴,从而使每个中国人都有尊严;有了社会主义的和谐社会,才有安定、团结、繁荣发展的社会经济生活,老百姓才能真正享受社会主义制度的优越性。同时,社会主义核心价值观所表达的理想追求,必然要通过社会和市场的发展来实现,因此,自由、平等、公正、法治的社会主义核心价值观,就有着重大的理论与现实意义。因此,社会主义核心价值观的三个层面之间是内在融贯、不可或缺的统一体。

2.6 本章小结

本章介绍了质量精神文化的概念和内涵,阐述了从工业时代开始质量观念的发展,包括以"降低波动和减少不合格品"为目标的符合性质量观、以"满足用户实际需求"为目标的适用性质量观、以"系统优化和全员参与"为目标的全面质量观,以"质量经营和卓越绩效"为目标的卓越质量观。经过上述四次质量观念的转变,质量观念及其指导下的质量活动已经涵盖了与企业相关的内外部利益相关者及社会责任,但质量观念的核心理念始终是保证企业或者组织生产出合乎某种规范及标准的产品或服务,简单地说仍是"保质保量",不同的是规范及标准的内涵外延在不断发展和升华。随着我国经济发展进入新时代,明确以创新为核心的质量观念,对推进企业技术创新,提高经济增长质量,实现经济高质量发展,不断满足人民日益增长的美好生活需要,具有重要而积极的意义。

习题二

2.1 简述现代质量观念经历了哪些发展过程,不同的质量观念分别适应怎样的社会生产方式和管理模式?

2.2 按生产过程检验阶段分类,质量检验可以划分为哪几类?

2.3 在生产制造过程,导致质量特性波动的因素来源于哪几个方面?

2.4 从统计过程控制的角度来说明区分,影响质量的因素可以分为哪两类,并说明统计控制状态的定义是什么?

2.5 卡诺模型将用户需求分为哪三类?并分别介绍各类需求如何影响用户的满意度。

2.6 全面质量管理有哪些基本要求?

第 3 章　质量行为文化与实践模式

子张问行。

子曰:"言忠信,行笃敬,虽蛮貊之邦,行矣。言不忠信,行不笃敬,虽州里,行乎哉?立则见其参于前也,在舆则见其倚于衡也,夫然后行。"

子张书诸绅。

——《论语·卫灵公》

3.1　质量行为文化概述

质量行为文化体现在为组织成员在质量观念引领下开展质量活动的行为模式和行为准则。组织的质量行为文化包括质量管理活动、宣传教育活动、人际关系活动中产生的文化现象,是质量文化的具体实施。从企业人员的管理层级看,包括领导干部的决策行为、质量管理队伍的专业行为、其他员工的从业行为等。通过总结组织行为规范、提炼活动准则,不断精益求精,形成比较有特色的质量行为文化,塑造长期稳定、持之以恒、潜移默化的质量行为文化,并能有效推动质量文化影响力的形成。

3.1.1　质量行为

在一个组织中,个体通常会按照某种习惯或传统去办事,否则就可能受到群体其他成员直接或间接的反对或者孤立。为了融入群体防止被孤立,个体会尽量选择"从众",也就是让自己的行为符合群体认可的观念和传统。对于符合群体观念和价值取向的行为,对达成群体目标有促进作用,就是优良行为;反之,就是不良行为。同理,任何一个组织,一个员工,只要其承担一定的质量职能,总会趋向于形成一定的习惯,这种习惯进一步转化为相对稳定的质量行为。质量行为是组织成员在处理相关质量问题中一贯表现的态度和行为模式,是质量观念在质量活动中的具体表现,也是在长期质量实践中养成的一种做事习惯和思维方式。

质量行为是质量观念的外在体现,质量行为文化通过具体质量工作实践,将质量意识与质量观念"外化于行",进而养成符合质量价值观的行为习惯和质量素养。一家质量管理良好的企业,一定是持续贯彻质量观念、强化质量培训、规范质量制度,从而改变不良的做事习惯,培养良好的质量行为。

3.1.2　质量行为文化的作用

质量行为是员工在长期质量实践中形成的一种质量管理体制、方法和习惯,实际上得到全体员工的"默认",具有相当大的权威性,在贯彻质量观念中起着不可忽视的作用,这些宝贵的传统经验为解决突发质量问题和持续质量改进提供养分和智慧。

1. 传承质量观念和优秀传统

组织已有的质量观念和传统习惯,对成员的质量行为会产生潜移默化、耳濡目染的作用和影响。一个新员工加入有良好质量行为传统的群体,不知不觉地受到感染和同化;同样,一个老员工将原来企业的优秀质量行为传统带到新企业,也会改变周围其他员工的质量行为,进而改变企业整体的质量行为习惯,促进质量观念和质量行为的良性互动。例如,一个在航天工厂干了几十年的车间工人转到一家私营企业工作,他对自己加工的新投产批第一个零件都要进行认真自检,并要工友帮他检查一遍,甚至还要送到检验工那儿要求检验工检验一下。他的这种举动一开始受到工友们的嘲笑,但他坚持这样做。后来,一个工友加工的一批零件因不合格而全批次报废,大家才认识到他所说的这种"首件三检"的意义。于是,这家私营企业很快重视并建立起自己的"首件三检制"。这个事例说明,良好的质量行为习惯对企业具有重要的意义。这个工人在原国有工厂中培养出良好的"首件三检"习惯,他把这种习惯带到新的岗位上,对促进这家私营企业的质量管理起到了积极作用。

2. 调动组织成员的主观能动性

ISO 9000 提出的第三项质量管理原则是"全员积极参与",标准指出:"为了有效和高效地管理组织,各级人员受到尊重并参与其中是极其重要的。通过表彰、授权和提高能力等方式,促进实现全员积极参与组织的质量目标过程中。"组织应当为发挥成员的主观能动性提供相应的条件,允许员工用探索新的方式去控制解决质量问题,允许员工在适当的空间里进行发明创造。规章制度不可能对所有质量行为都进行规范,越是需要员工发挥主观能动性的工作,规章制度越不能写得太细。一般说来,只要是规章制度没有明确禁止的,员工就可以按照个人的质量行为习惯来进行处理。同时,企业应当适时对员工的质量行为进行必要的调查,研究分析质量行为与质量观念、质量目标的关系。对企业实施质量观念和质量目标有利的质量行为,可以通过宣传、提倡、鼓励等手段,使其得到推广、巩固和发展,甚至转化为成文的规章制度;而对企业实施质量观念和质量目标不力的质量行为,则要视其影响采取不同的手段,予以制止、批评、规范,通过反面事例向员工阐述可能造成的后果,促使员工放弃这些质量行为习惯。

3. 质量行为与规章制度相互促进

在质量规章制度健全、质量管理规范的企业,员工的质量行为往往呈现出蒸蒸日上、百舸争流的面貌;质量规章制度能够满足符合质量观念和质量目标实施的需要,质量制度才能真正得到贯彻执行,质量行为也就会更加高效,良好的组织质量行为习惯还会"改良和纠正"质量规章制度,从而持续保证质量观念的贯彻执行并有效指导质量实践活动。要说明的是,并不是所有质量行为都要转变为质量规章制度,那些对企业实施质量观念和质量目标有重大影响的质量行为,就需要以质量规章制度的形式加以明确,而在质量规章制度不能或不便涉及的领域,质量行为准则就起到了补充作用。例如,有的企业有"师父带徒弟"的习惯传统,一个班组来了新员工,班组对新员工进行教育培训的同时,还会给他指派"师父"。一方面,让新员工学习规章制度;另一方面,通过"师父"的言传身教让新员工感受班组的质量行为和习惯传统,使新员工尽快熟悉和适应企业的质量工作模式,同时也促使"师父"提高对质量制度的认识,以身作则,提高全员贯彻执行质量制度的自觉性。

例 3.1 同仁堂的古训与行为准则

"炮制虽繁必不敢省人工,品味虽贵必不敢减物力"。两个"必不敢"作为同仁堂建堂立业的古训一直传承下来(见图3-1),成为自觉恪守的不变信条,是同仁堂质量文化、诚信文化和自律文化的重要支撑。

图3-1 同仁堂的古训对联

从1669年(康熙八年)创立之初,同仁堂制药就建立了严格的选方、用药、配比及工艺规范,在社会各阶层迅速树立起良好的信誉,1723年(雍正元年)被钦定为供奉皇宫御用药房。多年来,同仁堂一直坚守着为顾客提供优质的产品与服务的初心和使命,历代同仁堂人恪守诚实敬业的"药德",提出"修合无人见,存心有天知"的信条,凭借着诚信的价值观、高质量的原料和工艺,生产出来众多疗效显著的中成药。

1989年,国家市场监督管理总局将全国第一个"中国驰名商标"称号授予了同仁堂,《2021胡润中国最具历史文化底蕴品牌榜》中,同仁堂以唯一的满分蝉联榜首。历史变迁,社会发展,同仁堂铭记古训,以高度的社会责任感和持久的价值理念,持续打造高品质的、消费者信得过的产品。

例3.2 工匠精神

人类社会的质量行为可以追溯到远古时代,在没有进入工业社会之前,人们就开始对质量有着近乎苛刻的追求,造就了人类史上众多巧夺天工的艺术杰作。那么,前工业时代在对质量的追求中,背后隐藏着何种质量行为文化呢?

图3-2 屹立千年的长城

回望我国灿烂而深厚的历史,长城(见图3-2)、都江堰(见图3-3)、莫高窟、乐山大佛、故宫等工程让人叹为观止,当时没有起重机,没有钢筋水泥,没有设计软件,没有激光测量,也没有可靠性和寿命评估技术,却抵抗了千百年的天灾人祸,呈现在人们的面前。

都江堰亦建设于2000余年前,是李冰以蜀郡太守和大国工匠的双重身份领导十万余人建成。经过数次溯江而上或顺流而下的认真勘测,采用鱼嘴分水堤、宝瓶口和飞沙堰来构建都江堰的渠首工程,三大工程首尾呼应,三位一体,道法自然,天人合一。堤防、分水、泄洪、排沙、控流相互依存、共为体系,充分发挥防洪、灌溉、水运和社会用水的综合效益。成都之所以称之为"天府之国",部分得益于都江堰的灌溉。时至今日,都江堰仍然是人与自然和谐相处的典范、全球水利工程师的圣地,也是全世界迄今为止仅存的一项生态工程。启动大型水利工程建设之前,水利工作者们往往会前往都江堰朝拜,期望自己手上的水利工程取得成功。

图3-3 都江堰——杰出的水利工程

可见,没有形成体系并不意味着质量管理不存在——人们往往将古人追求高品质的产出、完成高品质的工程阐释为工匠们优秀的精神品格,这在事实上也是一种朴素的行为层面的质量文化雏形。

3.2 质量行为的方法论

组织的质量行为活动,按其对质量水平所起的作用不同,可分为两类:一类是质量"维持",是为保持现有水平稳定的活动,通常通过质量控制来实现;另一类是质量"突破",是根据用户需求和组织经营的需要,对现有的质量水平在维持的基础上加以改进和提高,使产品质量水平上一个新的台阶。

3.2.1 质量改进行为

1. 质量改进的目标

质量改进必须有具体的目标作指引,以使组织及其成员产生合乎目的的具体改进行动。质量改进的目标可以从以下3个方面来理解。

① 从顾客价值的角度来看,质量改进的宗旨或目的是注重提高顾客满意度和过程的效果及效率。质量改进以顾客价值为导向,顾客的满意度就是质量,质量改进就是不断地使顾客在

物质和精神方面满意。物质满意就是顾客在组织提供的产品核心层的消费过程中所产生的满意程度,物质满意的影响因素是产品的使用价值,如功能、可靠性、设计包装等。精神满意是客户在组织提供的产品形式和外延的消费过程中所产生的满意程度,精神满意的影响因素包括产品的外观、色彩、防护、装饰、品位和服务等。

② 从组织绩效的角度来看,质量改进的核心是提高组织的整体素质和竞争力,质量改进应贯穿于组织的各个层面。所以,应将组织的总质量改进目标逐级分解,落实到各个部门、各个小组乃至各个成员,为他们分别确立相应的质量改进目标,使每项具体的质量改进活动都有具体的目标。

③ 从社会效益的角度来看,组织进行质量改进不仅是为了增加因顾客需求得到满足所获得的利润,而且要符合顾客和社会的长远利益。质量改进不仅要使顾客和组织成员满意,也要考虑到所进行的改进工作是建立在维护顾客利益的基础之上的,并确保社会效益得到保障。

2. 质量改进的途径

根据质量改进的范围、难度,及所采取的方法不同,质量改进可分为过程改进、员工改进和组织改进三种途径。三种质量改进活动虽然各自的出发点不同,但相互具有紧密联系,是相辅相成的。

① 过程改进。ISO 9000 系列标准明确指出,组织的任何一项工作都是通过一个过程来完成的。任何一个过程都必须是增值的,否则应视为无效过程。过程改进的目的在于不断提高过程增值的幅度,为组织创造高的工作质量、工作效率和经济效益。

② 员工改进。员工改进是指每一位员工根据自身存在的质量问题,通过自主管理活动或质量控制小组活动而开展的质量改进。改进项目大多是由系统因素作用而发生的异常质量波动的结果。

③ 组织改进。组织改进是对整个组织所进行的质量改进活动,通过采取系统改造措施解决组织问题,这往往会涉及质量管理体系运行的有效性、技术能力的先进性、组织内外部环境的相关性,甚至涉及组织文化和员工队伍的素质等。

3. 质量改进的策略

组织开展质量改进活动可以有两种策略:一种是渐进型质量改进策略,另一种是突破型质量改进策略。

① 渐进型质量改进策略具有改进步伐小、改进频繁等特点。这种策略认为,最重要的是每天、每月都要改进各方面的工作,即使改进的步子很微小,但也可以保证无止境地改进。渐进型质量改进的优点是:将质量改进列入日常的工作计划中,保证改进工作不间断地进行。渐进型质量改进策略改进的目标不高,项目不受限制,所以具有广泛的群众基础。它的缺点是:缺乏计划性,力量分散,所以对重大的质量改进项目不适用。

② 突破型质量改进策略具有两次质量改进的时间间隔较长、改进目标值较高、每次改进均投入较大等特点。这种策略认为,当客观要求需要进行质量改进时,公司或组织的领导者就要做出重要的决定,集中最佳的人力、物力和时间来从事这一工作。该策略的优点是能够迈出相当大的步子,成效较大,但不具有"经常性"的特征,难以养成在日常工作中"不断改进"的观念。

4. 质量改进的步骤

具体而言，质量改进可以按以下步骤进行：

① 选择改进项目。任何组织需要进行质量改进的项目较多，所涉及的方面可能会包括质量、成本、交货期、安全、环境及顾客满意度等。

② 掌握现状。确定质量改进项目后，应进一步掌握有关课题的历史状况和目前状况等背景资料，且尽可能详尽。

③ 分析问题原因。在上述现状调查中，收集大量待改进项目的质量问题相关的数据和信息，以诊断分析产生质量问题的各种影响因素，进而确定主要影响因素。在分析质量问题的原因时，可以通过建立假说与验证假说两个环节得以实现。

④ 拟定与实施改进方案。通过充分调查研究和分析，产生质量问题的主要原因明确了，就要针对主要原因拟定改进方案并加以实施。

⑤ 确认改进效果。在确认质量改进的效果时，可以采用与现状分析相同的方法，将改进方案实施前后的质量特性值、成本、交货期、顾客满意度等指标做成对比性图表加以观察、分析。

⑥ 防止再发生和标准化。经过验证，对确实有效的措施进行标准化，纳入质量文件，防止同类质量问题再次发生。

⑦ 总结。对改进效果不显著的措施及改进过程中发现的新问题，应进行全面的总结，为持续质量改进提供依据。

3.2.2 朱兰三部曲

约瑟夫·朱兰(Joseph M. Juran)博士是举世公认的现代质量管理的领军人物。他倡导的质量管理理念和方法始终深刻地影响着全球企业界，并引领世界质量管理的发展方向，他所提出的将质量管理过程分为"质量策划、质量控制和质量改进"三个步骤，被称为"朱兰三部曲"（见图3-4）。

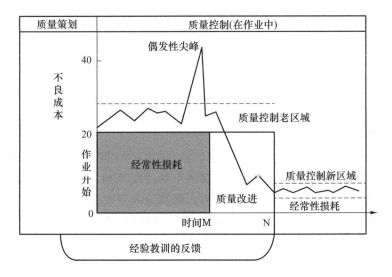

图3-4 "朱兰三部曲"

1. 质量策划

质量策划从认知质量差距开始,看不到差距,就无法确定目标。而这种差距的定位,要从顾客的满意度入手,追溯到生产设计和制造过程,就能使存在问题清晰化。现实中存在的质量差距主要有以下方面:①差距是理解差距,也就是对顾客的需要缺乏理解;②差距是设计差距,即使完全了解顾客的需要和感知,很多组织还是不能设计出与这种了解完全一致的产品或服务;③差距是过程差距,由于创造有形产品或提供服务的过程不能始终与设计相符合,使得许多优秀的设计无法实现,这种过程能力的缺乏是各种质量差距中最难的问题之一;④差距是运作差距,也就是用来运作和控制过程的各种手段在最终产品或服务的提供中会产生副作用。为了消除上述各种质量差距,并确保最终质量差距最小,作为质量策划的解决方案,朱兰列出了如下6个步骤,用于建立满足质量标准化的工作程序,是必不可少的。

① 确定顾客和设立项目;
② 明确顾客要求;
③ 开发具有满足顾客需求特征的产品;
④ 建立产品流程和性能目标;
⑤ 制定满足产品性能目标的控制计划;
⑥ 验证控制能力。

2. 质量控制

质量控制可以为掌握何时采取必要措施,为纠正质量问题提供参考和依据,是"三部曲"中的中间环节。质量控制是制定和运用一定的操作方法,以确保各项工作过程按原设计方案进行并最终达到目标。朱兰强调,质量控制并不是优化一个过程,而是对计划的执行,优化表现在质量策划和质量改进之中,如果控制中需要优化,就必须回过头去调整计划,或者转入质量改进。他列出了质量控制的7个步骤:

① 选择控制对象;
② 配置测量设备;
③ 确定测量方法;
④ 建立作业标准;
⑤ 测量实际性能;
⑥ 分析标准与实际性能的差距;
⑦ 采取纠正措施。

3. 质量改进

质量改进是指管理者通过打破旧的平稳状态而达到新的管理水平,更合理和有效的管理方式往往是在质量改进中被挖掘出来的。居高不下的经常性损耗是该计划过程的固有损耗,而按质量计划实施控制的操作者对其无能为力。解决这种计划问题的关键在质量改进阶段。质量改进的过程叠加在原有的质量控制过程之上,通过改进,经常性损耗可以大幅度下降。最后,质量改进中获得的经验教训反馈到新一轮的质量计划中,整个质量管理过程就形成了一个循环。质量改进的步骤如下:

① 确定改进项目;
② 组织改进项目团队;

③ 诊断确认质量问题的产生原因；
④ 制定解决方案和措施；
⑤ 验证措施的有效性；
⑥ 在新水平上采取控制程序，保持已取得的成果；
⑦ 处理遗留问题和相关冲突。

"朱兰三部曲"中的三个步骤既有各自的目标，又相互联系。但组织没有一个完善的持续改进的质量文化为基础，也不能充分发挥"朱兰三部曲"的作用。例如，要有积极向上的领导力和环境以及对质量的有力支持等。"质量螺旋"是朱兰博士提出的另一个关于质量控制的重要理论（见图 3-5）。朱兰认为，为获得产品的最佳使用效果，需要进行一系列相关的质量管理活动。这些活动主要包括市场调查、开发设计、计划采购、生产控制、检验、销售、反馈等各个环节。同时，这些环节又在整个过程周而复始的循环中螺旋式上升。在质量进展的工作实践中，朱兰博士将帕累特原理引入质量管理领域，依据大量的实际调查和统计分析得出：在所发生的所有质量问题中 80%的质量问题是在 20%的环节中产生的；此外，他还得出其中仅有 20%的质量问题是由基层操作人员的失误造成的，而 80%是领导者的失误造成的。

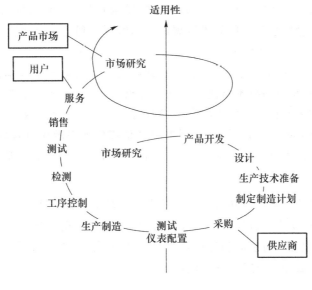

图 3-5　质量螺旋

3.2.3 PDCA 持续改进模型

持续改进对于组织保持并提升当前的绩效水平，对其内、外部条件的变化做出反应并创造新的机会，都是非常必要的。PDCA 是最为普遍应用的、也是非常朴素的一种持续改进的工作模型，它是由美国质量专家戴明博士提出的，故又称"戴明环"。PDCA 循环概念中的 P、D、C、A 四个字母分别是四个英语单词的首字母：P 即 plan，意为计划，包括方针和目标的确定以及活动计划的制定；D 即 do，意为执行，执行就是具体运作，实现计划中的内容；C 即 check，意为检查，就是要总结执行计划的结果，分清哪些做得对，哪些做得不够或做错了，明确效果，找出问题；A 即 action，意为行动或处理，对总结检查的结果进行处理，成功的经验加以肯定，并标准化或制定作业指导文件，便于以后工作时遵循，对于失败的教训也要总结，以免重蹈覆辙。

对于没有解决的问题,应提交到下一个 PDCA 循环中去解决。其具体执行方法如下。

1. 计划阶段

根据顾客的要求和组织的方针,明确质量问题、建立质量目标,确定实现结果所需的过程和资源,并识别和应对风险和机遇。具体地,计划阶段的工作可以细化为如下步骤:

(1) 分析现状,找出存在的质量问题

对现状的把握和发现问题的意识是解决问题的首要工作。如果不进行市场调研就论证质量改进的可行性,可能带来决策上的失误,造成人力、物力、财力的浪费。可以使用调查表、排列图、水平对比等方法,结构化呈现质量问题的重要程度。

(2) 分析产生问题的原因

找准问题后,分析产生问题的原因至关重要,运用头脑风暴法等多种集思广益的科学方法,把导致问题产生的所有原因或影响因素统统找出来,进而区分主因和次因,正交试验设计法、矩阵图等都是进行多因素分析中效率高、效果好的工具方法。

(3) 建立质量目标

结合充分的现状调研,借助统计控制图、直方图、排列图等统计工具对质量问题进行综合的量化分析。针对质量问题的主要矛盾,确定解决质量问题的工作目标(目标应当尽量做到可量化、可考核,以便衡量质量改进的效果),规定活动所要做到的内容和达到的标准。

(4) 确定质量计划与技术路线

好的方案确定后,其中的细节也不能忽视,这需要制定具体的解决措施、提出行动计划并预计可能的效果,制定相应的技术路线。明确回答出方案中的"5W1H"即:为什么制定该措施(Why)、达到什么目标(What)、在何处执行(Where)、由谁负责完成(Who)、什么时间完成(When)、如何完成(How)。使用关联图、因果图来系统化地揭示质量各环节之间联系的各种可能性,使用甘特图、过程决策程序图或流程图,制定方案的具体实施步骤并进行有效的控制。

2. 执行阶段

将计划阶段制定的技术路线和解决措施落实到产品的研制过程中。在这一阶段除了按计划和方案实施外,还必须要对过程关键参数进行测量,建立数据采集方案,收集过程中的原始记录和文件数据。一方面,用于监测过程是否稳定受控,另一方面,实现过程可检查可追踪,确保工作按计划进度实施,所有过程有据可查。

3. 检查阶段

方案是否有效、目标是否完成,需要进行效果检查后才能得出结论。在执行阶段结束后,根据方针、目标、要求和所策划的活动,对过程以及形成的产品和服务进行监视和测量,并报告结果,确定是否实现最初的质量目标,评价是否达到了预期的效果。"下属只做你要检查的工作,不做你希望的工作"——IBM 的前 CEO 郭士纳的这句话将检查验证、评估效果的重要性一语道破。对采取的对策确认后,将采集到的证据进行总结分析,如果没有出现预期的结果时,应该确认是否严格按照计划实施对策,如果是,就意味着对策失败,就要重新进行方案的策划。

4. 处理阶段

处理阶段是 PDCA 循环的关键,根据执行和检查阶段的实践经验,对当前的质量计划与技术路线进行系统性的反馈处理。具体地,处理阶段的工作可以细化为如下步骤。

(1) 标准化

根据检查结果总结成功的经验和失败的教训,纳入作业指导书等有关的标准制度和规定中,巩固已取得的成绩,同时防止重蹈覆辙,推广有效的措施,不断提升质量管理水平。

(2) 问题总结,处理遗留问题

针对本次质量改进中尚未解决的问题,应当将其明确为新的质量问题,并将其转到下一个PDCA循环中进一步解决,周而复始,螺旋上升。

如图3-6所示,PDCA循环的每一次迭代,在技术上意味着产品质量水平的超越,在目标上意味着对产品质量要求的提高。PDCA循环可以使组织的思想方法和工作步骤更加条理化、系统化、图像化和科学化。PDCA质量改进工作模型不仅用于质量管理,而且这种有计划、有执行、有检查、有改进的模型已经成为一种管理工作标准模式,在人力资源管理、供应链管理、市场销售管理等各个领域都可以用于持续改进。

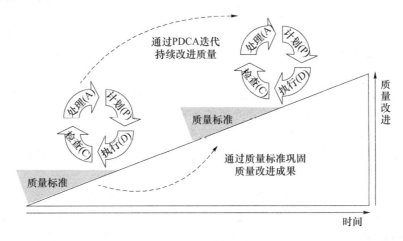

图 3-6 PDCA 循环的迭代工作原理

1985年,美国海军在全面质量管理方法中明确指明"Use the PDCA cycle to drive issues to resolution",即采用PDCA循环作为推进问题解决的指导思想。后来也有学者将PDCA循环修正为PDSA,其中S为Study,以更好地强调持续迭代改进的含义。

3.2.4 质量改进活动的组织形式

质量改进的常见组织形式主要有3种:质量管理委员会、综合质量管理部门与质量管理(Quality Control,QC)小组。前两者关注质量管理组织的顶层设计,QC小组形式聚焦到工作一线,强调全员参与、团队协作、持续改进。

QC小组最早起源于日本,是一种通过发动群众运动使得企业全体成员共同参与质量管理工作的组织形式。1950年,戴明受日本科技联盟的邀请在日本四个大城市讲授质量管理学说,其中特别谈到了PDCA循环。石川馨非常有心地将戴明的质量管理学说进行了本土化的应用,于1962年首创QC小组,在日本各类工业企业中广泛推行QC活动,将其作为全面质量管理的一项重要工作,将PDCA思想深刻地灌输到了一线工作中。QC活动被认为是20世纪日本工业崛起的重要驱动力,也是日本生产力的"神奇配方"之一,帮助日本企业在生产效率、质量管控能力方面赢得良好的口碑。50多年的QC活动在亚洲国家一直长盛不衰,每年都会有东道主国家召集国际QC小组发表赛(多为亚洲国家),这也与东亚的民族特点和社会文化密切相关。1978年,我国学习日本的QC活动模式,在刘源张的带领下在北京内燃机厂建立了全国第一个QC小组。2020年,中国质量协会组织起草并发布团体标准《质量管理小组活动准则》(T/CAQ 10201—2020),进一步指导组织员工遵循科学的活动程序,运用质量管理理论和统计方法,有效开展质量管理小组活动。

什么是QC小组呢?QC小组是由生产、服务及管理等工作岗位的员工自愿结合,围绕组织的经营战略、方针目标和现场存在的问题,以改进质量、降低消耗、改善环境、提高人的素质和经济效益为目的,运用质量管理理论和方法开展活动的团队。可见,QC是企业中群众性质量管理活动的一种有效的组织形式,是员工参加企业民主管理的经验同现代科学管理方法相结合的产物,具有明显的自主性、广泛的群众性、高度的民主性和严密的科学性。QC小组的广泛开展与组织所创建的企业与个人共同发展的文化有直接关系,具体体现在如下3条基本理念中。

① 发挥每个人的能力,以激发出无限的潜能。QC小组首先要创造一个尊重劳动、尊重知识、尊重人才、尊重创造的氛围,其主要目的是提高人员素质。当今时代,企业竞争的核心是人,因此,QC小组的宗旨第一条就是要"以人为本"来开展工作,让人的积极性、创造性充分发挥出来。

② 尊重人性,创造有生存价值的、前途光明的职业。QC小组活动所建立的文明、心情舒畅的工作现场继而也为企业创造了前途光明的未来。

③ 所有员工共同为企业改善和事业发展做贡献。在QC小组活动的蓬勃开展下,各种提高质量、降低消耗、提高经济效益的改进措施层出不穷,改进产品、服务和过程质量,也在为企业的发展做贡献。

正因为QC小组是一种群众性自发的改进组织,所以往往具有"小、实、活、新"的特点。QC活动并不追求复杂的、前沿的理论、技术,追求的是用最简单的工具方法实现最实用的改善,在"积水成渊,聚沙成塔"的努力下,组织的现场力和产品的竞争力得到意想不到的提升。

那么为什么日本会诞生QC小组这样自发性改善的模式?这一行为结果之后是文化的力量。在日本的企业文化中,深受中国儒家影响,员工对公司的归属意识很强。无论是管理层还是普通员工,多数人对企业都有很深的感情与忠诚度。在他们心中,为企业好好工作,才能实现个人的发展。所以QC强调一线员工的积极参与,也是有文化基础的。

QC小组模式具备灵活性、实时性的特点,凡是由生产活动参与者组成,以质量改进、降耗增效、素质提升为目的的小组,依据全面质量管理的理念或方法展开的质量改进工作,都可被称为"QC小组"。QC小组对于人员身份、参与人数、组建时间、讨论内容均无特别要求,企业人员可以针对具体问题,随时随地对于质量问题展开分析、讨论、执行等工作。此外,QC小组还具备灵活的组建结构,无论是纵向结构(自上而下或自下而上)还是横向结构(部门组合)的QC小组,在质量实践中都很常见。

QC小组的组建应当依据生产实践的需要,QC小组可以跨班组建、跨部门组建,也可以针对具体的生产问题在部门内专门组建。考虑到组织的活动效率,QC小组的人数一般应控制在3~10人,且必须同时包含负责指导工作的技术人员、管理人员。小组选择开展的课题分为两大类——问题解决型和创新型,两类课题具有不同的活动流程。而根据课题的特点,问题解决型课题往往又分为现场型、服务型、攻关型和管理型。为有序、有效、持续地开展活动并实现目标,质量管理小组活动遵循PDCA循环开展活动。质量管理小组活动中的每个步骤应基于数据、信息等客观事实,正确、恰当地应用统计方法对收集的数据和信息进行整理、分析、评价、验证,并作出决策。

3.3 质量活动的系统行为

由于市场竞争越来越激烈,如何使得新产品取得理想的市场份额,需要注重产品全寿命周期质量活动的系统行为。传统的产品开发通常是按照设计、生产制造、销售等各个顺序串行完成,由于设计阶段没有全面考虑制造的要求,加之设计人员对工艺知识的欠缺,结果造成在产品生产时出现各种的问题(如元器件选择不当、PCB设计缺陷等),致使设计方案多次修改、生产多次验证等,使产品的开发周期延长、成本增加、质量和可靠性得不到有效保证。通过实施基于系统工程的质量行为活动,可有效地利用资源,低成本、高质量、高效率地制造出产品。在产品的概念设计和详细设计阶段不仅要考虑产品的功能和性能要求,而且要系统考虑产品整个寿命周期相关的因素,综合考虑制造过程中的工艺要求、测试要求和组装的合理性,同时还要兼顾维修要求、售后服务要求和可靠性等通用质量特性要求,通过设计手段保证产品满足成本、性能和质量要求,优化生产过程,提高生产效率。

3.3.1 并行工程

传统的产品形成是按照需求调研、设计、生产制造、检验交付、销售的顺序串行完成的,如图3-7所示。在进行市场需求分析后,将分析结果传递给设计,设计输出的图纸传递给工艺部门进行工艺设计和生产准备,采购部门根据工艺要求进行采购,物资齐套后进行生产加工和测试。在这一模式下,所有的环节都在一个个封闭的部门内部独立工作。受限于研制模式固有的壁垒及不同角色人员知识的边界,在设计阶段往往不能全面考虑制造、测试、检验、供应链等诸多的要求,导致设计方案多次修改、生产多次验证等,导致产品开发成为工程更改频繁、研发周期延长、成本不可预测地提高的非良性循环。

利润的赢取、社会的责任总是驱动着企业家和学者在高质量、高效率的道路上不断探索。1986年,美国国防工程系统首次提出了"并行工程"的概念,以系统化地对产品及其相关过程进行并行的一体化设计,初衷是为了改进军用产品的生产,缩短生产周期,降低研发成本。由于该方法的有效性,引起了各国企业界和学术界的关注,并将其迅速从军用产品转向民用产品领域。

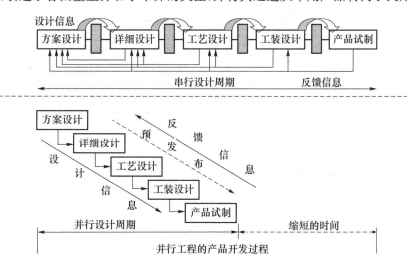

图3-7 传统的串行研制模式与并行工程研制模式

通俗地说,并行工程(Concurrent Engineering,CE)就是并行地设计产品及其零部件的各种相关过程(包括生产制造、采购、检验测试等相关过程)的一种系统方法,要求在设计阶段就预先考虑产品的制造、装配、质量检测、可靠性、成本等各种因素。需要指出的是,并行工程并不是简单地将工作并行处理,而是强调多角色破除壁垒的协同。

3.3.2 集成产品开发方法

集成产品开发(Integrated Product Development,IPD)是一套产品开发的模式、理念与方法,其思想来源于美国管理咨询公司 PRTM 开发的产品生命周期优化法(Product And Cycly-time Excellence,PACE),最早由 IBM 公司成功实践。在 IPD 架构下(见图 3-8),IPMT(集成组合管理团队)、PDT(产品开发团队)和 TDT(技术开发团队)等跨部门团队,从流程重组和产品重组的角度,保证产品的开发资源得到有效调配。IPMT 是产品投资决策和评审机构,负责制定企业愿景和战略方向,规划产品组合和市场定位;PDT 接受 IPMT 委托的开发任务,进行具体产品的开发;TDT 不直接开发新产品,但其负责的通用平台和技术是产品开发的基础。IPMT、PDT 和 TDT 虽然分工不同,但都强调跨部门集成的概念,通过信息共享使设计开发与生产准备协调起来,实现流程标准化,为缩短开发周期、加快市场响应速度、提高产品质量、增加企业利润提供了组织保证。

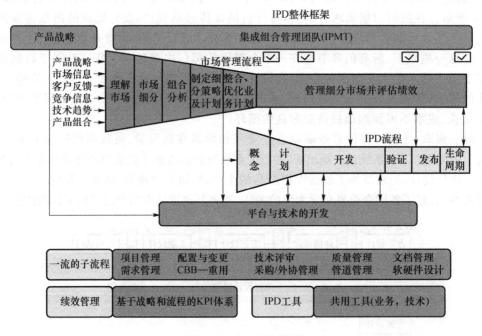

图 3-8 IPD 总体框架

3.3.3 面向产品生命周期的设计

如果说并行工程和 IPD 是所谓的理念和方法,那么面向产品生命周期各个环节的设计(Design for X,DFX)则是贯穿于其中的"技术"。DFX 是基于并行工程思想的任务集合,其中,X 可以代表产品生命周期或其中某个环节。如,面向制造的设计(Design for Manufacture,DFM)、面向装配的设计(Design for Assembly,DFA)、面向检验的设计(Design for Inspection,DFI)、面向拆卸的设计(Design for Disassembly,DFD)、面向回收的设计(Design for Recycle,DFR)等。

但是单纯去谈 DFX 仍然是空中楼阁,只有利用现代化设计工具、或是将工程经验总结成为知识库在产品研制流程中嵌入开展,方可发挥 DFX 的作用,其执行力度会得到大大加强,并行工程或是 IPD 才在技术层面上真正落实。

譬如,西门子公司开发的 Dimensional Quality 解决方案,主要考虑到复杂产品的研制中,尺寸误差的控制极其困难——复杂产品面对成千上万零件的装配,任何零件的规定范围内公差都容易造成产品尺寸的难以控制,而这类返工返修的成本极其高昂。基于此问题,Dimensional Quality 嵌入于 CAD 软件,在设计阶段应用设备、生产能力等信息对公差波动的影响进行仿真和分析,是 DFA 在尺寸控制中的一个范例,可以用以保证生产过程产品尺寸的质量,如图 3-9 所示。

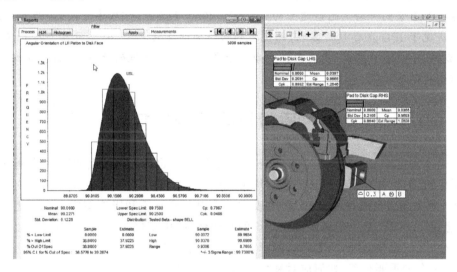

图 3-9 西门子 Dimensional Quality 解决方案对公差进行分析

Dimensional Quality 只是众多 DFX 解决方案中的一种,这些方法归纳总结了若干年的设计和工程经验,同时借助先进的仿真技术,推动高质量的产品的研发和大规模生产。现在很多企业受生产规模的限制,大量的工作需外协加工来完成,通过实施 DFX,可以使设计单位与外协单位之间技术平稳转移,快速地组织生产。

例 3.3 华为并行工程的实施

华为 IPD 的核心思想是基于并行工程的研发流程,而 DFX 是其重要的核心内容和使能技术,国内一些企业实施 IPD 之后感觉效果不够明显,一个很重要的原因就是 DFX 技术方面的欠缺。由于没有 DFX 平台、规范、流程、方法的支持,公司又缺乏 DFX 方面的人才和技术积累,致使研发流程中的 DFX 设计与评审无法有效实施,这就是为什么 IBM、华为、波音实施 IPD 取得了巨大成功,而有些中小型公司实施 IPD 之后没有达到期望的效果的主要原因之一。

成功实施 DFX 的一个关键因素就是要尽早与 DFX 设计团队进行沟通。在项目正式启动前就要经常进行工程讨论。在该阶段,就基本确定了产品特性和元器件。通过真正将 DFX 活动集成到公司文化和每个产品的开发活动中,就能将效益最大化,保证最终产品具备量产和盈利能力。当 DFX 集成到产品开发流程中时,其执行力度会大大加强,这一工作的基础是要公司上层管理者的支持,当管理层确认DFX是产品设计中非常必要的工作时,执行推动起来就很容易了。

DFX设计不仅是一个技术工作,还是一个管理工作,因为DFX的实施必须有流程的保证和平台的支撑。只有流程建立了,节点定义了,人员责任明确了、技术积累达到了,DFX的工作才能落实。当在产品的研发中贯彻了DFX的思想与方法,会看到以下的改进:产品研发周期显著缩短、产品成本降低、花费在中途废止项目上的费用明显减少、产品质量与可靠性普遍提高、客户满意度不断提升。要达到这样的效果就需要真正将DFX方法集成到公司文化和产品开发活动中,这一工作的基础就是DFX工作要得到公司上层领导者的支持,中层管理者的组织,基层技术人员的实施。

当然在公司DFX技术积累不够、DFX人才缺乏的情况下,通过业内外部专家的咨询与协助来建立DFX体系也是快速有效的方法,华为公司的IPD流程和DFX建立就是在IBM顾问和业内各行业专家的帮助下迅速建立的。1998—2008年经过近10年时间,华为在IBM顾问的帮助下实现了IPD在公司的落地,并使之融入华为的文化之中,使公司在产品开发周期、产品质量、成本、响应客户需求、产品综合竞争力上都取得了根本性的改善,有力地支撑了华为快速和规模化的国际扩张。

3.4　质量风险的管控行为

风险是不确定性对目标的影响可能是有正面的影响,也可能是负面的影响;风险的正面影响可能提供机遇,但并非所有的正面影响均可提供机遇。组织需要策划和实施应对风险和机遇的措施,为提高质量管理有效性、获得改进结果以及防止不利影响奠定基础。孟子提出的"生于忧患,死于安乐"是中华民族忧患意识的鲜明体现,中华民族历经五千年风雨沧桑,之所以能够生生不息、愈挫愈强,质量风险的管控行为起到了非常重要的作用。人无远虑,必有近忧,是人类生存的重要智慧,如何应对和处理风险是重要的质量控制行为。

3.4.1　风险管控

人是一种矛盾的动物,对于风险亦是如此。当明确指出可见的风险时,绝大多数人的反应是立马避而远之,退避三舍。譬如,被疫情封控的小区,人们在经过时往往要刻意远离一些。然后,如果尝到一点点甜头,或者在可见的风险中未曾受到影响,面对风险的态度又截然相反、视而不见,以一种赌徒心态认为潜在的风险离自己非常遥远。

趋利避害,是人类在生活和工作中的一种本能。《左传·襄公十一年》提到"居安思危,思则有备,有备无患",则希望任何事情防患于未然,才能遇事稳如泰山;《战国策》中的"亡羊补牢"是一种事后补救措施控制的手段;《诗经》中的"未雨绸缪"、《汉书·霍光传》中的"徙薪曲突"、《后汉书·丁鸿传》中的"防微杜渐",莫不是对潜在风险识别与控制的良策。

众多良言警语下,正确识别出"害"以便趋向于"利"仍然是要依赖于个人或组织的一种修为。古时候,人们往往会倾向于居住在地势较高的位置,因为可以免于洪涝灾害;采用"耕三余一"的原则进行粮食存储,也是为了对付可能发生的荒年。

然而,明辨利害并不是一个简单的事情,因为人们要面对的往往不是当下就可以确定的结果。"红灯停绿灯行"是小孩子就明白的交通规则,如果违反交通规则会产生什么样的风险,可能每个人在幼儿园时期就被无数次地教导。但是,在社会中,仍然会有很多人故意闯红灯。这些人并非不知道规则,而是心存侥幸、缺乏风险意识,面对风险做出的一种完全依靠个人主观偏好的判断。

现代工业管理科学对风险的定义充分吸纳了前人的认知,是指不确定性对目标的影响。这一影响将使目标偏离预期,而且这种偏离往往是负面的,偶然也会是正面的;同时,所影响的目标也是多方面的,不仅仅是质量目标,还包括财务、市场、安全等维度的目标。面对充满不确定性的场景,认识风险是人们判断利害的基础,也是提高决策水平的关键。

尽管好的决策并不永远等于好的结果,但毕竟可以比别的决策有利或者少害。从这个角度说,好的决策是充分思考的结果,而非习惯性地凭个人主观臆断的结果。更重要的是,充分认识风险不仅仅需要优秀的风险评估技术、丰富的数据采集、良好的预测模型,还需要人和组织具有健康的风险意识。

3.4.2 质量问题归零

"质量问题归零"是产品质量保证、持续改进的有效工具,是中国航空航天企业在质量管理领域的一项创新,是中国对质量管理科学的重要贡献。2015年国际标准化组织发布了《航天质量问题归零管理》标准(ISO 18238:2015),最终形成了质量问题归零制度化、标准化和规范化管理。质量问题归零管理虽然源自航天系统,但是它同样适用于所有系统工程类产品和复杂质量问题的改进。

1. 归零概念的提出

"归零"的概念最早可追溯到1990年,原航空航天部推行上海航空工业公司麦道飞机质量保证体系的经验,这套保证体系的关键有以下几点:①程序,搞质量管理要坚持必要的程序,一切按程序办事;②强有力的质量保证体系,即组织保证;③培训,提高人员素质;④"归零",闭环归零;⑤审计。这里的归零,具体指 TO(Tool order)、FO(Fabricate order)、AO(Assemble order),抓三个"O"闭环归零。TO 即工具、工装要保证,否则不能发出生产指令;FO 即如何加工,用什么工具加工,要达到什么质量标准,都要严格规定,经过核实没有问题才可以生产;AO 即装配指令归零,要求在没有任何问题的情况下,才能够开始装配。这时的"归零"概念,指生产过程闭环的质量控制,要求不带问题生产。

1991年,中国运载火箭技术研究院推行麦道质量管理经验的试点工作,在"长征"三号运载火箭总装工作中开展归零管理,"归零管理"理念首次在国内产品研制质量问题处理中实施。

1995年8月17日,原航天工业总公司在《质量问题归零的管理办法》中第一次明确提出了开展质量问题归零工作的要求,从质量问题定位、机理、性质、责任、措施等方面明确了质量问题"归零五条标准"的最初模型。"归零"概念及程序要求在此期间逐渐深化,在质量问题处理方面形成了较为完善的制度化要求。1996年,原航天工业总公司印发了《关于进一步做好质量问题归零监督检查工作的通知》,概括性地提出了质量问题归零的几点要求,即"定位要准确,机理要清楚,故障要复现,措施要可行、有效,举一反三"。由此勾画出了质量问题"归零"五条标准的基本内容。

2. 归零标准的规范

1996年10月,原航天工业总公司再次提出广大航天科技人员要确立严谨科学的工作作风,检查的标准是确保所有质量问题真正归零,符合"定位准确、机理清楚、问题复现、措施有效、举一反三"的要求,系统地提出了质量问题"技术归零"五条标准要求。

由于航天工程的复杂性和风险性,要求彻底解决已经发生的质量问题,防止问题的重复发生,也就是实现质量问题"归零"。一开始,为了提高质量问题归零的水平,提出了技术归零的五条归零标准,虽然技术归零标准在逻辑上已经做到闭合,但在实践中,只有从管理上查找和预防问题发生的原因,才能从根本上解决问题。因此,又提出了"管理归零"的五条标准。1997年10月,原航天工业总公司在"技术归零"的基础上又下发了《关于认真做好质量问题在管理上归零工作的通知》,指出一些质量问题是由于无章可循、有章不循、责任不清等管理问题造成的,明确提出了质量问题管理归零的标准,做到"过程清楚、责任明确、措施落实、严肃处理、完善规章",要求在开展质量问题归零工作中,紧密地把"技术归零"五条标准与"管理归零"五条标准结合起来,从而达到完善管理机制,改进管理工作,提高管理水平的目的。至此,我国航天质量管理体系中的技术、管理"双五条归零"方法体系和管理制度正式建立。

3. 归零的思想

归零,从内容和思想上讲,与故障报告、分析和纠正措施(FRACAS)存在一致性。原中华人民共和国国防科学技术工业委员会颁布《故障报告、分析和纠正措施系统》(GJB 841—1990),通过及时报告产品的故障,分析故障的原因,制定和实施有效的纠正措施,以防止故障再现,改善其可靠性和维修性。

质量问题归零的思想要求透过一个个具体问题的表象,追溯问题发生的根源、机理与过程;通过摸索质量问题发生的内在规律,找出解决问题的措施与方法,运用到产品实现的具体过程或环节;通过管理和技术上的不断创新,推动组织持续健康发展。质量问题归零的思想促进了质量管理实现从"救火"到"防火"职能的根本性转变。

① 对产品本身而言,是"救火"措施。通过挖掘问题产生的根源,彻底解决产品本身存在的质量隐患,避免问题的扩大、事故的发生。

② 对其他产品而言,起"防火"作用。通过举一反三、纠正措施的落实,避免同类问题的再次发生。

③ 对质量体系而言,起到亡羊补牢的作用。通过完善规章制度,有效堵塞管理漏洞,不断健全质量管理体系。

质量问题是质量工作的出发点,发现问题、分析问题和解决问题是质量工作展开的中心线索。推行质量问题归零,是航天质量工作在同质量问题的不断斗争中自我完善、持续改进的需要。

4. "双归零"的发展

质量问题归零是对在设计、生产、试验、服务中出现的质量问题,从技术上、管理上分析产生的原因、机理,并采取纠正和预防措施,以避免问题重复发生的活动。质量问题归零是实现质量问题闭环控制的一种方法,在质量问题归零过程中,通过对标准规范和规章制度的不断完善、人员意识的不断提升、条件的逐步改进,实现质量管理的升华。

经过一个时期的发展,"归零"概念逐渐深化,确定为质量问题的"技术归零"和"管理归零"。"技术归零"是指针对发生的质量问题,从技术上按照"定位准确、机理清楚、问题复现、措施有效、举一反三"的五条标准要求逐项落实,彻底解决质量问题,并形成"技术归零"报告和技术文件的活动。"管理归零"是指针对发生的质量问题,从管理上按照"过程清楚、责任明确、措施落实、严肃处理、完善规章"的五条标准要求逐项落实,彻底解决质量问题,并形成"管理归零"报告和相关文件的活动。

2002年,航天科技集团将"双归零"管理制度上升为管理标准,颁布了《航天产品质量问题归零实施要求》。"双归零"质量管理体系,成为航天科技和航天工业质量管理的行业规范、管理制度、行业标准。2012年,国家标准《航天产品质量问题归零实施要求》(GB/T 29076)正式发布。2015年,由中国航天科技集团公司主导制定的航天质量问题闭环管理国际标准 ISO 18238《Space systems – Closed loop problem solving management》正式发布,这是我国首次将具有中国特色的航天管理最佳实践推向国际,是我国向国际输出质量管理成功经验的重要成果。

"技术归零"的五项原则是:

① 定位准确:确定质量问题发生的准确部位。

② 机理清楚:通过理论分析或试验等手段,确定质量问题发生的根本原因。

③ 问题复现:通过试验或其他验证方法,确认质量问题发生的现象,验证定位的准确性和机理分析的正确性。

④ 措施有效:针对发生的质量问题,采取纠正措施,经过验证,确定质量问题得到解决。

⑤ 举一反三:把发生质量问题的信息或线索提供给他人,开展针对性的检查,并采取预防措施。

"管理归零"的五项原则是:

① 过程清楚:查明质量问题发生和发展的全过程,从中查找管理上的薄弱环节或漏洞。

② 责任明确:根据质量职责分清造成质量问题的责任单位和责任人,并分清责任的主次和大小。

③ 措施落实:针对管理上的薄弱环节或漏洞,制定并落实有效的纠正措施和预防措施。

④ 严肃处理:端正对待质量问题的态度,对由于管理原因造成的质量问题应严肃对待,从中吸取教训,达到教育人员和改进管理工作的目的;对于主动发现和解决问题、主动承担责任的人员予以奖励;对重复性和人为责任质量问题的责任单位和责任人,应根据情节和后果,按规定给予处罚。

⑤ 完善规章:针对管理上的薄弱环节或漏洞,健全和完善规章制度,并加以落实,从制度上避免质量问题的发生。

航空航天工程具有复杂性和风险性,从单一问题的解决,到多个问题的解决,均需要运用系统的观点,用系统工程的方法去认识一系列的问题,并系统地加以解决。只有从系统或更高的层面,更广泛的维度、更为细致的颗粒度、更为深刻的程度,用更加强大的力度去解决问题,才能做到有效地持续改进。这也就是对待质量问题的基本态度和方法。此外,归零的复杂性主要表现在随着对问题的认识和理解,质量问题归零的问题逐步深化,由被动地解决一个具体的问题过渡到解决一类问题或一类产品的故障模式,是质量问题归零的主动方式;其次,当一个组织面临重大型号失利,需要深刻认识存在的系统性问题和基础性问题,进行系统的整改、整顿,这又是质量问题归零的一种功能,保证整个组织具有持续成功的能力。

3.4.3 航天"双想"风险管控思维

从研究对象的性质出发,可以把问题划分为三类:"是什么"(what),即判断或识别研究对象的问题;"为什么"(why),即解释某种现象发生的原因或某种行为的目的,解释研究对象的性质或过程机理的问题;"怎么样"(how),即描述研究对象的状态或发生、发展的过程,以及针对研究对象而设计的具体观察或实验方法等问题。但是由于航天工程实践具有探索性、综合性、复杂性等特点,航天工程领域的问题不能够按照上述逻辑进行简单分类,通常是多种类别问题的多重组合或叠加的工程技术问题;此外,由于航天型号承研、承制单位多、技术和管理分工复杂,因此航天型号的质量问题归零工作也带有明显的组织管理特征。

航天型号研制经过概念设计、方案论证、方案设计、工程设计、生产验证、试验检验、总装测试、交付使用等一系列的工程活动,是一项任务驱动型的系统工程,系统工程的策划和活动展开存在一定的逻辑关系,质量问题是这一系列逻辑活动的产物。一方面,型号研制过程包括系统活动的衔接以及人工参与不可避免出现其他质量问题;另一方面,由于对系统及其单元属性与规律的认知局限、试验验证局限带来的差异性以及材料、设备等对产品质量带来的隐患等,都增加了问题的复杂性。

质量问题主要有缺陷、不合格、故障、失效、事故等类型,不同类型的问题处理方式也不尽相同,体现在工程系统中的具体问题及其解决过程也是复杂的。

对于缺陷和不合格问题,既要重视独立问题的后果分析,更要注重共性问题或相关问题的统计分析。期望通过对某一类产品一段时期内发生问题的统计分析,查找其主要的失效模式;从产品设计、生产、试验、使用等各角度,研究和探索避免该问题发生所应遵循的技术路线或工作准则,为后续开展可靠性等"六性"设计、分析、验证提供基础支撑。

对于故障或失效问题,习惯于沿着导致故障发生的原因这一条主线"一追到底",从总体、分系统、单机到元器件、原材料逐级分解排查。但随着对所处理问题认识的提高,某一故障的发生通常是多种原因综合作用的结果,很多附加条件的同时作用才最终使直接原因诱发故障。为此,不再局限于单一问题的处理上,而是更注重上下游、左右间的相互影响,在查找直接原因并进行改进的同时,还要将与直接原因相关的所有附加条件逐一进行排查,并实施改进完善,以确保从根本上避免该问题的发生。这也正是提出"双五条归零"的一个重要原因。例如:当发现某一故障的直接原因是元器件时,还要同时从元器件的设计选用、筛选复检,以及使用环境、单机生产过程等方面查找薄弱环节,甚至还要从单机或者系统的架构设计、试验工况等方面进行全面深入的反思。

对于重大质量事故,通常采用故障调查和故障审查程序进行处理。由型号总体单位组织故障调查委员会进行故障调查,由上级组成故障审查委员会对故障调查结果进行审查。通过严格的组织方式和工作程序,查明事故的责任、性质、原因、机理等。重大的事故需要更多、更充分的资源,保证查明事故原因和责任的准确性,这属于质量问题归零的范畴的一部分工作,除了上述工作外,可以提出纠正措施的建议、提出经验教训,但不代替归零工作。

彻底归零的目标实现起来很不容易。从认识论上讲,人的认识、资源保证有局限性,质量问题也只能有限地解决,逻辑上讲是做不到彻底归零的。因此,科学把握质量问题归零的"度"十分重要。通常,产生一个质量问题的原因是多方面的,涉及到多个环节和过程。从防止问题再发生的目标要求看,问题归零要做到针对问题的主要矛盾、矛盾的主要方面,采取纠正措施。

这是归零的基点,也是必须注意的。

"双想"是中国航天自创的另一个思想法宝,早在我国军工刚刚起步时,便有了"双想"的概念(最初是叫"两想")。1985年,原航天工业部印发《航天工业部型号飞行试验工作条例》提出:根据试验工作的进展情况,及时开展"两想"活动,查漏补缺,采取预防措施。之后,"两想"逐渐被"双想"一词替代,但基本含义并未改变,其工作内容均为问题回想、事故预想。

传统的"双想"活动多在型号发射场试验期间开展,主要是进行质量确认和复查。随着航天精细化管理水平的提升,"双想"活动从过去的自下而上、自由式发散式的思考,逐步优化为具有明确目标、突出工作重点的"问题回想"和"事故预想"(见图3-10)。"问题回想"就是要回顾型号研制每个环节,对研制过程发生过的质量问题进行回想,反思采取的措施是否落地、是否真正有效;同时,还要对可能出现的问题进行预想,假设问题出现了,是否有应对的对策?如果尚无可应对的对策,就要及时制定对策、进一步完善故障预案。

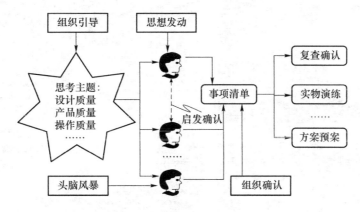

图3-10 "双想"工作方法

经过半个多世纪的发展,"双想"已经成为型号研制中必不可少的质量工作项目之一,为预防可能存在的风险、确保万无一失,成功研制型号发挥了不可估量的作用。"双想"活动的范围亦不局限于发射场,而是从发射场工作推广到了型号研制的各项工作中,特别是在大型地面试验前、型号出厂前也常常开展。

在诸多的报道中,"双想"与"双归零"一样,都是航天质量文化中的重要组成部分,也是每一个航天型号研制人员必须学习的理念。行为与意识本来就密不可分,即使在没有硬性要求时,时刻的回想与预想也会深入人心中,在每个阶段的工作中都可能在无意识地"双想"。这与航天文化的宣传建设有直接关系,在周总理指示的"严肃认真、周到细致、稳妥可靠、万无一失"十六字方针的代代影响下,成功即为信仰。所以,"双想"对于航天人而言,不仅仅是一个有效的工作方法,更是一个识别风险、发现问题、预防隐患的思想方法。

例3.4 "挑战者"号无视风险的惨痛教训

在人类航天史上,"挑战者"号的失败是最为悲惨的事故之一。而这一悲剧的根源在于对待风险的侥幸心理。

1986年美国东部时间1月28日上午11时39分,七名航天员将在肯尼迪航天中心乘坐"挑战者"号飞奔太空。在前一天的深夜,航天飞机固体推力器O型环的供应商赛奥科公司的一名工程师罗杰.博伊斯乔利向公司高层提出了建议推迟"挑战者"号发射的建议。博伊斯乔利作为设计师,非常了解O型环密封圈的设计,其设计的工作最低温度为4℃。如果低于

4 ℃,密封圈所使用的橡胶材料将会变硬,点火产生的力将使僵硬的 O 型环碎裂。不幸的是,27 号夜里气温开始骤降,28 日突然降低至零下十余度。

在"挑战者"号即将发射的清晨,甚至主承包商罗克韦尔国际公司也对 NASA 表达了难以安全飞行的疑虑,但他们并未能够提出强有力的说法,只是让发射时间推迟了一个小时。当时罗克韦尔公司认为待到冰雪消融、气温回升后,发射条件会有所改善。但是他们完全不知道也没有意识到小小的 O 型环的问题——天气异常已经导致 O 型环发生了形变。可怕的是,赛奥科公司高层亦未向 NASA 提出此问题。NASA 对罗克韦尔公司的建议并未重视,赛奥科公司的沉默让众人失去了对风险进行充分认知的可能,从而导致了"挑战者"号的灾难,7 名航天员葬身火海(见图 3-11)。

图 3-11　人类航天史上的悲剧之一——"挑战者"号

除了技术原因,NASA 也启动了关于"挑战者"号失利的管理因素调查,非常类似于中国航天目前的质量问题管理模式——"双归零"中的"管理归零"。在此次调查中,发现并分析了计划与质量矛盾时的决策问题、供应链问题、项目沟通问题、官僚作风问题以及群体决策问题等导致的风险,特别提到了在群体决策(阶段评审、定型评审、出厂评审等)中的从众心理,认为集体审议的一大弊端就是高度的集团内部聚合力和高度的外部威胁,风险作为外部威胁被群体决策掩盖。所以,针对此次惨烈事故,NASA 提出的纠正措施之一便是在群体决策中必须给少数意见以生存空间,避免决策过早达成一致。

例 3.5　"长征"五号发射失利及后续任务的延期

中国航天有个原则:每次发射起飞前必须认真检查,绝对不允许"带病上天"。航空航天技术复杂、质量与可靠性要求高,航天人对质量和安全的严谨追求落实在每一项具体行动中,这背后正是中国航天人追求高质量、高可靠,对航天安全高度负责的态度。

2006 年,"长征"五号火箭开始立项研制便吸粉无数,大家还给"长征"五号起了个呆萌的名字"胖五",它将实现中国人的"大火箭"梦,让中国的火箭运载能力进入到世界第一阵营。但

"长征"五号毕竟是我国全新开发的一款大型火箭,经验不足使研制过程走了不少弯路,原本 2012 年的首飞,推迟到了 2016 年,而且最开始发射的两枚"长征"五号火箭表现均不完美。首先是 2016 年发射的"长征"五号遥一火箭,尽管将实践十七号卫星送入了预定轨道,但火箭二级发动机 YF-75D 提前关机导致飞行异常,最后还是依靠"远征"二号上面级的补充燃烧才让载荷顺利入轨;之后 2017 年的"长征"五号遥二火箭发射任务失利,星箭陨落至马里亚纳海沟附近的深海中。中国航天人在"长征"五号遥二火箭失利后,立即投入了故障分析查找的工作中,通过质量问题归零和计算机模拟复现等多次测试、经过多次论证会议,总共历经 908 天,终于找到了"长征"五号失利的原因,经过审慎的调查,事故报告出炉,认定是芯一级主氢氧发动机"YF-77"的涡轮排气装置在复杂热力条件下发生漏气的现象,导致推力严重不足而坠毁。通过夜以继日的攻关完成问题整改,从而确保我国后续空间探测任务的推进。

"长征"五号火箭是我国在新时代航天事业中重之又重的一环,不但承载着我国空间站建设、探月三期的重要任务,而且对于我国火星探测、大型航天器发射都有着不可替代的作用。因为完成上述任务需要很多载荷,所以只有"胖五"才有能力发射。"胖五"火箭发射出现问题后,为了控制后续研制任务风险,中国航天的整个时间线向后推迟,下面就是被"耽误"的几项航天任务。

(1) "东方红"五号卫星平台

2017 年"长征"五号遥二火箭发射失利,搭载的"实践 18 号"通信卫星坠毁,推迟了"东方红"五号通信卫星平台的在轨验证。2019 年 12 月 27 日,第二颗基于"东方红"五号平台的通信卫星"实践"二十号,由"长征"五号遥三火箭成功送入预定轨道,并实现了"东方红"五号平台的在轨验证。

(2) "嫦娥"五号月球采样返回

"嫦娥"五号月球探测器简称"嫦娥"五号,负责"采样返回"任务的中国首颗地月采样往返探测器,是探月工程三步走"绕,落,回"的最后一步,"嫦娥"五号由轨道器、返回器、着陆器、上升器等多个部分组成,由于体积庞大,只能使用"长征"五号重型运载火箭发射。"嫦娥"五号原定于 2018 年中期发射,但是由于"长征"五号发射失利,后续的探月工程任务也被迫推迟,直到 2020 年 11 月 24 日,"长征"五号遥五运载火箭成功发射"嫦娥"五号,并顺利将探测器送入预定轨道,12 月 17 日,"嫦娥"五号返回器携带 1 731 g 月球样品在内蒙古四子王旗预定区域安全着陆。

(3) 中国"天宫"空间站建设

2013 年,中国载人航天工程办公室对外正式发布中国载人空间站整体名称及各舱段和货运飞船名称:中国空间站包括"天和"核心舱、"梦天"实验舱、"问天"实验舱、"神舟"载人飞船和"天舟"货运飞船等五个模块组成,各飞行器既是独立的飞行器,具备独立的飞行能力,又可以与核心舱组合成多种形态的空间组合体,在核心舱统一调度下协同工作,完成空间站承担的各项任务。原计划 2019 年发射的"天和"核心舱,由于"长征"五号火箭未能就绪而被迫延后,直到 2021 年 4 月 29 日"长征"五号遥二运载火箭成功将中国空间站"天和"核心舱发射升空,2022 年 7 月 24 日"长征"五号遥三运载火箭将中国空间站"问天"实验舱发射升空。

(4) 大型巡天望远镜

作为中国空间站的重要组成部分和衍生任务,"巡天"望远镜是从原本的空间站实验舱独立出来的一个模块,是中国第一个大口径、大视场空间天文望远镜,将与中国空间站共轨飞行。

"巡天"望远镜被称作中国的哈勃太空望远镜，主镜口径达到 2 m，视场超过哈勃的 300 倍，由于其质量巨大，因此只能由"长征"五号运载火箭发射，而"巡天"望远镜的发射还需要首先满足空间站舱段建设的发射任务，因此整体进度也受到"胖五"发射失利的影响。

以上简单总结了"胖五"失利后，为了消除系统风险而被迫延期的航天任务。中国航天人在面临重大型号失利时，采用"质量问题归零"的思想和方法，通过深刻认识其存在的系统性问题和基础性问题，主动进行相关型号工作的系统整改，从而确保后续系统持续成功，保障中国航天迈向更远深空的步伐更加坚定和稳健。

3.4.4 航空适航管理

对于交通运输行业来说，安全是头等大事，是运营的底线。通常说民用航空器是适航的(Airworthy)，或者说民用航空器具有适航性(Airworthiness)，从字面意思看，表明飞机是"安全""适于飞行"的。适航性是航空器适合/适应于飞行(Fit to fly)的能力，是通过航空器全寿命周期内的设计、制造、试验、使用、维护和管理的各个环节来实现和保持的。在民用航空领域，适航性就是指民用航空器(包括其部件和子系统)的整体性能和操纵特性在预期运行环境和使用限制下的安全性和物理完整性的一种固有属性，这种品质要求民用航空器始终符合其型号设计并处于安全可用状态。适航管理的目的是保证飞行安全、维护公众利益、促进行业发展。

为了保证一款飞机的适航性，需要各方共同合作，其中包括工业方(通常指主制造商)、政府有关职能部门(通常指局方)和运营人(通常指航空公司)。工业方通过分析、计算、试验、试飞，表明其所研制的民用航空产品符合适航标准；局方代表公众通过审核工程资料、目击试验、审定试飞，确认民用航空产品符合适航标准；运营人通过维护、维修保持航空器始终符合适航标准。也就是说，主制造商向市场提供的飞机必须是符合管理标准的产品，航空公司在运营中也必须遵守相应的规则，在预期的环境中运营，局方承担监管职责，对双方进行监管。

围绕飞机开展的所有工作的目的就是建立和保持适航性。比如，飞机制造商对部件、子系统、材料的特性进行研究并开展设计和试验工作，对产品的生产过程进行严格的质量控制；航空公司严格按照标准对飞机进行检测和维修，直至报废退出运营。通过一系列保证适航性的操作，发生机毁人亡事故的概率会降低到一个极低的、政府和公众可接受的水平。值得强调的是，设计制造方在其中起着决定作用，即适航性的建立过程，所有后续工作都将以此为基础展开。而上述这些需要政府通过立法、执法、技术鉴定、持续监督等进行约束来实现，通过各种手段保障飞机的安全性。

事实上，适航标准是为了保障运营的航空产品满足要求的最低安全标准，这个最低安全标准是在民用航空工业技术发展的历史中凝练出来的以保证公众安全出行的利益。"最低"有两层含义，一是表明该标准是基本的、起码的；二是表明该标准是经济负担最轻的，适航标准体现了经济与安全的平衡性。目前国际上的民航实践中体现的安全水平已经普遍高于该要求。

例 3.6 "疲劳力学"的诞生

在世界民用飞机发展史上，科技进步的道路往往不是一帆风顺的，其间要遭遇许多挫折、失败甚至灾难，喷气式客机的发展亦不例外。作为世界上第一款喷气式客机，英国德哈维兰公司研制的"彗星"可谓命运多舛。

从 1952 年 10 月到 1954 年 4 月的短短 18 个月里，在已经交付的 17 架"彗星"中，就有 6 架相继发生事故,99名旅客和机组人员遇难。1952年10月26日,英国海外航空公司(BOAC)的一架"彗星"在意大利罗马起飞时严重损坏。1953年3月3日,加拿大太平洋航空公司的一架"彗星"在卡拉奇机场起飞时坠毁,机上11人全部遇难。同年5月2日,BOAC的一架"彗星"在印度失事,机上43人全部遇难。同年6月25日,法国UAT公司的一架"彗星"在塞内加尔严重损坏。1954年1月10日,BOAC的一架"彗星"在意大利上空7 800 m解体。同年4月8日,又一架"彗星"坠入那不勒斯湾,机上21人遇难。至此,"彗星"全部停飞。

"彗星"频繁出事,震惊了世界。时任英国首相丘吉尔下令,要不惜一切代价搞清事故原因。为此,英国海军出动舰队,把在厄尔巴附近海域失事的飞机残骸从上百米深的海底打捞起来,送到英国皇家飞机研究院进行研究。

调查发现,空难死者的肺部有因气体膨胀而引起的裂痕,说明失事前机舱内气压突然减小,使肺内气体急剧膨胀而导致肺部破裂。而对飞机残骸的研究表明,部分舷窗出现了裂痕,这一发现与尸检结论相吻合。

与此同时,德哈维兰公司对正在生产和已经停飞的飞机进行严格检查,并将一架飞机放入巨大的水槽中进行水压疲劳试验,改变流速模拟飞机在空中高速飞行时受到的各种风力的影响。这项试验进行了9 000多个小时,飞机蒙皮出现了与失事飞机残骸上类似的裂痕。

经过技术人员研究分析,事故确认是由制造飞机机体结构的金属材料"疲劳"所致。所谓金属疲劳,是指金属材料在交变应力作用下发生破坏的现象。机械零件在交变压力作用下,经过一段时间后,在局部高应力区形成微小裂纹,再由微小裂纹逐渐扩展以致断裂。疲劳破坏具有在时间上的突发性、位置上的局部性及对环境和缺陷的敏感性等特点,极其不易被发现。

"彗星"飞机方形舷窗处的蒙皮,在反复增压和减压的冲击下,在舷窗拐角处容易产生变形、裂纹,最终导致金属疲劳断裂。此前,金属疲劳问题尚未引起航空界的关注,而作为世界第一款喷气式客机,"彗星"比其他客机都飞得快,承受的压力自然也大,更容易产生金属疲劳问题。由此,通过对"彗星"事故的调查,诞生了一门新的学科——"疲劳力学"。

此后,航空界开始对金属疲劳问题进行系统研究,在飞机设计中将结构疲劳极限正式列入强度规范加以要求,并提出了一些有针对性的解决方案。例如,为了避免方形舷窗容易出现金属疲劳导致的裂隙,现代客机舷窗采用圆形或设计有很大的圆角,有效减小了应力集中,提高了金属疲劳强度。

针对上述空难事故,适航当局制定了运输类飞机结构疲劳适航要求,即CCAR/FAR25.571(结构的损伤容限与疲劳评定),并多次修订完善。运输类飞机适航标准CCAR/FAR25部是运输类飞机设计、研制、生产及使用维护中必须满足的最低安全标准,是保障飞机结构安全性和经济性的前提和基础。为了认识金属疲劳对航空器的影响,人们付出了高昂的代价,但是金属疲劳力学的诞生推动了世界航空业的发展,对不断提高飞行安全发挥了重要作用。

3.5 质量改进的创新行为

3.5.1 质量与创新的关系

古往今来,创新一直是一个民族进步的灵魂,是一个国家兴旺发达的不竭动力。华夏文明生生不息,一直仰赖于根植于民族灵魂深处的创新思想。3000多年前,中国就开发出了铁冶炼工艺,古老的熔炉可以达到1 000 ℃以上的高温,这一技术使得中华民族在世界文化丛林中一骑绝尘。冶炼技术使得人们开发出了远远超过其他民族的尖端武器,在冷兵器时代占尽优势。而近代(特别是工业革命以后)人类文明进步所取得丰硕成果,得益于科学发现、技术创新和工程技术的不断进步,得益于科学技术应用于生产实践中形成的先进生产力,得益于近代启蒙运动所带来的人们思想观念的巨大解放。

人类社会从低级到高级、从简单到复杂、从原始到现代的进化历程,就是一个不断创新的过程。不同民族发展的速度有快有慢,发展的阶段有先有后,发展的水平有高有低,究其根本,民族创新能力的水平是造成影响的主要因素之一。

创新行为是以现有的思维模式提出有别于常规或常人思路的见解为导向,利用现有的知识和物质,在特定的环境中,本着理想化需要或为满足社会需求,去改进或创造新的事物(包括但不限于各种产品、方法、元素、路径、环境等),并能获得一定有益效果的行为。

创新方法一直为世界各国所重视,在美国被称为创造力工程,在日本被称为发明技法,在俄罗斯被称为创造力技术或专家技术。我国学者认为创新方法是科学思维、科学方法和科学工具的总称。其中,科学思维是一切科学研究和技术发展的起点,始终贯穿于科学研究和技术发展的全过程,是科学技术取得突破性、革命性进展的先决条件。科学方法是人们进行创新活动的创新思维、创新规律和创新机理,是实现科学技术跨越式发展和提高自主创新能力的重要基础。科学工具是开展科学研究和实现创新的必要手段和媒介,是最重要的科技资源。由此可见,创新方法既包含实现技术创新的方法,也包含实现管理创新的方法。国际标准化组织于2020年2月发布了《创新管理 基础和术语》(ISO 56000:2020),将创新定义为"实现或重新分配价值的新的或变更的实体"。创新管理就是指挥和控制组织进行创新的协调活动。创新管理包括设定创新愿景、创新战略、创新方针和创新目标,建立创新组织机构和创新过程,通过策划、支持、运行、绩效评价和改进,来实现创新目标。

因为当经济发展由追求数量增长转向追求质量提升时,创新能力一定会成为企业能否成功的最关键因素,也是经济能否实现持续增长的唯一可行之路。而传统的质量管理强调稳定性,无论是生产过程的稳定或技术状态的稳定,都是保证质量的重要手段。那么赢得竞争所需要的创新思维就与传统质量的"稳定"思维形成了矛盾。因此,企业在频繁进行技术创新时,质量管理就不能够仅仅停留在接近或达到既定的质量标准或质量水平上,而是要进行全面的创新,或者说,质量管理要在一定程度上实现对创新活动的支持,质量改进也要向更加注重创新的、强调积极作为的方式转变。

3.5.2 技术系统进化与发明专利

前苏联专家阿奇舒勒(Genrikh Saulovich Altshuller,1926—1998)及其领导的一批研究人员自1946年开始,花费大量人力物力,分析研究了世界各国250万件发明专利,发现了这些发明专利之后的共性规律,并提炼出的一套系统的技术系统进化理论与创新方法体系。

1. 技术系统进化法则

随着科学技术的发展和顾客对产品要求的不断提高,各类技术系统总是处在更新换代的过程中。研究人员对这一系列过程做了深入研究,发现不同领域的系统有着相似的发展规律,对此作了归纳和总结。工程技术人员在解决具体问题时,可以根据这些趋势寻找合理的解决方案,也可以根据这些规律指导新产品的开发。技术系统进化法则主要包括以下8项:

(1) 技术系统的 S 曲线进化法则

技术系统的进化一般经历 4 个阶段,分别是:婴儿期、成长期、成熟期、衰退期。技术系统进化的 4 个阶段呈现 S 形曲线(见图 3-12),图中的横轴代表时间,纵轴代表技术系统的进化速度,S 曲线描述了一个技术系统的全寿命周期,掌握了这些规律,就能主动进行产品的设计开发,有目的地制定技术改进和创新方向,预测产品当前和未来的市场地位和发展趋势。

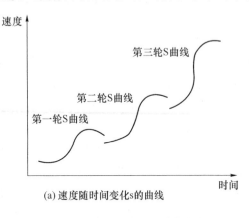

图 3-12 技术系统进化的 S 曲线

(2) 提高理想度法则

技术系统的理想度是系统的功能指数和消耗指数的比值,功能指数用于描述系统实现功能的范围和程度,消耗指数则反映系统的生产和维护所需的人力、物力和财力,及系统中隐含的不利或有害因素带来的消极影响。技术系统的进化,是一个逐步提高理想度的过程。

从工程角度而言,开发高新技术时首要计算系统改进前后理想度的变化情况,如果新技术对功能的改进抵消不了改进可能带来的成本上升、可靠性下降、维护难度增加等不利因素的影响,则应考虑放弃这样的技术方案。

在现实生活中,系统发展遵循提高理想度的规律的例子比比皆是。以计算机产品的开发为例,近年来,计算机流行配置的价位一直相对稳定,性能则飞速提升;人机交互方式从键盘逐步演变成触摸屏、投影键盘、语音、意念,正是这一规律的形象反映。

(3) 系统不均衡矛盾进化法则

通常,技术系统可视为分层的多级结构,不但可分解出次一级的子系统,系统本身也是另一个更大系统的一部分。这一分层结构导致系统各部分难以同步演化,不同的子系统将依据自己的时间进度进化,不同的子系统在不同的时间点到达自己的极限,这将导致子系统间出现矛盾;同时,系统的任一改变,都会引起相邻系统及子系统的连锁反应,这些反应通常是有害的、消极的。这种不一致性引发系统冲突,决定了技术系统的发展方向及创造性问题的解决方式。掌握技术系统的不均衡进化规则,可以帮助人们及时发现并改进系统中最不理想的子系统,从而提升整个系统的进化效率。

比如,早期的计算机采用电子管,体积庞大、能耗高、计算慢。晶体管、集成电路的出现,使计算机体积变小、能耗降低,同时功能大大提升;显示模块的进化,使得计算机进一步体积变小、能耗降低,同时分辨率越来越高。

(4) 动态性和可控性进化法则

技术系统的进化朝着增加结构柔性、可移动性、可控制性的方向发展,以适应不断变化的环境和满足多重需求。动态性和可控性进化法则主要用于增加系统的可控性、提高系统功能性能的动态性,增大产品的使用范围,减少产品的使用限制以适应环境状态或执行方式的变化。增加系统的动态性和可控性的路径很多,主要包括提高结构自由度和柔性、提高可移动性、增加可控性、提高稳定性等4个方面。增加系统的柔性,常用方法有:将固定件替换为运动件,将刚性连接换为分段的用铰链相联的连接,将刚性部件换成液压或气压之类的柔性系统等。

(5) 技术集成以增加系统功能法则

技术系统进化趋向于首先向集成度增加的方向,紧接着再进行简化。比如,新产品功能往往较为单一,随着技术系统的发展,先集成系统功能的数量和质量,然后用更简单的系统提供相同或更好的性能来进行替代,构成层次更高的系统,并且具有更强大的功能。

表现在技术进化方式上,即为从单一系统向二元及复合系统的方向演化,比如:单一系统——刀子,二元系统——剪刀,复合系统——多功能剪刀。向二元及复合系统演化的规律有两种趋势:一方面将相同或相似的子系统进行叠加;另一方面将不同种类(甚至属性相反)的子系统进行叠加。通过子系统之间的巧妙组合,加强各子系统的功能,产生新的功能。比如:刀子向剪刀的演化属于相同的子系统的叠加,其结果是产生的新系统强化了刀子的剪切功能。剪刀向多功能剪刀的演化则是不同种类的子系统的叠加,赋予了剪刀开启瓶塞、刮削等新功能。

当技术系统进化到极限时,实现某项功能的子系统会从系统中剥离出来,子系统功能得到加强的同时,也简化了原来的系统。比如,空中加油机就是从飞机中分离出来的子系统;太阳能飞机通过太阳能为飞机提供动力源,太阳能转化为电能为飞机提供动力,多余的电力储存起来,大大提升了续航能力。

(6) 子系统协调性进化法则

子系统间的协调性是整个技术系统发挥功能的必要条件,子系统间的协调性可以表现为形状上的协调,工作节拍和频率的协调,或者性能、参数、功能等方面的相互协调。技术系统的进化中,子系统的匹配和不匹配交替出现,以改善性能或补偿不理想的作用,也就是说技术系统的进化是沿着各个子系统相互之间更协调的方向发展,即系统的各个部件在保持协调的前提下,充分发挥各自的功能。例如,F1赛车的前轮小后轮大,便于加速;机械系统中的安全销钉、电气装置中的保险丝等不匹配装置使机电系统运行更安全;车辆各部件的共振频率不一致,是防止车辆发生共振,影响车辆驾驶。

(7) 系统向微观和高效场的进化法则

技术系统趋向于从宏观系统向微观系统转化,在转化中,突破机械场,向热场、磁场、电场、量子场等具有高效复合场作用的路径转化,使用不同的能量场来获得更佳的性能或效率。一个全新的技术系统在刚开发时,可按"大处着眼"的方式进行,只要总体结构设定合理,基本就可满足顾客的要求。随着产品日趋成熟,系统的演化则需要按"小处着手"的方式进行。表现在产品上,就是产品的结构更为精细化,产品的子系统进一步分解,原来的一个零部件分解为几个特性和功能各有不同的零部件,以便将系统内部的矛盾加以隔离,使系统有更好的可控性。例如,灶具初始烧木材,然后变为烧煤炭、液化气等,后来出现电加热灶具、电磁炉、微波炉等利用能量场进行加热。

(8) 减少人工介入的进化法则

技术系统向自动化方向进化,可以减少机械的、重复的人工介入,提升技术系统的整体效益,同时将人从繁重、乏味的工作中解放出来,腾出更多的时间去做创造性的工作。例如,最初洗衣都用搓衣板,后来有了洗衣机,并先后出现单缸洗衣机、带甩干功能的双缸洗衣机、带烘干功能的全自动洗衣机等;机器人智能化程度的日益提高,在一些场合已经可以代替人进行工作。

阿奇舒勒的技术系统进化论、达尔文(Charles Robert Darwin,1809—1882)的生物进化论、赫伯特·斯宾塞(Herbert Spencer,1820—1903)的社会达尔文主义,被称为"三大进化论"。技术系统进化论告诉人们:产品技术系统和生物系统一样,是按照一定的规律发展和进化。技术系统进化法则为日后的市场需求分析、技术发展预测、新技术选型、专利布局、企业战略制定等方面指明了目标和途径。

2. 发明专利的创新等级

不同的发明专利中蕴含的科学知识、技术水平都有很大的区别和差异,在没有分清这些发明专利的具体内容时,很难区分出不同发明专利的知识含量、技术水平、应用范围、重要性、对人类的贡献大小等问题。阿奇舒勒依据其对科学的贡献程度、技术的应用范围及为社会带来的经济效益等情况,将发明专利划分为以下5个等级。

(1) 第1级:微小发明

微小发明指那种在产品的单独组件中进行少量的变更,但这些变更不会影响产品系统的整体结构。该类发明并不需要任何相邻领域的专门技术或知识。特定专业领域的任何专家,依靠个人专业知识基本都能做到该类创新。在产品设计中就是常规的设计问题,或对已有系统的简单改进。解决这一类问题主要凭借设计人员自身掌握的某一领域的知识和经验,不需要创新,只是应用已有的知识和经验。例如,以厚度隔离减少热损失,以大卡车改善运输成本效率等。据统计大约有32%的发明专利属于第1级。

(2) 第2级:小型发明

小型发明指通过解决一个技术冲突对已有系统进行少量的改进。此时产品系统中的某个组件发生部分变化,改变的参数约数十个,即以定性方式改善产品。创新过程中利用本行业知识,通过与同类系统的类比即可找到创新方案。解决这类问题的常用方法是折中法。如在焊接装置上增加一个灭火器、可调整的方向盘,再如中空的斧头柄可以储藏钉子等。约45%的发明专利属于第2级。

(3) 第3级:中型发明

中型发明是对已有系统的根本性改进。这一类问题的解决主要采用本行业以外的已有方法和知识,在设计过程中解决冲突。产品系统中的几个组件可能出现全面变化,其中大概要有上百个变量加以改善。如,原子笔、登山自行车、汽车上用自动传动系统代替机械传动系统,电钻上安装离合器,计算机上用的鼠标等。约有18%的发明专利属于第3级。

(4) 第4级:大型发明

大型发明指创造新的事物,采用全新的原理完成对已有系统的基本功能进行的创新,这需要数千个甚至数万个变量加以改善。解决这一类问题主要是从科学的角度而不是从工程的角度出发,充分利用科学知识、科学原理实现新的发明创造。它一般需引用新的科学知识而非利用科技信息,该类发明需要综合其他学科领域知识以启发找到解决方案。如,第一台内燃机的出现,集成电路的发明,充气轮胎,记忆合金制成锁,虚拟现实等。大约有4%的发明专利属于第4级。

(5) 第5级:特大发明

特大发明是利用罕见的科学原理发明、发现一种新系统。这一类发明主要依据新发现的自然规律或新发现的科学技术。一般是先有新的发现,建立新的知识,然后才有广泛的运用。如计算机、形状记忆合金、蒸汽机、激光、晶体管的首次发明。该类的发明创造或发明专利在所有发明创造或发明专利总数中占比不足1%。

可见,虽然高等级发明对于推动技术文明进步具有重大意义,但这一级的发明数量相当稀少,而较低等级的发明则起到不断完善技术的作用。而且,发明创新的级别越高,获得该发明专利时所需的知识就越多,这些知识所处的领域就越宽,搜索有用知识的时间就越长。同时,随着社会的发展、科技水平的提高,发明创新的等级随时间的变化而不断降低,几十年前的最高级别的发明创新逐渐成为人们熟悉和了解的知识。发明创造的等级划分及知识领域如表3-1所列。

表3-1 发明创造的等级划分及知识领域

发明创造级别	创新的程序	比 例/%	知识来源	参考解的数量
第1级:微小发明	明确的解	32	个人的知识	10
第2级:小型发明	少量地改进	45	专业领域内的知识	100
第3级:中型发明	根本性地改进	18	跨专业领域的知识	1 000
第4级:大型发明	全新的概念	4	跨学科的知识	10 000
第5级:特大发明	发现	<1	最新产生的知识	100 000

由表3-1可以发现:95%以上的发明专利(等级1~3)是利用了专业领域内的知识,只有少于5%的发明专利是利用了专业领域外的及整个社会的知识。因此,如遇到技术冲突或问题,可以先在专业领域内寻找答案;若不能找到,再向专业领域外拓展,寻找解决方法。若想实现创新,尤其是重大的发明创造,就要充分挖掘和利用专业领域外的知识,正所谓"创新设计所依据的科学原理往往属于其他领域"。发明创新级别越高,创新的过程越难,则产品的市场竞争力越强。

3.5.3 马斯洛需求层次结构

质量与竞争力有着密切的关系,质量已成为竞争力的核心要素,企业间的竞争,在很大程度上表现为质量的竞争。顾客需求的动态变化与竞争对手的动态成长,共同决定了保持质量竞争力和追求卓越质量的过程必须是一个持续改进的成长过程。从21世纪初至今,以人工智能、清洁能源、物联网与无人控制技术、量子技术、虚拟现实以及生物技术为代表,标志着人类开始进入一场追求可持续发展的绿色工业革命,质量竞争的实质和特征体现在大幅度地提高生产率,将经济增长与不可再生资源要素脱钩、与CO_2等温室气体排放脱钩,各领域专业技术的深度融合,引发社会各领域质量竞争的新模式、新手段和新业态的重大变革。

在满足符合性、适用性、满意性质量要求的基础上,如何才能创造出使顾客惊喜的个性化质量,以最低的成本、最高的效率实现顾客价值的最大化?这就需要深入理解消费者的需求层次,以及在不同需求层次上塑造质量竞争力的方法和特点。

需求层次结构是美国心理学家亚伯拉罕·马斯洛在《人类激励理论》中提出的重要人文科学理论之一(见图 3-13),他将人的需求分为 5 个层次,从低级到高级的需求层次分别为:生存需要(食物和衣服),安全需要(工作保障),归属需要(社交承认),尊重需要,自我实现需要。各层次需求的基本含义如下:

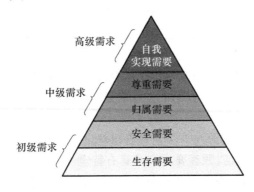

图 3-13 马斯洛需求层次

(1) 生存需要

生存需要是人类维持自身生存的最基本要求,包括衣、食、住、行等方面的要求,是最基础、最重要、最有力量的需求。如果这些需要得不到满足,人类的生存就成了问题。从这个意义上来说,生存需要是推进人类行为最强大的动力,只有这些最基本的需要满足到维持生存所必需的程度,其他的需要才能成为新的考虑因素。

(2) 安全需要

安全需要是人类要求保障社会稳定、自身安全,避免恐惧焦虑、疾病侵袭,摆脱事业和财产受到威胁等方面的需要。生存需要和安全需要都属于基本的生理需要,当然,当这种需要相对满足后,也就不再是主要的激励因素了。

(3) 归属需要

归属需要包括两方面的内容。一是友爱情感的需要,即人人都需要伙伴之间、同事之间的关系融洽或保持友好和忠诚,人人都希望得到爱情,希望爱别人,也渴望接受别人的爱;二是归属的需要,即人都有一种归属于一个群体的需求,希望成为群体中的一员,并相互关心和照顾。感情上的需要比生理上的需要更细致,它和一个人的生理特性、经历、教育、宗教信仰等有关。

(4) 尊重需要

每个人都希望自己有稳定的社会地位,需要个人的能力和成就得到社会的承认。尊重需要又可分为内部尊重和外部尊重。内部尊重就是人的自尊,是指一个人希望在各种不同情境中有实力、能胜任、充满信心、能独立自主。外部尊重是指一个人希望有地位、有威信,受到别人的尊重、信赖和高度评价。马斯洛认为,尊重需要得到满足,能使人对自己充满信心,对社会满腔热情,体验到自己存在的意义和价值。

(5) 自我实现需要

自我实现需要是最高层次的需要,它是指实现个人理想、抱负、价值,发挥个人的能力和潜能,完成与自己的能力相称的工作成绩的需要。也就是说,每个人必须参与自己认同的事业、从事自己胜任的工作,甚至完成对自我的挑战和超越,这样才会使其感到最大的快乐。马斯洛提出,为满足自我实现需要所采取的途径因人而异,自我实现的需要是在努力发挥自己的潜力,使自己逐渐成为自己所期望的人物。

这种 5 阶段模式又可分为缺陷需求和增长需求:前 4 个层次通常称为缺陷需求,得不到满足就会有缺失,从而展开迫切的追求;而第 5 层次的"自我实现"被称为增长需求,只有在前 4 个层次的需求真正满足的条件下才更容易走上自我实现之路。在马斯洛看来,需求的产生由低级向高级的发展是波浪式推进的,在低一级需求没有完全满足时,高一级需求就产生了,而当低一级需求的高峰过去但没有完全消失时,高一级需求就逐步增强,直到占绝对优势。低层次的需求基本得到满足以后,它的激励作用就会降低,其优势地位将不再保持下去,高层次的需求会取代它成为推动行为的主要原因。在满足了基本的需求之后,就要去实现更高的需求和目标。

根据 5 个需求层次,可以划分出 5 个消费者市场,进而分析塑造质量竞争力的不同方式:

① 满足"生存"需求的市场,顾客要求产品具有特定的功能即可。这一层次往往属于低端消费市场,主要技术相对成熟,竞争最为充分和激烈,通常需要以更低廉的价格作为主要卖点进入这一市场参与竞争,因此利润空间非常狭小。

② 满足"安全"需求的市场:顾客关注产品在健康、卫生、稳定等方面的因素。这一层次需要在苛刻的成本约束下持续提高产品质量,因此质量竞争力的提升依赖于技术上的突破和创新。

③ 满足"社交归属"需求的市场:顾客关注产品是否有助提高自己的社交形象,重视产品的附加功能和社交意义,并愿意为此付出较高的价格,例如产品销售的同时建立顾客俱乐部,分享顾客使用心得,培育顾客的归属感。

④ 满足"受尊重"需求的市场:消费者对产品有与众不同的需求,关注产品的象征意义,重视品牌产品具有更高的辨识度和知名度,把产品当作一种身份的标志,因此特别的包装、独特的功能,甚至最高的价格成为选择产品的理由。

⑤ 满足"自我实现"需求的市场:由于顾客形成了固定的文化观念认同和价值判断标准,对品牌产品的精神内涵高度认同,因此顾客具有更强的忠诚度,甚至愿意为这种产品付出超常的代价,这一市场的顾客比较小众,挖掘潜力巨大但不易满足。

通常,满足消费者需求的层次越高,产品的魅力价值越大,消费者能接受的产品定价也越高;需求层次越低,消费者愿意支付的价格当然也越低,市场竞争越激烈,也就是说在一定程度上,消费者愿意支付的价格正比于消费者需求的满足层次。因此,企业竞争力就体现在能否满足消费者更高层次需求的能力,企业通过质量价值观互相认同培养忠实用户,并不断引导用户消费兴趣和消费取向,从而使用户在消费产品或服务的同时感受到自我价值的实现,这就是追求卓越质量的本质内涵,同时也成为质量创新竞争模式追求的目标。

例 3.7　乔布斯的创新和苹果手机

提及创新,21 世纪最耳熟能详的例子就是乔布斯和他的苹果手机。一直在创新之路上追求完美的乔布斯,在 2007 年的 MacWorld 大会上宣布了划时代意义的 iPhone。自此,手机开始由实体按键为主的功能机转型为以触屏为主的智能机,推动人类真正意义上进入了"全民智能"的时代,所以乔布斯称"苹果重新发明了手机"绝不为过。原美国总统奥巴马也曾经对乔布斯大为推崇,称乔布斯是美国最伟大的创新家之一,"通过使计算机个人化并把互联网放入人们的口袋,他使信息革命不仅变得易懂,并且直观和有趣……他改变了人们的生活、重新定义了整个产业,改变了人们看世界的方式。"

在苹果手机横空出世前,诺基亚在手机市场份额最大(其实,比较诺基亚和苹果是不合适的,前者是通信领域,而后者是IT领域,手机一直是诺基亚庞大产业的一部分。所以,只能比较诺基亚手机和苹果手机)。诺基亚手机可靠性极高,据说曾测试过高空坠落和重物碾压后的诺基亚完好无损。但随着苹果的异军突起,诺基亚没有跟紧智能手机的步伐,在安卓系统和苹果的iOS系统已经成熟了之后,诺基亚仍拒绝安卓系统。傲慢使公司错过了安卓手机的高峰发展阶段,其手机业务逐渐也被市场抛弃(见图3-14)。

那么,创新与质量会是矛盾吗?显然不是,任何以创新作为质量不高的托词都是卑劣的。诺基亚手机以高可靠闻名于世,而在苹果的发布会上,乔布斯亦采取了同样的手段,将手机当场砸向地面后测试,仍然可以正常使用。从这一点可以看出,乔布斯在追求创新的同时,丝毫没有降低对手机质量的要求。

图3-14 从功能手机到智能手机,苹果的创新改变了时代

例3.8 "砸冰箱"事件与海尔质量管理创新

80年代是中国制造业蓬勃发展的时期,人们的需求空前高涨,而物质有所短缺,很多企业加快生产流程,像冰箱这样的稀缺产品只要生产出来都会引来抢购。1985年,青岛电冰箱总厂(海尔集团前身)从德国引进了一条先进的冰箱生产线,当年就投入生产并为企业带来不菲的利润。然而不久后,就收到用户反映,冰箱存在质量问题,通过对同一批次的400多台冰箱进行突击检查,就发现76台存在各种质量问题,虽然不影响冰箱的制冷功能,但是外观和装配等方面存在各种不符合要求的情况。员工希望将这些有瑕疵的冰箱作为福利降价卖给员工,但张瑞敏明白:如果放行这些产品,就谈不上质量意识!任何姑息的做法,等于告诉员工可以生产这种带缺陷的冰箱,今天是76台,明天就可以是760台、7 600台……所以必须实行强制,必须要有震撼作用!当时,张瑞敏做了一个令众人瞠目结舌的决定:将这些冰箱当众砸毁,相关领导负责人也包括他自己,扣除当月工资。他认为"有缺陷的产品就是废品",这是一个企业不能容忍的,自己抡起大锤亲手砸冰箱,同时还让生产这些冰箱的员工亲自来砸!看着砸碎的冰箱员工们内心十分震撼,要知道在当时,一台冰箱的价格相当于普通工人两年的收入,即便作为次品进行销售,76台冰箱的利润也够发全厂工人3个月的工资,很多职工都流下了眼泪。

这个镜头,成为中国质量管理现代化发展的一个经典画面。

张瑞敏并没有把质量管理停留在经济惩罚这一手段上,他充分利用"砸冰箱"这一事件,将质量理念渗透在每一名员工的心里,再将质量理念外化为员工的质量行为,接下来张瑞敏发动和主持一个又一个的会议,讨论主题非常集中:"我这个岗位有质量隐患吗?我的工作对质量造成什么影响?我的工作会影响谁?谁的工作会影响我?从我做起,从现在做起,怎么提高质量?"在讨论中,大家相互启发,相互提醒,更多的则是深刻的自省与反思。于是"产品质量零缺陷"的理念得到了广泛的认同。从此,海尔从上至下的质量文化面貌焕然一新,"员工爱厂、以厂为家、众志成城、全心全意建设海尔"精神蔚然成风。1988年,海尔获得了原国家经济委员会评选的冰箱行业第一枚"国家优质产品奖"金牌;1990年,海尔获得"国家质量管理奖";1998年,张瑞敏应邀登上哈佛讲坛讲授海尔成功案例,是第一位登上哈佛讲坛的中国企业家,海尔也是第一个进入哈佛案例库的中国企业成功案例。

"砸冰箱"事件,不仅征服了海尔所有的人,同时也使海尔成为注重质量的代名词。作为一次质量行为,海尔砸冰箱事件不仅改变了员工的质量观念,使企业赢得了美誉,而且引发了中国企业质量竞争的局面,反映出中国企业质量意识的觉醒,对中国企业及全社会质量意识的提高产生了深远的影响。

3.6 本章小结

本章介绍了质量行为文化的概念和内涵,阐述了以 PDCA 持续改进为核心的质量行为方法论,并进一步对质量活动的系统行为、质量风险的控制行为、质量改进的创新行为进行了详细的解释。长期稳定和持之以恒的质量行为文化有利于组织形成强大的质量文化影响力,从而潜移默化地约束组织成员,并帮助组织应对和解决各类突发的质量问题。

习题三

3.1 PDCA 循环的内容和特点是什么?

3.2 简述朱兰提出的质量管理三部曲的内涵。

3.3 简述质量改进活动的有哪三种组织形式。

3.4 适航管理是为了将发生机毁人亡事故的概率降低到极低的水平而进行的质量标准,需要哪些方面共同参与制定。

3.5 简述质量问题的技术归零和管理归零分别需要哪些步骤。

3.6 简述马斯洛需求层次理论的 5 个层次需求及其基本含义。

第4章 质量制度文化与标准规范

子路曰:"卫君待子而为政,子将奚先?"
子曰:"必也正名乎。"
子路曰:"有是哉,子之迂也。奚其正?"
子曰:"野哉,由也。君子于其所不知,盖阙如也。名不正则言不顺,言不顺则事不成,事不成则礼乐不兴,礼乐不兴则刑罚不中,刑罚不中则民无所措手足。故君子名之必可言也,言之必可行也。君子于其言,无所苟而已矣。"

——《论语·子路》

4.1 质量制度文化概述

质量制度文化的核心任务是将质量价值观、质量方针、行为准则展开为对各层级过程执行、各岗位成员职责的具体要求,并形成制度,以指导和规范全体成员在质量活动中的行为方式。质量制度文化涉及管理制度体系、标准化与规范体系和价值判断机制三个方面。管理制度体系对质量文化的影响取决于制度的健全性、执法的公正性、管理的及时性;标准化与规范体系提供了对行为及行为结果的指导与评价,揭示了质量实践活动的基本目标是满足既定的需要或期望;价值判断机制体现出对行为模式的激励与导向作用。这些制度规范涉及组织内部方方面面的质量行为准则,最具代表性的就是由国际标准化组织倡导的 ISO 9000 质量体系标准。

在全面质量观得到广泛认可与推行的情况下,组织会更注重质量制度文化的完善。不仅借助于先进的管理模型,而且还会通过实践对行之有效的最佳实践进行归纳、总结、提炼,物化形成制度文件。进而通过组织长期不断的推广和学习,形成一套深入人心的、系统的、强制性的质量规范和机制,包括组织架构的设计、质量领导力的深化、质量保证体系的完善、质量奖惩机制的推行等,称之为"固化于制"。

4.1.1 质量制度

质量制度是质量文化的外在行为规范,是落实质量价值观的基本保障。质量制度的建立健全就要围绕质量产生、形成和实现的全过程,明确各个环节的质量职能以及各类角色在质量管理活动中的任务、责任和权利,并用文件形式把这些质量职能明确地加以规定。因此,质量制度需要明确规定组织内各个部门、各类角色在质量工作中的具体任务、质量要求、责任、权力及绩效评价办法。

在我国,质量制度体系框架主要包括质量法律、质量法规、质量规章、规范性文件等四个层次。第一层次是由全国人民代表大会常务委员会制定、修改并颁布施行的法律,是质量法规制度体系的法律依据,如《中华人民共和国产品质量法》《中华人民共和国农产品质量安全法》《中华人民共和国食品安全法》《中华人民共和国计量法》《中华人民共和国标准化法》《中华人民共和国进出口商品检验法》《中华人民共和国消费者权益保护法》等法律;第二层次是由国务院中央军委等制定、发布的质量法规,如《中华人民共和国认证认可条例》《武器装备质量管理条例》《建设工程质量管理条例》《中华人民共和国进出口商品检验法实施条例》《中华人民共和国强制检定的工作计量器具检定管理办法》等;第三层次是由具有行政管理职能的部门或机构制定的质量规章,如《工业产品生产许可证管理办法》《企业标准化管理办法》《计量标准考核办法》《产品质量监督抽查管理暂行办法》等;第四层次是由法律范畴以外的其他具有约束力的质量规范性文件,包括各类团体、组织、企事业单位内部开展产品研制、服务提供过程质量管理的标准和制度性文件。

组织的质量管理制度性文件通常是在遵守上层的质量法律、法规、法章等的前提下,根据本单位的具体情况和实际需要而制定。为了确保质量制度落到实处,往往制定相应的质量奖惩制度,健全激励机制,在企业薪酬体制中实行个人收入与质量挂钩的做法。对于遵守质量制度、在质量工作中做出突出贡献者,给予精神和物质上的奖励;对于违反质量制度或引发质量事故者,予以惩罚警戒。例如,将公司中层领导的绩效与公司的质量改进活动挂钩,对于推动组织管理者支持和参与质量改进起到了很好的促进作用。组织通过质量奖惩可以满足员工在实现质量目标中对名誉、责任、物质奖励、成就感等的需求,引导员工追求卓越的质量,从而产生更积极的质量行为。

4.1.2 质量制度文化的作用

质量制度一方面是在企业质量观念的指导下形成的,对企业质量行为文化起归纳总结再升华的作用;另一方面,质量制度对质量活动进行规范和约束,进而将企业质量精神文化落实到具体产品和服务的质量保证上,使企业质量观念显现于顾客和社会公众。因此,质量制度是连接质量观念和质量物质的桥梁。

1. 质量制度反映质量观念

组织的质量观念往往是一些比较抽象的激励性文字或者概念口号,而员工的质量观念更是很难通过问卷测试之类的方式去实际评价和掌握。质量制度与质量观念相辅相成,质量制度是质量观念的具体体现,有什么样的质量观念,就会形成什么样的质量制度。因此要真正把握企业的质量观念,可以从其质量制度上入手,通过梳理和分析质量制度,进而去理解和把握组织的质量观念。

相比较而言,转变质量观念需要比较长的时间,而质量制度的改进或转变容易立竿见影。企业可以通过改进或转变质量制度促使质量意识的转变,用新的质量制度去改变企业和员工的质量观念。例如,20 世纪 80 年代开始,我国不少企业引入全面质量管理(TQC)和 ISO 9000,通过制定相应的质量规章制度,来促使整个企业转变质量观念,相应的质量制度重新建立起来后,就会促进质量观念的转变,迫使企业每一个成员包括管理者都按新的质量制度调整自己的质量观念。

2. 质量制度约束质量行为

组织的质量行为习惯往往是根深蒂固的。在质量制度实施初期,由于员工的行为惯性不适应新的质量制度,可能会不自觉地继续依赖旧的行为习惯来开展质量活动。而如果质量规章制度与质量行为相抵触或相冲突,质量行为很可能成为"潜规则"继续存续。如果企业没有相应的决心和措施来保证质量制度贯彻实施,质量制度也就名存实亡。

在质量管理过程中,要防止这样的干扰,就需要分析质量行为形成的历史原因和现实问题,推广和肯定那些最佳的质量行为实践,通过诸如宣传、表扬、奖励等手段加以提倡,必要时转化成正式的规章制度予以固化和贯彻;对于那些不利于质量方针质量目标实现、并与质量观念相抵触或相冲突的质量行为习惯,则应当制度相应的质量规章制度进行批评和处罚,达到遏制和禁止的目的。

3. 质量制度保障产品质量

质量制度是顾客和社会认识一个企业的重要渠道。顾客和社会不仅直接通过产品和服务来感受企业的质量水平,也通过质量规章制度来认识企业的质量能力。事实上,一些硬件设施相对落后的企业,依靠规范的质量制度也可以实现较高水平的产品质量。例如,精密设备的精度容易出现偏差,可以通过加强巡检管理、及时校准维护来弥补;工作环境紧张,可以通过科学优化排产、合理划分区域及时沟通来弥补。两家企业如果在质量设施上基本相似,管理制度的差异往往是导致其产品质量上的差异的主要原因。

对于顾客、社会团体、政府、其他组织来说,更着重于通过企业的质量制度来评价企业的质量文化,特别是对企业质量管理体系进行考察认证,包括企业的质量管理体系文件是否完善,各项质量规章制度是否贯彻执行,各项质量规章制度是否及时更新,这些质量制度都是顾客把握企业质量文化的重要依据。市场上许多产品介绍都自称"××企业管理体系符合GB/T 19001:2016 或 ISO 9001:2015 标准",就是向顾客宣示企业质量制度贯彻了 GB/T 19001:2016 或 ISO 9001:2015 标准的要求,也向顾客证明其具有持续满足质量要求和稳定提供高质量服务的能力。

4.2 质量法律法规

质量是人类生产、生活的重要保障,追求质量是人类生存发展的永恒主题。对于一个国家一个民族而言,质量是立国之基、兴国之策、强国之要。新中国成立以来,特别是改革开放以来,随着社会的发展,我国物质产品从匮乏到丰富多彩,产品质量管理也逐渐步入法制化轨道,建立了一整套质量法律法规体系,并且在不断完善。

4.2.1 诚信敬业与市场失灵

"诚"即诚实诚恳,"信"即信用信任,"诚"更多地指"内诚于心","信"则侧重于"外信于人"。"诚"与"信"的组合,就形成了一个内外兼备,具有丰富内涵的词汇,其基本含义是指诚实无欺,讲求信用,强调人与人之间真诚相待。千百年来,诚信被中华民族视为自身的行为规范和道德标准,在基本字义的基础上形成了其独具特色并具有丰富内涵的诚信文化。在诸多中华美德对个人品德的要求中,诚信居于核心地位,是中华民族优秀道德传承下来的诸多美德中最重要的道德要求和核心价值。

古今中外各行各业,凡是做成百年老店者,莫不以"诚信"而屹立不倒。"诚信"二字,随着工业经济的发展逐渐成为企业文化的重要组成部分和企业道德的核心与基础。刘源张曾提到:"缺乏诚信和认真,是质量管理的'癌症'"。诚信的建立会带来公平秩序、充分竞争、健康发展。然而,在自由放任的市场经济环境中,势必会出现信息不对称、生产资源垄断等问题,企业很可能被利益冲昏头脑而丧失诚信,进而导致信用坍塌、市场失灵、经济萎缩。美国、德国、日本等发达国家在质量诚信的道路上都曾经历过漫长的黑夜,最终都走上了以健全的质量法规法制为基础的质量强国的发展之路。

美国最早的一批产业工人是18世纪末、19世纪初来自欧洲的移民,他们文化水平相对较低,通过产业工人的赓续努力、技术人员的潜心研究,标准化生产的大力推行,换来了工业城市的快速发展。19世纪50年代,消费者对乳制品的需求在短时间内急剧扩大,但当时缺乏杀菌保鲜、冷藏运输等技术手段,纽约当地的乳业发展又很难提供充足的牛奶,于是商人们就把牛带进了城市,就近建立了牛奶场。城市中大部分的牛被随意养在酿酒厂附近的棚户区,利用酿酒厂的酒糟和泔水废料喂养奶牛。长此以往奶牛的健康状况也出现了问题,不健康的牛产出的牛奶也是不健康的,看起来很稀薄而且脂肪含量不足,还带有一种不自然、略带蓝色的颜色。为了假冒成高品质牛奶,不良商人开始一番惊人操作:在牛奶里添加面粉、淀粉或石膏,使牛奶看起来厚一点白一点;在牛奶里添加糖浆,使牛奶口感好一点;为了让人们相信牛奶的品质,还将泔水牛奶打上"纯乡村牛奶"的名头销售。牛奶变得廉价,然而也给婴儿的大量死亡事件埋下了伏笔。骇人听闻的消息引发了震动,无数父母走上街头讨要说法,要求政府严惩不法商人。50多年中,当中有科学家的奔走呼号,有政治家的纵横捭阖,有产业界的战略策划,有传媒业者的不懈呼吁,有畅销书作家的推波助澜,直到1906年,联邦政府通过《纯净食品和药品法》(Pure Food and Drug Act),并授权药品监督管理局(Food and Drug Administration, FDA)专门从事食品与药品监管执法、保护公共健康和安全,开展了"让食品更安全的运动",禁止"生产、销售或运输掺假、贴错标签、有毒或有害的食品、药品和酒类",再加上冷藏和运输等技术的改善,这些泔水牛奶才基本上从城市中心消失。

1871年,德国实现国家统一后百端待举,在夹缝中追求强国梦的德国人仿造英国的产品,并依靠廉价销售冲击市场。德国企业家在19世纪中期被英国人称为最卑鄙的工业间谍,他们的产品被当作廉价处理商品在英国本土及殖民地倾销。为了保护本国产品的利益,1887年英国议会通过商品法案,规定所有从德国进口的产品都必须注明"Made in Germany"(德国制造)。"德国制造"由此成为一个法律词汇,以此判别劣质的德国货与优质的英国产品。这个令德国人尴尬不已的决定却出人意料地激起了德意志帝国工业界令人震撼的反应。后来的10年间,技术弱小、实力不足的德国公司大量倒闭,但也有少数企业"用质量去竞争",设计上敢于创新,对自己的产品进行严格质量把关。特别值得一提的就是早也在1884年,德国教育部开始投入大量资金,全力发展职业教育,确立了标准统一的培训、职业资格考核制度,新的手工业协会和学徒制度也在1887年建立,推行更合理的法定学徒合同,生产产品的工人的行为受到严格监督,产品的质量也有严格的检查,近乎呆板的严格管理、严格规章制度保证了生产的有序进行,此举为德国积累下了大量受过规范职业教育的合格产业工人,使德国人逐渐养成了"严谨、认真、精细、诚信"的行为准则,最终成就了"德国制造"经久耐用、质量可靠的声誉的伟大转变。

日本是一个资源非常匮乏的岛国,在第二次世界大战后几乎沦为一片废墟。日本民族对资源的珍惜、对质量的追求、对诚信的坚守,很快实现了20世纪50年代经济的飞速增长,在20世纪60年代更是实现了腾飞,并于1968年超越德国,成为经济实力仅次于美国、苏联的发达国家。然而,在走上崛起之路的前几十年,日本生产的很多产品质量十分低劣,"Made in

Japan"曾经是"假冒伪劣"的代名词。日本制造企业争相在日本大分县北部的宇佐市设立工厂,原因竟然是宇佐市的英文名是"USA",在这里设厂的话,产品便可以堂而皇之地打上"Made in USA"(混淆为"美国制造")的标志进行出售。这一段不光彩的经历没有持续很长时间,特别是一大批有社会责任感的实业家和民族企业,深耕钢材、制造业、石油、光学镜头、电子产品等领域,为日本的经济腾飞打下基础。据日本东京商工研究机构的调查数据显示,截至2016年,全日本超过100年历史的老店铺和企业竟达3万家之多,超过1 000年历史的企业有7家,最古老的公司是一家专业从事寺院建筑的公司——"金刚组",创建于公元578年,距今已超过1 400多年,而这些企业长寿的秘诀之一就是在质量要求上做到认真与诚信。

进入了21世纪的互联网时代,人们仍然在不厌其烦地讨论"诚信",因为身边不断发生各种危机:公共建筑安全问题层出不穷,学术学历造假源源不断,食品卫生安全案例频频发生,诚信缺失问题成为悬在人们头顶的达摩克利斯之剑。在现代社会中,诚信仍然是企业在经济丛林中生存的法则,更被赋予了新的内涵和效力。诚信不仅仅是一种单纯的道德信念,还成为一种规范要求。诚实信用原则已融入当代法律规范和经济制度之中,兼具道德性规范和法治强制性规范的双重特点,也就是说诚信已经成为公民的义务责任和行政执法的基本原则。

发达国家的成功经验已经证明,单纯依靠市场竞争来促进企业提高质量和质量管理水平,有时是会失灵的。只有市场机制和法治模式有机结合,建立质量监管制度并对市场诚信进行监管,通过法治的杠杆来调节市场机制,才是最有效的途径。特别是20世纪后半叶,各国对企业生产和产品质量的立法规制蔚为风气,多数国家制定了全面的法制体系和标准来规范企业的生产,国际标准化组织制定的ISO系列质量认证体系也获得了多国法律的认可。国家通过引导和监督企业建立健全生产管理制度和流程,从源头上确保产品符合基本质量要求。

4.2.2 质量管理法制化

截至目前,我国现已初步形成了以《产品质量法》《标准化法》《计量法》《食品安全法》等法律为基础,以《认证认可条例》等行政法规为补充,以一大批行业需求和地方性法规为配套的质量法律体系,内容上涵盖了质量、计量、标准化、认证认可、出入境商品检验、特种设备安全监察等多个领域,产品质量法规正逐步完善。

1. 产品质量法

进入到20世纪90年代,随着计划经济体制向市场经济体制的过渡,质量法治建设得到了前所未有的重视。1993年《产品质量法》和《消费者权益保护法》相继获得通过,标志着我国的产品质量工作和消费者权益保护工作迈入了依法管理的新阶段。《产品质量法》是我国产品质量法规制度中的顶层法律,自颁布实施以来历经多次修订,对我国经济社会发展起到了十分重要的保障和推进作用。《产品质量法》对企业产品质量管理制度建设提出了总体性要求和具体指导。规定了企业负有建立健全包括质量管理、质量责任、质量监督和质量考核四个要素在内的基本质量管理制度的法定义务,鼓励企业进行高质量的质量管理制度建设。

《产品质量法》和《消费者权益保护法》对于保护消费者的合法权益、维护市场经济秩序具有十分重要的意义,同时为严厉制裁生产、销售假冒伪劣产品的违法行为提供了有力的法律武器。法律明确规定了消费者的社会监督权利,规定生产者和销售者必须对消费者购买的产品质量负责。因产品存在缺陷造成人身、他人财产损害的,受害人可以向产品的生产者要求赔偿,也可以向产品的销售者要求赔偿。这也需求生产组织在制定标准程序或者作业指导书等文件时要更加注意产品质量责任的进一步落实,销售者也负有建立并执行进货检查验收制度在内的产品质量责任。

2. 军工产品质量监督管理

《产品质量法》明确,"军工产品质量监督管理办法,由国务院、中央军事委员会另行制定"。1987年,由国务院和中央军委批准、原国防科工委发布了《军工产品质量管理条例》,确立了"一次成功、系统管理,预防为主、实行法治"的指导思想,推动了我国军工产品质量管理从"人治"步入"法治",是装备质量管理走向法治化的重要标志。1996年,编制发布了 GJB/Z 9000～9004—1996 系列国家军用标准,开启了军工产品质量体系标准化进程,使军工产品质量体系建设与国际标准、国家标准接轨,推动了军工企业管理体系军民一体化发展。2001年发布了《质量管理体系要求》(GJB 9001A—2001)国家军用标准,使军工产品质量管理体系建设和认证深入发展。2008年,结合装备发展要求,国家军用质量管理体系标准改版为 GJB 9001B—2009,对装备承制单位提出了新的更高要求。2010年,国务院、中央军委联合颁布《武器装备质量管理条例》,首次系统规范了各方面的质量责任和法律责任,以国务院和中央军委令的形式公布,充分体现了国务院、中央军委对武器装备质量管理工作的高度重视,是武器装备质量建设法制化进程的重要里程碑。2017年,国家军用标准改版为 GJB 9001C—2017,与国际标准的更新换代保持同步。

3. 标准化管理

新中国成立以来,我国的标准化事业得到迅速发展。1957年,国家技术委员会内设立标准局,对全国标准化实行统一管理。1962年,国务院发布新中国第一部标准化管理法规《工农业产品和工程建设技术标准化管理办法》。随着改革开放的深入,标准和标准化工作为国民经济现代化建设提供了有力的技术支持。1978年8月,国务院成立国家标准总局主管全国标准化工作。2001年10月,经国务院批准,中国国家标准化管理委员会正式成立,履行行政管理职能、统一管理全国标准化工作。1988年,我国颁布实施了《标准化法》,是一部制定标准、组织实施标准和对标准的实施进行监督的法律,其目的在于通过标准化工作,促进技术进步,改进产品质量,维护市场经济秩序。配套的规范性法文件主要有行政法规《标准化法实施条例》,详尽地指引企业如何进行标准化管理,是企业制定标准和标准化管理制度必须仔细研读的规范性文件。

我国的标准分为政府主导制定的标准和市场自主制定的标准两大类。其中,政府主导制定的标准包括强制性国家标准、推荐性国家标准、行业标准和地方标准,市场自主制定的标准包括团体标准和企业标准。对保障人身健康和生命财产安全、国家安全、生态环境安全以及满足经济社会管理基本需要的技术要求,我国通过制度制定强制性国家标准并强制要求推行,强制性标准具有法律效力,其标准文本应当免费向社会公开。推荐性国家标准、行业标准、地方标准、团体标准、企业标准的技术要求是不得低于强制性国家标准的相关技术要求。

国家鼓励采用推荐性标准,鼓励社会团体、企业制定高于推荐性标准相关技术要求的团体标准、企业标准,并通过标准信息公共服务平台向社会公开。我国也积极推动参与了国际标准化活动,开展标准化对外合作与交流,参与制定国际标准,结合国情采用国际标准,不断推进中国标准与国外标准之间的转化运用。

无论是哪一类标准,都是协商一致的结果,现代标准的本质特征是统一。标准化是为了在一定范围内获得最佳秩序,对现实问题或潜在问题制定共同使用和重复使用的条款的活动,包括标准的制/修订、宣贯、实施及实施标准的监督管理过程。这个过程是不断循环、持续改进和不断发展的过程。标准化的基本原理包括:统一原理、简化原理、协调原理和优化原理。

① 统一原理:是指一定时期和一定条件下,对标准化对象的形式、功能或其他技术特性所确立的一致性,应与被取代的事物的功能等效。例如,钢铁的斧头取代石斧,钢斧必须具有石斧所具有的必要功能。

② 简化原理:标准化的本质就是简化。简化就是在一定范围内缩减对象(事物)的类型数目,使之在一定时间内满足一般需要。具有同种功能的标准化对象,当其多样性发展规模超出了必要的范围时,需要消除其中多余的、可替换的和低功能的环节,简化的实质不是简单化而是精练化。

③ 协调原理:为了使标准的整体功能达到最佳,并产生实际效果,必须通过有效的方式协调好系统内外相关因素之间的关系,确定为建立和保持相互适应或平衡关系所必须具备的条件。在标准系统中,只有当各个标准之间的功能彼此协调时,才能实现整体系统的功能最佳。

④ 优化原理:标准化的最终目的是取得最佳效益,按照特定的目标,在一定的限制条件下,对标准系统的构成因素及其关系进行选择、设计或调整,使之达到最理想的效果。

统一、简化、协调、优化的标准化原理是从实践中概括出来的。这些原理都不是孤立存在、孤立起作用的,它们之间相互渗透、相互依存,是一个有机的整体,综合反映标准化活动的规律。

4. 计量管理

鉴于建国初期我国计量标准的混乱状况,1950 年,国家颁布了《中华人民共和国度量衡管理暂行条例》。1959 年,国务院发布《关于统一计量制度的命令》,才确定米制为中国基本计量制度,结束我国计量制度的混乱局面,标志着我国计量事业实现了由传统的度量衡向近代计量的转变。1978 年 8 月,国务院成立国家计量总局主管全国计量工作,1985 年颁布实施了《计量法》,该法是规范计量基准器具、计量标准器具,进行计量检定,制造、修理、销售、使用计量器具等各项活动的法律,通过加强计量监督管理,保障国家计量单位统一和量值准确可靠。

计量管理制度的顶层法律是《计量法》,行政法规包括《中华人民共和国计量法实施细则》和《中华人民共和国强制检定的工作计量器具检定管理办法》,这些计量相关法对于特定行业企业计量工作具有直接的指导意义,是企业制定计量管理制度的直接依据。

对于企业而言,也负有建立计量管理制度的责任,特别是要强化对强制检定的工作计量器具的管理和使用,包括计量职能机构的设置和职责、人员配备、计量工作流程等。完善的计量管理制度是企业使用计量基准器具、计量标准器的必备条件,也是国家行政主管部门对企业计量标准考核的重要内容之一。对于制造和修理计量器具的特殊企业,完善的计量规章制度是通过认证考核的重要内容之一。

计量为测量建立标准,实现单位统一、保障量值准确可靠。计量工作主要围绕量值溯源与量值传递展开。量值溯源是指自下而上通过不间断地校准而构成的溯源体系,从而确定测量仪器或测量系统所指示的量值、实物量具或参考物质所代表的量值,与对应的由标准所复现的量值之间关系;量值传递是指自上而下通过逐级检定而构成的检定系统,通常根据市场要求按照量值传递对计量器具进行检定,查明和确认计量器具是否符合要求。计量工作具有以下 4 个特点:准确性、一致性、溯源性、法制性。

① 准确性：是指测量结果与被测量真值的接近程度。不存在完全准确无误的测量，因此在给出量值的同时，必须给出适应与应用目的/实际需要的不确定度或可能误差范围。

② 一致性：是指要求在统一计量单位的基础上，无论在何时何地采用何种方法，使用任何计量器具，以及由何人测量，只要符合有关的要求，测量结果应在给定的区间内一致。

③ 溯源性：是指任何一个测量结果或测量标准的值都能通过一条具有规定不确定度的不间断的比较链，与测量基准联系起来的特性。

④ 法制性：是指由于计量涉及社会各个领域，量值的准确可靠不仅依赖于科学技术手段，还要有相应的法律、法规和行政管理的保障。

5. 质量监督与认证认可管理

20世纪80年代中期，我国正式确立产品质量国家监督制度。1985年3月7日国务院颁布《产品质量监督试行办法》，力求把全国广大生产企业的产品质量置于国家的经常性监督之下。1988年10月，国务院将国家标准局、国家计量局、国家经贸委质量局合并，组建国家技术监督局，并赋予行政执法职能，形成了适应中国国情的标准化、计量、质量三位一体的质量监督管理体制。2018年，国务院进一步将国家工商总局、国家质检总局、国家食品药品监督管理总局等机构的职责整合，组建国家市场监督管理总局，建立统一开放竞争有序的现代市场体系，形成覆盖产品生产、流通、消费全过程的监督检查制度和隐患排查治理机制。《产品质量法》明确了产品质量国家监督制度，可以归纳为抽查型质量监督、评价型质量监督和仲裁型质量监督3种。

(1) 抽查型质量监督

抽查型质量监督是指，国家质量监督机构通过在市场上或者企业成品仓库内的待销产品中随机抽取样品并对其质量进行监督检验，从而采取强制措施责成企业改进质量，直至产品质量达到商品标准要求的一种监督活动。抽查的主要对象是涉及人体健康和人身、财产安全的产品，影响国计民生的重要工业产品以及消费者、有关组织反映有质量问题的产品。国家对产品质量实行以抽查为主要方式的监督检查制度，并且不得向被检查人收取检验费用。

以食品业为例，由于食品安全关系到人民的身体健康和生命安全，食品质量安全是近年来百姓反应比较强烈的问题。2008年，一场食品安全危机悄然来临，中国食品安全再一次面临世界的质疑，为了维护人民群众的生命财产安全，中国坚决查处了"三鹿奶粉"事件，同时向世界传达了中国政府维护食品质量安全的决心和勇气。2009年全国人大以《食品安全法》代替了《食品卫生法》，把食品监管从"卫生"上升到了"安全"的高度，强化了食品生产经营者作为食品安全第一责任人的责任，对食品添加剂进行全方位的严格监管抽查，确立了以一个监管部门为主、其他部门履行相关职责并相互配合的分段监管体制，在全程监管过程中实现无缝对接。《食品安全法》还明确明星代言问题食品要承担连带责任；提出了建立食品安全风险评估制度、建立食品召回制度、取消食品免检制度；明确了制定食品安全标准的基本原则；强调任何单位或者个人不得对食品安全事故隐瞒、谎报、缓报，不得毁灭有关证据等重要内容。2019年，国家市场监督管理总局发布《产品质量监督抽查管理暂行办法》，整合了在流通领域以及生产领域的监督抽查手段，完善了"抽检分离"（抽样人员和检验人员分离）、"双随机"（随机抽取被抽样生产者、销售者，随机选派抽样人员）等多项质量监督抽查措施。

(2) 评价型质量监督

评价型质量监督是指国家质量监督机构通过对企业的产品质量和质量保证体系进行检验

和检查,考核合格后,以颁发产品质量证书、标志等方法确认和证明产品已经达到某一质量水平,并向社会提供质量评价信息,实行必要的事后监督,以检查产品质量和质量保证体系是否保持或提高的一种质量监督活动。评价型质量监督是国家干预产品质量、进行宏观管理的一种重要形式。产品质量认证、企业质量体系认证、环境标志产品认证、评选优质产品、产品统一检验制度和生产许可证发放等都属于这种形式。

1998年春节前夕,山西朔州市发生了一起震惊全国的用工业酒精兑制白酒的"毒酒案",造成了数百人中毒,20余人死亡,1人双目失明的惨剧。"毒酒案"发生后,国家质量技术监督局在酒类产品中全面开展"QS"认证制度,酒类市场得到了全面改善。为了进一步打击假冒伪劣商品,加强产品质量认证工作,2001年8月29日,经党中央、国务院批准,国家认证认可监督管理委员会(简称认监委)正式成立,履行行政管理职能,统一管理、监督和综合协调全国认证认可工作。2001年12月,原国家质检总局发布了《强制性产品认证管理规定》,对涉及人类健康和安全、动植物生命、健康及环境保护、公共安全的产品实行强制性认证制度,强制性产品认证制度是各国政府为保护广大消费者的生命财产安全、保护环境、保护国家安全的一项强制性制度,具有法律效力,它要求特定产品必须符合国家标准和技术法规。被列入第一批《实施强制性产品认证的产品目录》的有19类132种产品,对列入目录的产品,自2003年8月1日起,凡未获得强制性产品认证证书和未粘贴"CCC"强制性认证标识的产品,不得出厂、进口和销售。2003年8月,原国家质检总局正式启动食品质量安全市场准入制度。食品生产加工企业必须具有《食品生产许可证》方可生产,并加贴QS标志。在此基础上,2003年11月,《认证认可条例》制定并实施,强化认证认可机构的法律责任,推动我国认证认可工作法制化向前迈出。为了保证重要工业产品的质量安全,贯彻国家产业政策,促进社会主义市场经济健康、协调发展,2005年,国务院颁布《中华人民共和国工业产品生产许可证管理条例》,并于同年9月1日实施。

(3) 仲裁型质量监督

仲裁型质量监督是指质量监督检验机构通过对有质量争议的商品进行检验和质量调查,分清质量责任,做出公正处理,维护经济活动正常秩序的一种质量监督活动。仲裁型质量监督具有较强的法制性,由质量监督管理部门承担,应选择经省级以上人民政府产品质量监督管理部门或其授权的部门审查认可的质量监督检验机构作为仲裁检验机构。

1986年4月,国务院发布《工业产品质量责任条例》,规定产品的生产者、销售者对产品质量负责,产品不合格或不符合约定的,生产者、销售者应当负责修理、更换、退货,赔偿实际经济损失,这被认为是"三包"规定的雏形。1986年7月,原国家经贸委等八部委局颁布了《部分国产家用电器"三包"规定》,对电视机、洗衣机、电冰箱、电风扇和收录机等六种国产家用电器的销售和售后维修做出了规定,生产和经销企业售出的产品在保修期内发现质量不符合国家有关法规、质量标准以及合同规定的要求时,应由生产和经销企业负责对用户实行"三包",即包修、包换、包退,从此"三包"规定成为我国保护消费者权益的重要部门规章。此后,更多商品被纳入"三包"范围,我国的商品"三包"制度逐渐成熟。

随着经济的发展,汽车已经大量进入家庭,当因汽车质量导致的安全事故,发达国家普遍实行汽车召回制度。

加入世界贸易组织后,我国也开始探索制定质量缺陷产品召回制度。2004年3月15日,由原国家质检总局、国家发改委、商务部、海关总署联合制定的《缺陷汽车产品召回管理规定》

正式发布,这是我国以缺陷汽车产品为试点首次实施的召回制度。汽车召回制度(recall),就是投放市场的汽车由于设计或制造方面的原因存在缺陷,不符合有关法规、标准,有可能导致安全及环保问题,厂家必须及时向国家有关部门报告该产品存在的问题、造成问题的原因、改善措施等,提出召回申请,经批准后对在用车辆进行改造,以消除事故隐患;厂家还有义务让用户及时了解有关情况。继汽车召回制度之后,我国又颁布实施了《儿童玩具召回管理规定》《食品召回管理规定》《药品召回管理办法》,人们普遍关心的儿童玩具、食品、药品召回制度得到完善。

6. 知识产权的保护

知识产权是指人们对于其智力劳动成果所享有的专有权利,包括专利权、商标权、著作权、商业秘密等。这些权利是对创新成果的保护,是鼓励创新和激励创造力的重要手段。知识产权是现代社会经济发展和科技进步的法律基础,它为创新者提供了合法的权益保障,同时也促进了科技、文化、经济的繁荣发展。中国从1980年加入世界知识产权组织以来,相继制定了《中华人民共和国商标法》(1982年)、《中华人民共和国专利法》(1984年)、《中华人民共和国技术合同法》(1987年)、《中华人民共和国著作权法》(1990年)、《计算机软件保护条例》(2001年)等法律法规,形成了完整的知识产权法律保护体系。2023年,中共中央、国务院印发的《质量强国建设纲要》明确要求:"加强专利、商标、版权、地理标志、植物新品种、集成电路布图设计等知识产权保护,提升知识产权公共服务能力。"

知识产权字面上可被理解为"对知识的财产权",其前提是知识具备成为法律上的财产的条件。知识产权具有四个方面的特征,即时间性、地域性、非物质性、专有性。

时间性,是指知识产权人对所拥有的知识产权只在法定的时间内有效,期限届满后,知识产权人对该创造成果就不再享有专有权,原来受法律保护的创造成果成为了人人都可以无偿使用的社会公共资源。

地域性,是指知识产权一般只在授予其权利的国家范围内有效,除非有国际条约、双边或多边协定的特别规定,否则在其他国家原则上不获得承认和保护。

非物质性,也称为无体性,是指知识产权是具有非物质性的作品、创造发明和商誉等,必须依赖于一定的物质载体而存在,这就意味着,获得了物质载体并不等于享有其所承载的知识产权,转让物质载体的所有权不等于同时转让了其所承载的知识产权,侵犯物质载体的所有权也不等于同时侵犯其所承载的知识产权。

专有性,是指未经知识产权人许可或法律特别规定,任何单位或个人都不得实施其知识产权,否则构成侵权,专有性也称"独占性"或"垄断性"。

保护知识产权有助于推动科技进步和文化传承。通过保护科技创新和文化创意的知识产权,可以激励更多人参与到创新和创作中,推动科技的不断进步和文化的传承发展。保护知识产权也有利于鼓励质量技术研发,促进质量管理方法的创新和推广,加快质量强国建设。

7. 质量发展中长期规划

改革开放以来,在经济增长快速推进的同时,我国质量工作进入新的历史时期。1978年,国家发出了《关于开展"质量月"活动的通知》,决定每年9月份在全国工交战线开展"质量月"活动。从1978年提出以"生产优质品光荣、生产劣质品可耻"为主题的第一次全国"质量月"活动,到2022年以"推动质量变革创新促进质量强国建设"为主题的全国"质量月"活动,质量的内涵不断延伸扩展。进入新时代,随着"高质量发展"成为我国经济社会发展的主题,质量强国建设成为一项重要的国家战略。

我国还陆续制定了三个质量发展中长期规划(见图4-1),成为质量发展的重要里程碑,推动质量工作不断迈向新的高峰。一是1996年国务院颁布的《质量振兴纲要》(1996—2010),这是第一个跨度15年的中长期规划,其目标是使当时的产品质量、工程质量和服务质量符合当时国家标准;二是2011年国务院颁布的《质量发展纲要》(2011—2020),明确了质量效益型发展道路;三是2023年由中共中央、国务院印发的《质量强国建设纲要》(2022—2035),推动高质量发展、促进我国经济由大向强转变。从质量振兴到质量发展,再到质量强国,标志着我国质量工作进入新时代、开启新篇章。

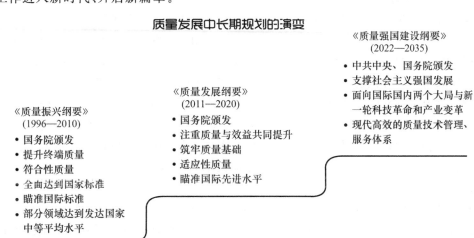

图4-1 我国三个质量发展中长期规划

质量制度体系框架中的相关法律、法规和规章对组织和企业的生产安全和产品质量管理制度等规范性文件提出了法定要求。从质量监督管理行政部门的角度来看,将监管范围延展至企业质量管理相关制度的建设和实施,不仅可以从源头上疏导可能出现的症结和问题,而且可以大幅度降低质量事故的发生频率,提高监管效率,使过程和结果并重,做到标本兼具的监管效果。国家鼓励企业建立完善科学的质量管理制度,质量管理制度是认证机构对组织进行认证审查,以确认其产品是否符合相应标准的条件要素之一。从组织和生产企业的角度来说,质量管理制度建设是一个涉及多方面问题的复杂系统工程,一方面组织需要考虑法律、技术、文化、社会、经济和自然环境等外部环境约束条件,在市场供需宏观体系中获得必要的物质、能量和信息交换,保证组织正常运行所需的基本条件;另一方面需要组织内部统一观念和价值追求,围绕共同的目标开展高效的组织协调,保证生产安全和产品质量。为了达到以上目标,建立、健全并高效实施一套完善的质量管理体系,成为国际通行的质量管理制度建设方法。

4.3 质量管理体系

质量管理体系是组织为实现质量目标所建立的、对组织进行指挥和控制的管理体系,包括建立质量方针和质量目标并通过质量策划、质量控制、质量保证和质量改进实现这些目标的相互关联或相互作用的质量活动。事实上,一个组织自建立后就天然存在质量活动,也就已经在客观上形成了一个质量管理体系。但是只有质量管理体系充分、有效、适宜,才能稳定、高质量地对外提供产品和服务。建立质量管理体系最常采用的管理标准或者模型就是 ISO 9000 族标准。

4.3.1 ISO 9000 族标准的诞生和构成

第二次世界大战期间,战争所需武器需求量急剧膨胀,军事工业迅猛发展,武器日益复杂,新式装备大量出现,美国面临扩大武器生产量同时又要保证装备质量的现实问题。于是,国防部组织大型军工企业的技术人员编写技术标准文件,开设培训班,将军工专用技术迅速"复制"到其他机械工厂,也就是除要求产品质量满足出厂检验要求外,还要求所有生产厂商的生产过程中的各个环节满足技术标准文件要求,这一做法有效解决了上述难题。

第二次世界大战后,国防部将军品生产"工艺文件化"的质量保证经验进行总结并推广应用,编制更周详的质量保证标准文件,于 1958 年发布了《质量大纲要求》(MIL-Q-9858A),在全国工厂取得了同样满意的效果。后来又颁布了《检验系统要求》(MIL-Q-45208A)、《承包商质量大纲评定》(MIL-HDBR-50)和《承包商检验系统评定》(MIL-HDBR-51),形成了一套完整的军品质量保证标准,对生产厂商的质量管理体系进行了有效的规范。质量保证标准的成功经验很快推广到了民品生产领域,美国标准协会(ANSI)和美国机械工程师协会(ASME)于 1971 年分别发布了《核电站质量保证大纲要求》(ANSI N45.2)和《锅炉压力容器质量保证标准》(ASME-Ⅲ-NA4000)。

借鉴美国的经验,西方国家先后发布了不同的质量保证标准并进行了实践,为建立质量管理体系的国际标准奠定了坚实的基础。国际标准化组织(ISO)1979 年设立了质量管理和质量保证标准化技术委员会(ISO/TC 176),该组织在总结先进国家工业企业质量管理实践的基础上,经过多年的协调努力,1987 年 3 月又正式颁布了《质量管理和质量保证 选择和使用指南》(ISO 9000:1987)、《质量体系 设计、开发、生产、安装和服务的质量保证模式》(ISO 9001:1986)、《质量体系 生产、安装和服务的质量保证模式》(ISO 9002:1987)、《质量体系 最终检验和试验的质量保证模式》(ISO 9003:1987)和《质量管理和质量体系要素 指南》(ISO 9004:1987)。

ISO 9000 系列标准的颁布,标志着质量管理和质量保证活动开始纳入规范化、统一化、国际化的轨道。之后,ISO 9000 系列标准于 1994 年、2000 年、2008 年、2015 年经过多次修订,在适用性、先进性、系统性等方面不断提高。

ISO 9000 族标准包括了 3 个核心标准以及若干支持性标准,如图 4-2 所示。这 3 项核心标准如下所示:

(1)《质量管理体系 基础和术语》(ISO 9000:2015),阐述了质量管理体系的基础知识、质量管理基本原则,并确定了相关的术语,相当于标准族的"字典",用概念图表达了每一部分术语的相互关系,帮助使用者形象地理解相关术语,系统地掌握其内涵。

(2)《质量管理体系 要求》(ISO 9001:2015),规定了一个组织应当具备的管理要求,通过满足质量管理体系要求,组织可以向相关方证明其具有持续地向顾客提供满足其要求的产品和服务的能力。

(3)《质量管理 组织质量 对实现持续成功的指南》(ISO 9004:2018),以质量管理基本原则为基础,用于为组织提供在复杂、严峻和不断变化的环境中如何实现持续成功的指南。

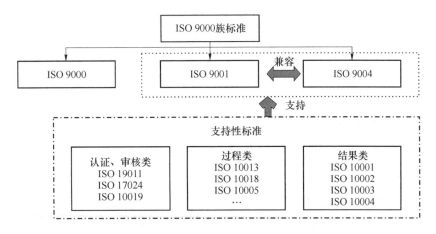

图 4-2 ISO 9000 族标准构成

其他典型的支持性标准简单介绍如下：

(1)《管理体系审核指南》(ISO 19011:2018)，提供了管理体系审核的基本原则、审核方案的管理、审核的实施、对体系审核员的资格等要求，指导组织开展内审和外审的管理工作。

(2)《质量管理 质量计划指南》(ISO10005:2018)，主要是为建立、审查、接受、应用和修订质量计划提供指南，用于各类预期产出的质量计划。

除此之外，ISO 9000 族标准包括《质量管理 顾客满意 组织行为规范指南》(ISO 10001:2018)、《质量管理 顾客满意 组织投诉处理指南》(ISO 10002:2018)、《质量管理 顾客满意 组织外部争议解决指南》(ISO 10003:2018)、《质量管理 顾客满意 监视和测量指南》(ISO 10004:2018)等其他多个标准。

可见，ISO 9000 族标准是由一组密切相关的质量管理标准构成，可以帮助不同类型和规模的组织实施并运行有效的质量管理体系，也为不同国家或地区评判质量管理活动提供一把统一的"尺子"，帮助供需双方对企业质量管理建立达成共识。目前，ISO 9000 族标准已在全世界 100 多个国家的超过 100 万个企业和组织采纳实施，广泛用于工业、经济和政府管理等领域，形成深刻广泛的影响。贯彻 ISO 9000 族标准成为企业证明自己产品质量、管理质量的一种"护照"，是国际贸易上需方对买方质量保证能力的入门要求，也是国际贸易活动中建立相互信任关系的基石。

4.3.2 质量管理的基本原则

1995 年，ISO/TC 176 根据 ISO 9000 标准实践经验及理论，分析整理并编撰了质量管理的八项原则，是质量管理的最基本、最通用的一般性规律，适用于各种类型的产品和组织，目的是帮助组织建立质量管理理念，准确理解标准的内涵，提高管理水平。

2015 版 ISO 9000 标准在原有质量管理原则的基础上进行了修订，将"管理的系统方法"原则融入到"过程方法"中，强调对过程的系统管理，构成了七项质量管理原则：以顾客为关注焦点、领导作用、全员积极参与、过程方法、改进、循证决策、关系管理。

1. 以顾客为关注焦点

组织生产的产品或提供的服务于顾客，故组织必须依存于顾客，顾客是组织一切活动、行为、思维的集中点。因此,与顾客相互作用可为组织向顾客提供创造更多价值的机会。组织应理解顾客当前的和未来的需求,满足顾客要求并争取超越顾客期望,才能获得持续成功。

"以顾客为关注焦点"体现了质量管理中最核心的指导思想。研究顾客的需求和期望是组织关注顾客的出发点,满足顾客当前要求是组织对顾客最基本的承诺。因此,在工程管理中,诞生了 KANO、QFD 等一系列分析需求、分解需求的工具。

为了促进"以顾客为关注焦点",可开展如下的活动:
① 从组织获得的价值中识别直接顾客和间接顾客;
② 理解并分析顾客当前和未来的需求和期望;
③ 将组织的目标与顾客的需求和期望联系起来;
④ 在整个组织内沟通顾客的需求和期望,确保不丢失顾客需求传递;
⑤ 为满足顾客的需求和期望,对产品和服务进行策划、设计、开发、生产、交付和支持;
⑥ 测量和监视顾客满意度,并采取适当的措施;
⑦ 主动管理与顾客的关系,以实现持续成功。

诸如此类活动,在真正落实的时候会发现知易行难。因为顾客的需求是随着场景的变化而变化。例如,在迪士尼乐园游玩,游乐设施的安全、创意是顾客最直接的需求,而其他的如是否方便就餐、能否高效排队、往返酒店是否方便,甚至垃圾桶摆放是否合理,都会是顾客在不同场景下的需求。因此,组织必须理解和适应不同场景、不同时间顾客需求的变化,不断地调整经营策略和采取相应的措施。而且,在理解顾客当前需求的同时还要识别、理解顾客未来的需求。

2. 领导作用

"领导作用"是质量管理成败的关键。ISO 9000 标准中所指的领导作用,英文是"Leadership",主要是指"领导力",即为了保证所从事的领导工作和活动的有效性,领导者所应该具备的相关知识和技能的总称。

"领导作用"意味着在组织中建立起人们所共享的方向、文化和价值观,意味着将组织的目标根植于所有的成员当中,还意味着领导者要鼓舞人们以一种有效的方式去实现高的业绩。领导的实质是施加影响力,而影响力来源有两个方面:一是正式的、外在的权力或职位的权力;二是非正式的、个人的或非职位的权利(例如专家、模范等)。所以,并非组织的最高管理者才是领导者,广义上看,领导是泛化了的、有志于组织成功的所有人士参与的活动。这也构成了质量管理原则之全员积极参与的基础。

为了有效地发挥"领导作用",可开展如下活动:
① 在整个组织内沟通使命、愿景、价值观、战略与方针;
② 在组织的所有层次创建并保持共同的价值观,以及公平和道德的行为模式;
③ 培育诚信和正直的文化;
④ 鼓励在整个组织范围内履行对质量的承诺;
⑤ 确保各级领导者成为组织中的榜样;
⑥ 为员工提供履行职责所需的资源、培训并授权;
⑦ 激发、鼓励和表彰员工的贡献。

3. 全员积极参与

"全员积极参与"是质量管理有效运作的基础。

组织中的各级人员是组织最根本的组成部分,是组织最重要的资源。每人都在组织中扮演自己的角色,有各自的岗位职责和权限,组织才能成为有机的整体,有序地进行各项活动。只有全员充分参与,才能为组织带来收益。

人是生产力中最活跃的因素,随着科技的不断提高,人们对物质和精神生活需求层次的提高,对人的知识、技能、才干、职业道德等素质要求也越来越高。所有人员需要在工作实践中不断地自我完善,贡献自己的聪明才智。组织也要为全员创造彼此尊重的内部环境,在质量活动中给予充分的自主权,最大限度地调动全员的智慧与才干,并通过培训、表彰等多种方式,不断增强全员的能力、知识和才干,培养并强化强烈的质量意识、敬业精神和责任感。如果有这样一支团队力量,必然能为组织带来无限的商机和巨大的收益。

为了促进"全员积极参与",可开展如下活动:
① 与员工沟通,使其认识到个人贡献的重要性;
② 建立机制,促进整个组织内部的协作;
③ 分享知识和经验;
④ 消除影响员工执行力的制约因素,使其主动参与;
⑤ 赞赏和表彰员工的贡献、学识和进步;
⑥ 针对个人目标进行绩效自我评价;
⑦ 评估员工满意程度,沟通结果并采取适当的措施。

4. 过程方法

质量管理体系是由相互关联的过程组成。过程是指一组将输入转化为输出的相互关联或相互作用的活动。系统地识别和管理组织所应用的过程,特别是这些过程之间的相互作用,称为"过程方法"。过程方法是如何使活动为顾客和其他相关方创造价值进行组织和管理的有力方法,将活动和相关的资源作为过程进行管理,从而使组织更加高效地得到一致的、可预知的结果,并且尽可能地完善质量管理体系并优化组织绩效。

过程方法的优点是对诸过程的系统中单个过程之间的联系以及过程的组合和相互作用进行连续的控制。这样就可以有效地使用资源,避免职能交叉,降低成本,缩短周期,并可获得持续改进的动态循环,显著提高组织的总体业绩,高效地得到期望的结果。因此,以过程作为质量管理的基本单元,是引导质量管理持续优化的最佳途径。

实现有效的"过程方法",可开展如下活动:
① 确定质量管理体系的目标以及实现这些目标所需的过程;
② 为管理过程确定职责、权限和绩效;
③ 了解组织的能力,确定资源约束条件;
④ 确定过程之间相互依赖的关系,对于变更会对整个体系产生较大影响的过程,要进行充分的识别和监控;
⑤ 将过程及其相互关系作为一个体系进行管理,有效和高效地实现组织的质量目标;
⑥ 采集数据和信息,监视、分析和评价各个过程及整个体系的绩效;
⑦ 管理可能影响过程输出和质量管理体系整体结果的风险。

5. 改 进

"改进"是重要的质量管理指导思想,要求组织建立自我完善与不断改进的机制。

组织要生存发展,就要不断适应内外部环境的变化,不断满足并超越顾客日益增长的需求和期望。其结果就是不仅要不断改进产品的质量,调整产品结构,还要改进过程、改进体系运行的有效性,以增强企业稳定发展的能力。因此,"改进"是增强满足顾客要求能力的循环活动,与"以顾客为关注焦点"互相呼应,是一个周而复始永无止境的螺旋式上升的循环活动,也是组织内部环境与外部环境形成良性循环的动力。

在改进机制中,不仅最高管理者要对持续改进作出承诺,为体系改进提供资源保证,做出提高组织运营能力的种种重要决策(与"领导作用"相呼应);也是组织内每位员工的重要职责,需要全体员工的积极参与(与"全员积极参与"相呼应)。

为了推动"持续改进",可开展如下活动:
① 促进组织所有层级建立改进目标,策划改进项目;
② 对各层级人员进行教育和培训,掌握基本工具和方法的应用以实现改进目标;
③ 开展培训,确保员工有能力推动和完成改进项目;
④ 建立良好的监督机制,促使改进项目的顺利完成;
⑤ 改进与创新相结合;
⑥ 表彰改进。

6. 循证决策

"决策"是一个在行动之前选择最佳行动方案的过程。"决策"是一个复杂的过程,并且总是包含某些主观的和客观的不确定性,涉及多种类型和来源的输入及其认知,对这样输入信息的因果关系判断,理解其潜在的非预期后果,对于准确的决策至关重要。

组织的各级领导为了实现质量方针、质量目标、进行持续的改进,对质量管理中的许多方面需要各级领导作出决策,特别是最高管理者的一些重大决策。这些决策往往对组织的运营产生深远影响,因此其关键词是"有效",强调决策的有效性。如何实现有效策划,就是决策要建立在数据和信息分析的基础上,即"循证决策"——以可获得的研究证据为基础,并以来自实地的数据、信息或经验证据为依据,对计划、实践或政策进行决策的过程。

数据是事实的表现形式,信息是有意义的数据。组织首先要确定所需的数据和信息及其来源、传递途径和用途,确保数据是真实的,信息是可靠的。将决策看成是一个过程,应用过程方法使决策达到预期的目标。决策过程的输入就是基于事实的真实、可靠的数据和信息,应进行的活动可包括将收集的数据和信息进行合乎逻辑的、客观的分析,通过头脑风暴提出各种方案,并对其进行评价、比较、论证,必要时可通过试验、验证等,最后形成最佳的方案,这是决策过程的输出。

为了推动"循证决策",可开展如下活动:
① 确定、测量和监视组织和所有过程的关键绩效指标;
② 打破部门壁垒,使相关人员能够获得所需的全部数据;
③ 进行数据采集策划,确保数据和信息准确、可靠和安全;
④ 使用统计过程控制、大数据等技术对数据和信息进行分析和评价;
⑤ 开展数据分析技术培训,使人员有能力分析和评价所需的数据;
⑥ 权衡经验和直觉,基于证据进行决策并采取措施。

7. 关系管理

提到"关系管理"时,诸多组织直觉的认识是管理顾客和供方的关系。但在新版的标准中,

"相关方"的概念扩展到要考虑所有"相关方",因为企业的成功有赖于吸引、赢得和保持所有相关方的支持与合作。

那么何谓"相关方"?"相关方"指的是对企业的决策或活动能够产生一定影响的,或者被企业决策一定程度上影响到的个人或企业。那么"相关方"的范围就非常广了,可以包括顾客、供方,可以包括员工、股东、银行、合作伙伴甚至是社会群体。不同的"相关方"有不同的需求和期望。例如,员工期望提升薪酬、发展平台等,顾客希望得到物美价廉的产品,供方希望有长久的合作与合适的价格,等等。这些需求和期望都会影响到管理体系的设计和运行。

为了实现良好的"关系管理",可开展如下活动:

① 识别相关方(如:供方、合作伙伴、顾客、投资者、员工或整个社会)并确定其与组织的关系;
② 建立平衡短期利益与长期考虑的关系;
③ 与相关方共同收集和共享信息、专业知识和资源;
④ 适当时,测量绩效并与相关方共享,实现多方位的改进;
⑤ 与相关方合作开展开发和改进活动;
⑥ 鼓励和表彰供方及合作伙伴的改进和成绩。

对供方及合作伙伴网络的关系管理对组织绩效的影响是非常重要的,下面主要介绍供方关系管理。

"供方"是指提供产品的组织或个人,如制造商、批发商、产品的零售商或商贩、服务或信息的提供方。组织与供方是相互依存的互利的关系,可增强双方创造价值的能力。随着生产社会化的不断发展,各种专业化程度越来越高,分工也就越来越细,它们彼此依赖,为满足顾客要求必须共同合作。

这三者形成一个"供方→组织→顾客"的供应链。由于顾客和供方都是组织的相关方,组织在考虑满足顾客的需求和期望时,也要考虑供方的利益,也就是说要考虑相关方的利益,让供应链上的三者应该都得利,达到"三赢"的结果。

在组织和供方的关系中,组织有对供方进行选择和动态控制的权利,但不能只讲控制不讲互利,控制与互利是相辅相成的,要把握好分寸,互相沟通,为共同的利益密切合作;此外,在法律、法规允许的范围内做到共享知识,共享资源。这样,可以增强双方共同创造价值的能力,优化成本和资源,更灵活快速一致地对变化的市场做出反应。

以上七项质量管理原则实质上也是组织管理的普遍原则,是现代社会发展、管理经验日渐丰富、管理科学理论不断演变发展的结果,充分体现了管理科学的原则和思想。因此,这些原则还可以对组织的其他管理活动,如环境管理、职业健康管理等提供帮助和借鉴,真正促进组织建立一个全面的具有持续改进能力的管理体系。

4.3.3 质量管理体系的建立和运行

无论成文与否,质量管理体系是客观存在的。质量管理体系往往受组织的性质、规模、机构设置、人员构成、经营方式、经营目的、产品类型、产品质量状况、质量设施等因素的制约和影响。为了在组织内形成一致的行为模式,一般要形成质量管理体系文件,作为规章制度体系的重要组成部分。因此,简单地说,质量管理体系文件是在质量观念的指引下形成的,通过归纳、总结、提炼质量行为中的最佳实践而形成的文件化的制度规范。

1. 质量管理体系建立

每个组织建立质量管理体系的内外部环境、目标、要求和条件不尽相同,因此,并不能采用完全统一的工作程序。各组织可结合实际,参考以下步骤进行体系建立。

(1) 总体设计

组织质量管理体系的设计和实施不仅受商业环境变化、市场波动以及技术和管理风险的影响,也受自身确定的战略目标,所提供的产品性能、所采用的过程及组织的规模和结构的影响。因此,组织在建立质量管理体系之初往往需要进行统筹规划、系统分析和整体设计,确定外部环境和内部环境对组织的宗旨、战略方向以及实现预期结果的影响。外部环境主要指政策法规、文化习俗、技术发展、市场竞争、社会经济和自然环境约束条件;内部环境主要指组织的理念、价值观和文化,可采用的技术包括 PEST 分析、五力分析、SWOT 分析等。其基本内容包括:

① 领导决策,统一认识。建立和实施质量管理体系的关键是组织领导的高度重视和亲自参与,这也是质量管理体系建设顺利开展的重要保证,在此基础上,提出的质量管理体系的总体目标和初步方案方可获得资源上的支持。

② 组织落实,成立机构。质量管理的七项原则之一是全员积极参与,所以建立质量管理体系是一个跨部门、破壁垒的工作,组织需要建立领导小组和跨职能推行小组,负责建立、实施和改进质量管理体系。

③ 教育培训,制定实施计划。通过宣传教育把决策层的目标传递下去,得到全体人员的重视和配合。教育培训的对象主要是组织的中高层,培训重点包括:建立质量管理体系的目的和意义,明确组织的重要性、质量管理原则和基本概念、质量管理体系标准。

(2) 体系策划

体系策划阶段需识别组织的相关方,确定相关方的需求(而不仅仅是产品的需求),方能制定质量方针和目标,确定质量管理体系范围,合理配备资源,设计良好的运行过程。其基本内容包括:

① 确立质量方针和质量目标。建立质量方针和质量目标并非仅为满足标准要求,它具有向组织成员指明方向、统一意志的重要作用。质量方针要支持组织的宗旨或使命、愿景、价值观和总体方针,并为制定质量目标提供框架。组织应对现行的质量方针和目标进行重新研究与评估,并在最高管理者的主持下对其做必要的修订。需要时,也可发动各部门就质量方针和目标献计献策,使之更具群众基础。

② 分析和确定体系结构。组织规模、产品种类、组织结构不同,其体系结构也会不同。中小型规模、产品品种单一的企业,一般采用单一的体系结构,实行集中管理。大型和产品品种多样的企业往往采用多元的体系结构,实行分散管理。如集团公司下的各子公司或多种经营的企业,总公司和各子公司会分别建立质量管理体系。

③ 识别过程,确定职责。如前文所述,"过程"是一组将输入转化为输出的相互关联或相互作用的活动,是质量管理体系研究的基本单元。自上而下地设计过程,推动管理要求不断细化,往往采用 SIPOC 模型来确定过程所需的输入和期望的输出、确定过程的顺序和相互作用、确定为确保过程有效运行和控制所需的准则和方法(包括测量分析与评价改进)、确定过程所需的资源以及应对过程的风险和机遇。

④ 评审策划结果。现状调查分析和策划过程是体系的初步设计过程。为集思广益,可在

文件编制之前组织一次评审,评价体系的适合性,包括体系的整体性和可行性、过程网络的完整性、过程结构的合理性和接口相容性以及责任分配的正确性。

(3) 体系文件化

"体系文件化"是将体系分析和策划的过程要求用书面形式确定下来,将质量管理体系外化为一套用于规范体系活动的文件,作为组织的质量管理体系的成文信息,如图4-3所示,通常包括方针目标、质量手册、程序文件、作业指导书和质量记录等文件形式。

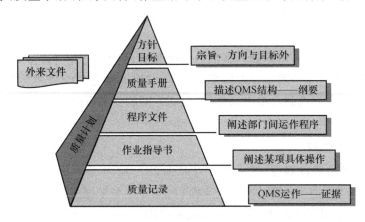

图4-3 质量管理体系文件结构

编写成套的质量体系文件是一项系统工程,需要认真组织实施。

① 编制顺序。一般按文件的层次自上而下地进行,按照从整体到局部、由概略到详细的过程逐级细化,在编写过程中往往出现反复现象也是正常的,当发现上一层次文件的不足,要做自下而上的修改。当编写质量手册,感到由于对体系的总体概念尚不清晰而无从下手时,可先写程序文件,然后采用将程序文件内容加以提炼和概括的方法编写手册,也是可行的。

② 编写人员培训研讨。文件起草人员都应了解本组织有关文件的体例、格式和标识等规定,并掌握编制文件应遵循的系统协调、合理优化、可操作、可证实等原则。在分派编写任务时,最好按照"谁主管谁执笔"的原则。因为主管在长期实践中已经积累了很多经验和体会,由他执笔会写得更切合实际和更具有可操作性,可由他人润色修改。某些管理体系咨询机构"包写体系文件"或提供一套其他公司的文件让编写人员"抄、改"的做法,往往使文件内容脱离实际、无法实施,从而使体系文件化步入误区。

③ 充分沟通。在编制过程中,起草人员应相互沟通,尽可能把文件与文件之间的矛盾消除在编写过程中。管理者代表和各相关部门领导应予以指导和协调。

④ 文件审批和发布。在文件发布之前,应采用传阅会签或会议评审等方式组织体系文件评审,确保文件的适合性、系统性、协调性、可行性和可操作性,并特别注意各过程之间的接口及部门间的接口。严格执行文件的校对、审核和批准程序,在规定的实施日期之前,应将全部文件和表格发布并发放到使用地点。

(4) 质量管理体系运行

质量管理体系运行需要组织具有强大的执行力。有的组织建立质量管理体系后,并不能有效利用质量管理体系来规范设计生产活动,出现常说的"两张皮"现象。

"两张皮"的出现有可能是质量管理体系过程设计的不合理、脱离了实际,也有可能是意识欠缺,执行力不足。无论是何原因,这一现象对组织而言都是挑战。要避免"两张皮"现象,需要能力和意识的培训,更需要监管机制。在ISO 9001标准中,提到了内部审核和管理评审等要求,都是质量管理体系自我控制和自我完善的重要手段。以管理评审为例,通过分析质量管理体系相关内外部环境因素的变化、质量管理体系有效性、资源充分性、风险应对和措施有效性等数据和信息,得到对体系的适宜性、充分性和有效性的综合评价,从而及时识别体系运行过程中存在的问题并采取改进措施,确保质量管理体系对内外部环境的不断发展变化具有持续的适宜性,在识别相关方要求和采取控制措施方面具有持续的充分性,最终确保持续实现质量方针和目标的有效性。

当今,质量管理体系已经延伸到公共部门管理领域,例如,已经有许多政府部门和学校也参照ISO 9000族标准建立了质量管理体系。但是,与企业建立质量管理体系不同,公共部门在建立质量管理体系方面遇到许多来自体制、机制方面的要求,许多环节与要求还在探索和研究过程中。

2. 数字化质量管理

按照大工业生产的阶段划分,第一次工业革命以1784年第一台珍妮纺纱机的诞生为起点,蒸汽机促进了机械化生产;第二次工业革命以1870年辛辛那提屠宰场的生产线建立为起点,电力的应用大幅提升了生产力;第三次工业革命则以1969年第一台可编程控制器(PLC)的应用为起点,电子和信息系统的应用促进实现了自动化生产。而第四次工业革命,正是人们现在所处的时代,其典型特征便是万物互联为特征的信息物理系统(Cyber - Physical Systems,CPS)(见图4-4)。

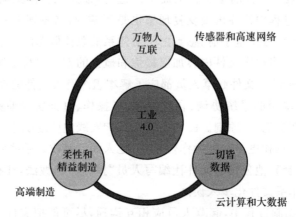

图4-4 工业4.0的核心特征

2015年,为了应对第四次工业革命带来的机遇与挑战,国务院制定了中长期发展战略规划,力争通过三个十年的努力,到新中国成立一百年时,把我国建设成为引领世界制造业发展的制造强国。要加快推动新一代信息技术与制造技术融合发展,可以说没有信息化就没有工业化。

新一代信息技术引领的新一轮产业变革蓬勃发展,数字化转型成为大势所趋,数字生产力日益彰显出强大的动力,为制造业质量管理创新、高质量发展提供了新机遇、新空间。在这一大背景下,摆在企业面前的质量管理不仅仅是通过ISO 9000认证,而是要在"智能制造"的环境下更科学、更精准、更高效地进行组织的高效管理。

"智能制造"并非购买自动化生产设备,而是从组织管理到生产技术上的变革,柔性和精益制造必然会改变原有传统的层级众多的管理模式,使员工甚至最终用户都将参与到设计生产全过程中。在线检测技术的兴起,可通过智能化检测设备和工业互联网实现实时检测产品、设备、过程的各种质量波动,利用大数据、AI技术等进行智能分析,又可以实时进行质量反馈和控制。这些需求和技术的革新都对组织架构以及管理流程的重新设计提出了更高的要求。

在传统的制造企业中,即使是通过了 ISO 9000 认证,由于缺乏数字化的支撑,所谓"循证决策"仍然是无源之水。质量管理的典型现状便是"决策依赖于经验、操作依赖于手工、沟通依赖于会议"。这种模式会产生什么后果呢?必然是内部分散的质量信息形成孤岛无法共享和利用,决策由少数人经过多个层级下达,无法实现全员高效的质量管理;操作与检测的人工模式不能记录产品全寿命周期的数据,无法实现全过程的质量控制和溯源,质量控制是救火式的审理,无法从源头解决问题,无法实现良好的预防机制;质量过程与其他业务系统的分割造成企业信息化的无法承受之痛,各级管理者无法实时掌控产品的质量状态,造成管理的盲区和决策的延迟。

无论是构建质量管理数字化系统,抑或在 PLM、ERP、MES 中实现大质量管理的要求,质量管理数字化就是要从源头解决以上弊端,运用数字化技术融合贯穿组织所有业务策略,打破地域障碍、组织障碍、层次障碍、信息障碍与协同障碍,真正落实质量管理的"七项原则"。

3. 管理体系的融合

随着世界经济一体化进程的加速,与企业生产管理活动密切相关的质量、环境、职业健康与安全等问题受到国际社会的普遍关注,相关的立法日趋严格,世界各国制定的各项强制性政策和措施陆续出台,越来越多的组织希望通过系统化、标准化方式的活动促进其管理,以满足日趋严格的质量、环境、职业安全卫生法律法规的要求。另一方面,国际贸易的发展和发展中国家越来越多地参与世界经济活动,各国在质量、环境、职业安全卫生等方面管理的差异使发达国家在成本价格贸易竞争中处于不利地位,质量、环境、职业安全卫生等问题越来越成为国际贸易的技术壁垒之一,因此越来越多的企业想要运用管理体系标准与国际接轨、改善管理效率、获得竞争优势。最常见的管理体系包括:ISO 9000 质量管理体系标准,关注企业的产品质量是否符合产品质量标准及产品质量的稳定性;ISO 14000 环境管理体系标准,关注企业承诺的环境保护以及在生产运营过程中是否尽量减少对环境的影响;OHSAS 18000 职业健康与安全管理体系标准,关注企业在生产运营过程中是否尽量保护员工的职业健康安全;AS 9000 航空航天业质量管理体系,关注国际航空航天供应链的高质量产品和采购要求是否规范化。

然而,由于各类国际管理体系标准发布的时间不同,并且以独立标准的形式存在,增加了企业认证和接受审核的次数,审核和维护管理体系的成本也因此而增加。实践表明,多个管理体系如果独立运行于一个组织中,将会带来诸多的负面效应,如投入的人力多,重复的文件多,工作接口矛盾、管理机构及职责的重复,尤其是各管理体系之间存在较高的协调成本,致使企业整体的运营效率深受影响。为此,"一体化管理体系(Integrated Management Systems,MS)"的理念在近年来日益受到广泛关注。

一体化管理体系又被称为综合管理体系、整合型管理体系等,是指两个或三个管理体系并存,将公共要素整合在一起,在统一的管理架构下运行的模式。此项工作的顺利推动,归功于2012 年 ISO 组织建立的 AnnexSL 语言。为使各个管理系统能够整合,所有的管理系统标准都采用具有相同形式及术语的通用结构,即所谓 AnnexSL 语言,旨在提供一个统一的高阶架构(High Level Structure,HLS)。从内容上看,采用高阶架构 HLS 的标准文本均包含范围、规范性引用文件、术语和定义、组织环境、领导作用、策划、支持、运行、绩效评价和改进十个部分,从而可以确保各个管理标准是使用一致的核心文本、术语及定义,增强这些标准的相容性。

在实际运行中,一体化管理体系从实现企业整体目标出发,运用系统论、控制论、信息论的基本观点,借鉴建立运行质量管理体系的基本方法,建立一个能够满足法律法规和各项专业标准要求,并实现企业管理系统整体优化的管理系统,从而使企业的经济责任目标与社会责任目标相辅相成,从而在一个企业内形成用一套制度文本支持全方位管理、使用共有要素并能够有效运行的单一集约化的管理体系。当前,很多组织会将 ISO 9000 质量管理体系标准、ISO 14000 环境管理体系标准、OHSAS 18000 职业健康与安全管理体系标准等三大管理体系进行统一整合。

例如,中国航空工业集团有限公司提出的运营管理体系(AVIC Operation System,AOS)就是以流程驱动的一体化管理体系,集成整合"多系统、多要素、多工具",以流程管理为核心,通过信息化系统与业务流程深度融合应用,体系化推进管理创新。该体系主要服务于航空产品和服务于生产、设计、制造和维护过程,通过建立一套涵盖产品设计开发、制造、质量保证、供应链管理、人员培训和持续改进等方面要求的一体化管理体系,持续优化业务流程,提高工作效率和质量水平,增强市场竞争力,最终实现业务的可持续发展,提高航空产品和服务的质量、可靠性、安全性和节能性,最终实现航空业务的盈利和可持续发展。

例 4.1 集成质量管理系统的设计与实现

本案是国内航空航天领域中具有标杆示范作用的 X 研究所,不仅通过了 GJB 9001 认证,建立了完善的质量管理体系,而且在数字化建设中亦走在前列,已经实施了产品全寿命周期管理系统(Product Lifecycle Management,PLM,对产品从定义到使用再到最终报废等全寿命周期的产品数据信息进行管理)、企业资源计划系统(Enterprise Resource Planning,ERP,主要面向制造行业进行物质资源、资金资源和信息资源集成一体化管理的企业信息管理系统)。

即便如此,走在数字化转型前列的制造企业在实施数字化规划的初期,基本都会在不同程度上表现出业务场景描述能力不足的现象。这是由于早期开展此项工作的团队多由具备丰富 IT 知识的员工组成,而忽略了数字化是为业务服务这一本质。该研究所亦是如此,尽管在数字化规划中描述了数字化转型后的未来,但对业务场景在数字化中的实现手段缺乏全面的考虑。因此,对在先前实施 PLM、ERP 等系统时并未充分考虑技术状态更改、不合格控制、风险管理以及航空航天企业特有的质量归零、质量复查等管理要求,当 PLM 中的版本管理缺乏数据源、质量复查的记录无法溯源的时候,这一矛盾便凸显出来。更何况,在数字化大背景下,技术快速迭代,高效、科学的决策能力至关重要。摆在企业面前的质量管理不再是通过 GJB 9001 认证,而是要在"智能制造"的环境下更科学、更精准、更高效地进行产品创新、预防预警和过程控制,实现卓越的最终目标。

为此,X 研究所在当前数字化建设的基础上,提出了建设集成质量管理系统的思路,即:以精益质量管理思想为指导,依据全面质量管理原则和 GJB 9001 标准,构建一个基于信息化、网络化的覆盖产品全寿命周期质量管理的工作平台,实现企业对质量管理的"可知、可控、可管、可谋",从而有效提升企业的质量管理水平和产品的质量与可靠性。

在这一原则的指导下,规划了企业集成质量管理系统的功能构成,以系统管理平台作为集成接口并实现日志管理、权限管理和三员管理等功能,主体功能分为 7 大领域,每一个领域由多个系统构成，系统之间具有内部集成关系：

① 技术风险管理；

② 实现过程管理；

③ 质量成本管理；

④ 顾客满意管理；

⑤ 支持资源管理；

⑥ 质量体系基础管理；

⑦ 质量工具集；

⑧ 智能统计分析平台。

集成质量管理系统通过以上八大领域的设计，支持全面质量管理的愿景实现，如图 4-5 所示。

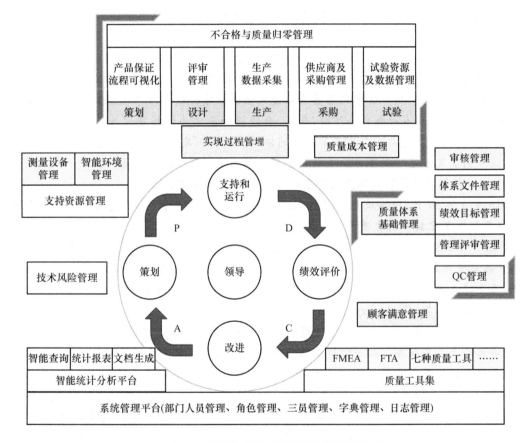

图 4-5　X 所集成质量管理系统的功能构成

X 研究所集成质量管理系统实施成功的关键是其由本企业具有丰富经验的质量管理人员主导设计，其开发则采用业内优秀的低代码平台实现，其实施则通过管理规章制度强制推行。在多管齐下的举措下，该系统为企业带来如下诸多价值：

(1) 协助组织的流程优化，进而实现协同的质量管理模式

① 嵌入先进的质量管理理念，改善了组织的流程；

② 建立了多层次、可异地分布的集成化解决方案，提升组织的管理效率，流程一键触发，

实现不同管理层次之间的信息协同处理;

③ 促进了质量管理业务的整合与重构;

(2) 基于智能生产模式,精确全面快速采集产品研制过程数据,实现了数据的全面共享和基于数据的决策

① 实现了设备、产品、人的物联,全面采集产品研制过程的数据;

② 规范散落的质量信息和数据并实现集中管理,任何部门、任何员工在授权许可下可获取所需的数据与信息;

③ 集成先进的数据分析技术和可视化分析技术,实时分析数据,为科学的决策提供依据;

④ 由经验导向的粗放式管理转变为数据导向的精益化管理。

(3) 提高了质量过程的控制能力,进而实现了以创新和预防为主的质量管理

① 对顾客、供应商等相关方进行全面管理,建立前后端融合的共同创新、供应的供应链;

② 技术风险管理纳入全过程,实现产品全寿命周期对风险的管控;

③ 利用嵌入的质量工具实时分析数据,实现过程波动的预警控制;

④ 集成改进工具和方法,改进信息的管理,规范科学地改进流程与技术。

值得一提的是,很多企业在着手数字化质量管理的时候,往往认为数字化质量管理是一套系统、一套平台,其实不然。数字化质量管理是用全面数字化的方法来实现对企业的全面质量管理,而全面质量管理本身即为全过程、全员、全组织和多方法的质量管理理念。反映在企业的数字化建设中,必然是由多个业务系统共同协作实现。而质量管理系统要实现什么功能、与其他系统如何实现信息的共享与集成则完全要根据企业实际情况进行设计。

例4.2 从基于流程到以客户为中心———华为的质量体系建设

2016年3月29日,中国质量领域最高政府性荣誉"中国质量奖"颁奖仪式在人民大会堂举行,华为获得了该奖项制造领域第一名的殊荣。

从2000年开始,华为进入了快速发展的通道,有了自己完整的产品体系。在这种高速增长中,产品质量问题突显,客户的抱怨声越来越大。针对这一问题,华为召开了一次"质量反思大会",着手建立自己的质量体系。集成产品开发(Integrated Product Development,IPD)和软件能力成熟度模型(Capability Maturity Model For Software,CMM)是华为质量体系建设的第一个阶段。IPD和CMM是全球通用的语言体系,有助于客户理解华为的质量体系,并可以接受华为的产品与服务。这一阶段帮助华为建立了基于流程来抓质量的管理模式。

随着华为的业务在欧洲大面积开展,新的问题出现了:每个国家用户需求不同、政府监管要求不同、行业质量标准也不同。华为渐渐意识到标准对质量管理的作用。伴随着欧洲业务成长起来的,是华为自己的一套"集大成的质量标准",这是华为质量体系建设的第二个阶段。在这个阶段,华为进一步在流程基础上,强化了标准对质量的要求,通过量化指标让产品得到客户的认可。经过多年摸索,华为现在已经可以在全球统一发布新款手机。

接下来,华为重点开拓到日本、韩国等市场,来自这些市场的客户的苛刻要求让华为对质量有了更深入的理解。在拓展欧美市场时,只要产品有一定的达标率就可以满足客户要求,就会被定义为好产品,但是到了日本却行不通。在日本客户看来,无论是百分之一、千分之一的缺陷,只要有缺陷就有改进的空间。在流程和标准之外,对质量有了更高的要求,这不仅需要一个大的质量体系,更需要一个企业质量文化的建设来完成。工匠精神、零缺陷、极致,这些词时时鞭策着华为员工。2007年4月,华为70多名中高级管理者召开了质量高级研讨会,以克

劳士比"质量四项基本原则"(质量的定义、质量系统、工作标准、质量衡量)为蓝本确立了华为的质量原则,这是华为质量体系建设的第三个阶段。

因为客户的需求在变,所以没有一套质量体系是可以一成不变的。完成了流程、标准、文化的纬度建设,华为又遇到了新问题:如何让客户更满意。此时,卡诺(Noriaki Kano)的质量观成为华为学习的新方向。卡诺定义了三个层次的用户需求:基本型需求、期望型需求和兴奋型需求,将客户满意与不满意标准引入质量管理领域。围绕客户满意度,华为的质量体系建设进入第四个阶段:以客户为中心的闭环质量管理体系。这就要求在质量零缺陷之外,要更加重视用户的体验。也正因为这个以客户为中心的闭环质量管理体系,使得华为获得了"中国质量奖",华为质量管理体系的持续建设升级,也正是体现了华为对于质量定义内涵的延拓和质量管理理念的发展。

4.4 本章小结

本章介绍了质量制度文化的概念和内涵,阐述了由国家法律法规、地方部门规章、组织制度文件所构成的质量制度体系,通过诚信和法制相结合的方式保证了工业生产的基本秩序,进而对组织质量管理体系的基本构成、基本原则,以及建立运行规则进行了说明。在质量管理过程中,质量制度一方面推广和固化那些得到验证的最佳质量实践,另一方面约束和避免那些不利于质量目标实现与质量观念相抵触的质量行为,使组织持续满足顾客要求的能力得以保持。

习题四

4.1 我国质量制度体系框架主要包括哪几个层次?试列举每个层次的典型制度文件。
4.2 质量管理包括哪七个基本原则?
4.3 标准化的基本原理是什么?
4.4 计量工作具有哪四个特点?
4.5 《产品质量法》明确的产品质量国家监督制度具体有哪三种?
4.6 自20世纪90年代开始,我国陆续制定了哪三个质量发展中长期规划?

第 5 章 质量物质文化与工具方法

> 子贡问为仁。子曰:"工欲善其事,必先利其器。居是邦也,事其大夫之贤者,友其士之仁者。"
>
> ——《论语·卫灵公》

5.1 质量物质文化概述

质量物质文化由一系列质量物质要素组成,为组织开展质量活动提供物质条件、信息环境等载体,是组织质量文化外在形象的具体体现。不论是质量精神文化还是质量制度文化,最终都通过一定的质量物质进行体现,质量物质文化是质量文化的物质基础,也是质量文化的最终表现。企业根据客观环境提出质量方针、制定质量目标,充分发挥技术能力和硬件设施等基础条件,提高生产经营能力和质量管理水平,形成稳定的产品和服务质量,保证产品和服务满足顾客需求。

质量物质文化建设是由相应的物质设施建设、质量宣传活动和群众性质量改进活动等来体现的,诸如质量管理小组、质量竞赛、质量评选、质量讨论、质量辩论、质量展览之类的质量文化活动。在质量物质文化建设中,组织成员在充分接受并认同企业质量价值观的基础上,将质量行为和制度物化到产品和服务质量上实现"物化于效",进而对顾客和社会产生积极主动的影响,增强顾客和成员的满意度和获得感,提升组织的质量形象,促进组织成员和相关方的共同发展。

5.1.1 质量物质和质量形象

质量物质首先体现在输出的具体产品和服务上;其次体现在技术能力和硬件设施等内部质量形象上,包括组织管理模式、工作环境条件、加工检测设备、厂房设施建筑、科学技术水平、人力资源状况等有形资产;另外还体现在外部质量形象上,包括企业的对外宣传、质量信誉、制服徽标、形象包装等无形资产。

1. 产品和服务质量

产品和服务的质量是指产品和服务满足顾客使用需求的能力,通过产品的适用性、经济性、可靠性、安全性和美观性等方面来综合反映。产品和服务质量的影响因素主要有产品的外观、使用性能、耐用性、功能、经济性、安全性和产品价格。对于不同的产品种类来说,各个因素的影响程度大不相同。因此,企业要打造良好的质量物质形象,必须分析产品和服务的具体特点,突出重点才能收到事半功倍的效果。

2. 内部质量形象

内部质量形象表现为基础设施能力、组织管理水平和员工素质。先进的基础设施可以大大提升组织质量工作的过程能力,高大的厂房、先进的设备、整洁的车间、码放整齐的原材料和半成品,会给人一种组织管理井然有序、产品质量放心可靠的感觉。规范的业务流程、有效的管理体系,一方面使产品质量保持稳定,持续给组织带来效益,另一方面也使质量活动有据可依,提高管理工作效率和成员提高产品质量的热情。内部质量形象的直接感受者是组织成员和进入组织的外来人员,对组织成员来讲,内部质量形象将直接影响组织成员本人对质量工作的热情和重视程度;对于进入组织的外来人员,内部质量形象直接影响其对该组织质量文化的整体判断,其直接作用将超过组织对外宣传和社会舆论的影响。

3. 外部质量形象

外部质量形象除了产品和服务的实际质量影响外,还受企业质量信誉、品牌形象宣传、组织承担的社会责任、代言人形象等多方面综合影响。首先,外部质量形象形成的基础是产品和服务的实际质量,无论企业有多少认证证书和奖励证书,顾客买到的产品如果存在质量问题,外部质量形象便会下降,潜在顾客也有可能流失,顾客对产品质量的感受,顾客之间对产品质量的评价,才是质量形象的根本,正所谓"金杯银杯不如顾客的口碑"。其次,质量信誉需要企业几代产品和多年经营才能逐步建立,质量信誉的建立依靠的关键不在于广告宣传,而是认认真真、踏踏实实地以对顾客负责的态度进行运营、一点一滴积累起来的。品牌形象和忠诚度是顾客在对组织满意度不断提高的基础上,形成的一种忠于该组织的情感倾向,这种倾向会促使顾客重复选择组织的产品或服务。再次,顾客在选择产品,特别是选择今后可能更新换代的产品时,企业实力及其责任担当也是一个重要的考虑内容,愿意承担社会责任的组织更容易在顾客心目中留下放心可靠的印象。最后,富有人格魅力的企业领导人、劳动模范、技术标兵、优秀员工或先进典型,也会为企业带来声誉,使消费者对企业的产品和服务质量产生信任,从而提升外部质量形象。组织树立良好的外部质量形象,不仅有助于赢得顾客,而且有利于获得社会认可,为组织可持续发展奠定基础。

5.1.2 质量形象塑造和评价

随着市场竞争的加剧,以质量形象为核心的质量竞争成为组织间竞争的主要形式,如何更好地塑造质量形象、提升竞争力,成为组织需要认真考虑的重要课题,下面介绍质量形象的塑造和评价管理。

1. 质量形象的战略管理

质量形象的塑造是一个长期的过程,需要从宏观战略上考虑。质量形象的战略管理,就是对质量形象进行长期塑造的策划并确定相应的策略,解决诸如组织应当塑造一个什么样的质量形象、如何塑造质量形象、各部门和相关人员如何协调塑造和维护质量形象之类的问题。质量形象战略是组织质量战略的一部分,它与市场开发战略、产品开发战略等密切相关。质量形象的战略管理关系到组织的生存和发展,是最高管理者的职责,应当纳入最高管理层的议事日程,定期进行质量形象审核和管理评审,适时修订相应的计划内容。最高管理者的个人形象往往又是组织质量形象的重要组成部分,也应当纳入到质量形象管理中来,必要时还应当由专门的人员对其进行设计和管理。

2. 质量形象的监视和测量

质量形象最终是由顾客和市场来决定和评判的,组织只有通过相应的监视和评测才能掌握其质量形象的变化趋势。ISO 9001标准要求,组织应对"顾客满意"进行监视和测量,"顾客满意"与质量形象密切相关,甚至可以说是企业质量形象的一个重要组成部分。质量保证的主要目的是取得顾客的信任,其关注焦点在于持续证实质量要求已经或能够达到。一般情况下,质量形象的监视和测量信息渠道包括从不同角度开展的质量评价。质量评价涉及范围很广,可以灵活选择评价对象和层次,其评价目标主要是为了对"顾客满意"进行监视和测量,发现组织中的质量问题,诊断引起质量问题的根源,并提出质量改进的具体目标和思路。

3. 质量评价

质量评价是采用相应的标准与方法评判特定对象(如组织的产品、过程或质量体系)的一组固有特性并得出评价结果的过程。因此,评价对象可以是产品实物质量、过程控制水平或质量管理体系的一组固有特性。质量评价主体一般可以是企业自身组织的合格评价(第一方评价)、顾客用户开展的接收评价(第二方评价)、或第三方评价机构进行的独立评价(第三方评价)。质量评价标准是根据评价目的,反映评价对象一组固有特性的尺度和界限,通常应明确可测量的基础和依据。质量评价结果可以包括评价对象是否满足要求、与标准的比较结果、存在问题与改进建议等。

① 产品质量评价。从顾客的观点出发,对已经加工完毕并通过检查、试验、交付的产品质量进行评价,以确定产品是否可以让顾客满意。产品质量评价需根据制定的产品质量标准进行,产品质量评价工作可由专门的机构来完成。

② 过程质量评价。过程质量评价是系统地对过程控制计划的质量、实施效果、改进措施进行评价的活动。其目的是研究和改善过程质量控制的现状,提高过程质量控制的有效性,通过评估过程能力及实物质量来实现对关键过程、关键特性质量的控制。

③ 体系质量评价。管理体系质量评价是对组织所实施的质量体系(或其要素)能否有效地达到规定的质量目标和顾客要求,进行的有计划的评价活动。其目的是评价质量管理体系的运行情况和实施质量管理体系各要素和程序的有效性。

接下来重点介绍在质量评价过程中开展质量数据处理、质量问题分析、质量控制和质量改进中常用的工具和方法。

5.2 质量控制基本工具

20世纪60年代,在导入先进的统计质量控制技术过程中,以石川馨博士为代表的日本质量学者做了大量本地化工作,将SPC技术融入QC活动必备的质量工具中,试图用简单的图表为改善过程提供数据支撑,用一种既严肃又活泼的方式强化统计技术在工业中的应用。调查表、散布图、直方图、排列图、控制图、因果图、分层法都属于质量控制的基本工具,这七种质量工具被作为常用的质量控制工具编纂在一起推广应用,后来被称为"QC老七种工具",这七种质量工具将质量管理思想与数学统计方法相结合,提供了产品质量控制和影响因素分析的技术工具,如表5-1所列。

表 5-1 QC 老七种工具

名称	功能	图示
调查表	分层收集数据而设计的图表,用来进行数据整理和粗略的原因分析	
散布图	研究两种因素数据之间的关系,来控制影响产品质量相关因素	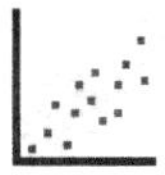
直方图	用数理统计方法整理、计算数据值,找出数据分布中心和散布规律	
排列图	将数据分项目排列作图,寻找关键因素,区别次要因素	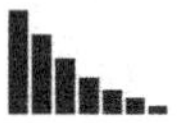
控制图	判断和预报生产过程中质量状况是否发生异常波动	
因果图	寻找造成质量问题的原因的一种简明有效的方法	
分层法	对质量数据进行预处理,再与其他质量工具结合使用来分析质量问题和影响质量的原因	

5.2.1 调查表

调查表(Data-collection Form)又叫检查表、核对表、统计分析表,是一种收集整理数据和粗略分析质量原因的统计图表工具。为了调查客观事物、产品和工作质量,或为了分层收集数据,把可能出现的情况及其分类预先列成调查表,在质量检查时只需在相应分类中进行统计,并可从调查表中进行粗略的整理和简单的原因分析,为下一步的统计分析与判断质量状况创造良好条件。在质量管理和 QC 小组活动、质量分析和质量改进活动中,调查表均得到了广泛的应用,在调查表上用检查标记或简单的符号记录数据,收集数据能反映数据之间的交互关系,对数据进行整理和分析之后,可以一目了然地发现问题。

1. 调查表的制作步骤

① 明确收集资料的目的。
② 确定为达到目的所需收集的资料。
③ 确定分析方法(如运用哪种统计方法)和负责人。
④ 根据目的不同,设计用于记录资料的检查表格式,其内容应包括:调查者,调查的时间、地点、方式,调查内容等。
⑤ 对收集和记录的部分资料进行预先检查,审查表格设计的合理性。
⑥ 如有必要,应评审和修改调查表格式。调查表的样式多种多样,可以根据需要灵活设

计调查的项目。

2. 调查表的类型

为了能够获得良好的效果、可比性和准确性,调查表格设计应简单明了,突出重点;应填写方便,符号好记;填写好的调查表要定时、准时更换并保存,数据要便于加工整理,分析整理后及时反馈。常用的调查表有如下 3 类:

（1）不良品调查表

不良品是产品生产过程中不符合图纸、工艺规程和技术标准的不合格品和缺陷品的总称,它包括废品、返修品和次品。不良品调查表有 3 种,第 1 种用于调查不良品的原因,第 2 种用于调查不良品项目,第 3 种用于调查不良品的类型。

① 不良品原因调查表。为了调查不良品原因,通常把有关原因的数据与其结果的数据一一对应地收集起来。记录前应明确检验内容和抽查间隔,以下是某车间机械零件不良品原因调查表,如表 5-2 所列。

表 5-2 不良品原因调查表

序号	抽样数	不良品数	批不良品率/%	不良品原因					
				操作不慎	机床原因	刀具影响	工 艺	材 料	其 他
1	1 000	3	0.3	1	1			1	
2	1 000	2	0.2	1		1			
3	1 000	3	0.3		2			1	
4	1 000	4	0.4	1			2		1
5	1 000	2	0.2	1				1	
6	1 000	1	0.1			1			
7	1 000	2	0.2		1	1			
合计	7 000	17	0.243	4	4	3	2	3	1

② 不良品项目调查表。一个工序或一种产品不能满足标准要求的质量项目,叫作不良品项目。不合格项目调查表主要用来调查生产现场不合格品项目频数和不合格品率,以便进一步分析、研究质量改进的措施。表 5-3 所列为某合成树脂成型工序的不良品项目调查表,对工作中出现的不良品进行了记录,当发生不良品项目时,操作人员就在相应栏内标记,清楚显示发生哪些不良品项目以及各种不合格项目数量,为下一步质量改进指出方向。

表 5-3 不良品项目调查表

不良品项目	不良品个数	合 计
表面缺陷	正正正正正正丁	32
砂眼	正正正正	20
加工不合格	正正正正正正正正正正	50
形状不合格	正	5
其他	正丁	7
合计		114

③ 不良品类型调查表。为了调查生产过程中出现了哪些不良品以及各种不良品的比例，可采用不良品类型调查表，表 5-4 就是一个不良品类型调查表。

表 5-4 不良品类型调查表

序 号	成品数	不良品数	不良品类型		
			废品数	次品数	返修品数
1	1 000	8	3	4	1
2	1 000	9	2	3	4
3	1 000	7	2	2	3
4	1 000	8	1	3	4
5	1 000	7	1	2	4
合计	5 000	39	9	14	16

(2) 缺陷位置调查表

缺陷位置调查表可用来记录、统计、分析不同类型的外观质量缺陷所发生的部位和密集程度，进而从中找出规律性，为进一步调查或找出解决问题的办法提供事实依据，缺陷位置调查表是工序质量分析中常用的方法。很多产品中都会存在"气孔""疵点""碰伤""砂眼""脏污""色斑"等外观质量缺陷，调查表的做法是：画出产品示意图或展开图，并规定不同的外观质量缺陷的表示符号。然后逐一检查样本，把发现的缺陷，按规定的符号在同一张示意图中的相应位置上标记出来。这样，这张缺陷位置调查表就记录了这一阶段所有样本的缺陷分布位置、数量和集中部位，便于进一步发现问题，分析原因，采取改进措施。

(3) 质量分布调查表

根据以往的资料，将某一质量特性项目的数据分布范围划分成若干区间，制成质量分布调查表，用以记录和统计质量特性数据在某一区间的频数。做完调查表就可研究工序质量分布状态，如果分布不是所期望的类型或出现异常状态，那么就要查明原因，采取必要的措施以便改进。

5.2.2 散布图

散布图（Scatter Diagram）又称相关图，即将一对数据看成直角坐标系中的一个点，多对数据得到多个点组成的图形即为散布图，如图 5-1 所示。散布图是描绘两种质量特性值之间相关关系的分布状态的图形，可直观简便地分析研究两个质量特性之间的相关性。用散布在直角坐标系上的点表示两个变量之间的相关关系，通过直观地观察点的分布状态，不但可以得到定性因素的相关性结论，而且可以通过观察剔除异常数据，从而提高用数学计算法估算相关程度的准确性。

一切客观事物总是相互联系的，每一事物都与它周围的其他事物相互联系，互相影响。产品质量特性与影响质量特性的诸因素之间、一种特性与另一种特性之间也是相互联系、相互制约。反映到数量上，就是变量之间存在着一定的关系。这种关系一般说来可分为确定性关系和非确定性关系。所谓

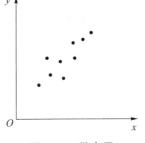

图 5-1 散布图

确定性关系,是指变量之间可以用数学函数确切地表示出来,也就是由一个自变量可以确切地计算出唯一的一个因变量。在实际中,由于影响一个量的因素通常很多,其中有些是人们一时还没有认识或掌握的,再加上存在随机误差,所有这些因素的综合作用,就造成了变量之间关系的不确定性。通常,产品特性与工艺条件之间,试验结果与试验条件之间,也存在非确定性关系。把变量之间这种既有关,但又不能由一个或几个变量完全确定另一个变量的这种关系,称为非确定性关系(相关关系)。

1. 散布图做法

① 选定对象。可以选择质量特性值与因素之间的关系,也可以选择质量特性与质量特性值之间的关系,或者是因素与因素之间的关系。

② 收集成对数据(x,y)。一般需要收集成对的数据 30 组以上。数据必须是一一对应的,没有对应关系的数据不能用来做散布图。

③ 画出横坐标与纵坐标,确定特性值标度。一般横坐标 x 表示自变量特性,纵坐标 y 表示因变量特性。进行坐标轴的分计标度时,应先求观察数据 x 与 y 的各自最大值与最小值。划分间距的原则是:应使 x 最小值至最大值(在 x 轴上的)的距离,大致等于 y 最小值至最大值(在 y 轴上的)的距离。其目的是使两个轴的长度大致相等。

④ 根据每一对数据的数值逐个画出各组数据的坐标点。

⑤ 分析判断选定对象的点子云的分布状况,确定相关关系的类型和程度。

2. 散布图的类型

散布图的类型主要是看点的分布状态,判断自变量 x 与因变量 y 有无相关性。两个变量之间的散布图的图形形状多种多样,归纳起来有 6 种类型,如图 5-2 所示。

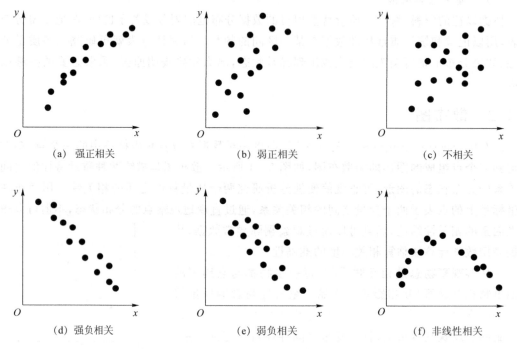

图 5-2 散布图的 6 种典型形状

① 强正相关的散布图,如图 5-2(a)所示,其特点是 x 增加,导致 y 明显增加。说明 x 是影响 y 的显著因素,x 与 y 相关关系明显。

② 弱正相关的散布图,如图 5-2(b)所示,其特点是 x 增加,也导致 y 增加,但不显著。说明 x 不是唯一影响 y 的因素,x 与 y 之间有一定的相关关系。

③ 不相关的散布图,如图 5-2(c)所示,其特点是 x 与 y 之间不存在相关关系,说明 x 不是影响 y 的因素,要控制 y,应寻求其他因素。

④ 强负相关的散布图,如图 5-2(d)所示,其特点是 x 增加,导致 y 减少,说明 x 是影响 y 的显著因素,x 与 y 之间相关关系明显。

⑤ 弱负相关的散布图,如图 5-2(e)所示,其特点是 x 增加,也导致 y 减少,但不显著。说明 x 不是唯一影响 y 的因素,x 与 y 之间有一定的相关关系。

⑥ 非线性相关的散布图,如图 5-2(f)所示,其特点是 x 与 y 之间虽然没有通常所指的那种线性关系,却存在着某种非线性关系。图形说明 x 仍是影响 y 的显著因素。

5.2.3 直方图

直方图(Histogram)也称质量分布图、频数图,是通过对测定或收集来的数据加以整理,来判断和预测生产过程质量和不合格品率的一种常用工具。将搜集到的质量特征数据(即样本数据)进行整理,用一系列等宽的矩形来描述数据分布情况,各矩形底边相等称为数据区间,矩形的高为数据落入各相应区间的频数,变化的高度即表示数据的分布,从而显示数据变化的规律。控制图用来观察过程随时间变化的趋势情况,而直方图则以频率的形式提供了过程数据随空间变化的分布情况。

在生产实践中,尽管收集到的各种数据含义不同、种类有别,但都具有一个基本特征:它们都具有分散性。例如:同一批机加工零件的几何尺寸不可能完全相等,同一批材料的机械性能各有差异,同一根金属软管各段的疲劳寿命互不相同,等等。数据的分散性是产品质量本身的差异所致,是由生产过程中条件变化和各种误差造成的(即使条件相同、原料均匀、操作谨慎,生产出来的产品质量数据也不会完全一致)。但是这仅是数据特征的一个方面。另一方面,如果收集数据的方法恰当,收集的数据又足够得多,经过仔细观察或适当整理,可以看出这些数据并不是杂乱无章的,而是呈现出一定的规律性。要找出数据的这种规律性,最简洁易行的办法就是通过直方图了解产品质量的分布状况、平均水平和分散程度。这有助于判断生产过程是否稳定正常,分析产生产品质量问题的原因,预测产品的不合格品率,提出提高质量的改进措施。

1. 直方图的作图步骤

① 收集数据。收集数据就是随机抽取 50 个以上的质量特性数据,而且数据越多做直方图效果越好。表 5-5 是收集到的某产品的质量特性数据,其样本大小为 $n=100$。

② 找出数据中的最大值、最小值并计算极差值。数据中的最大值用 $x_{\max}$ 表示,最小值用 $x_{\min}$ 表示,极差用 R 表示。根据上表中的数据可知,$x_{\max}=63$,$x_{\min}=38$,$R=x_{\max}-x_{\min}=25$。

表 5-5 质量特性实测数据表

数 值									
61	55	58	39	49	55	50	55	55	50
44	38	50	48	53	50	50	50	50	52
48	52	52	52	48	55	45	49	50	54
45	50	55	51	48	54	53	55	60	55
56	43	47	50	50	50	57	47	40	43
54	53	45	43	48	43	45	43	53	53
49	47	48	40	48	45	47	52	48	50
47	48	54	50	47	49	50	55	51	43
45	54	55	55	47	63	50	49	55	60
45	52	47	55	55	56	50	46	45	47

③ 确定组数和组距。组数一般用 k 表示,组距一般用 h 表示。根据数据的个数进行分组,分组多少的一般原则是数据量在 50 以内则 k 取值 5～7,数据量在 50～100 时 k 取值 7～10,数据量在 100～250 时 k 取值 10～20。一般情况下数据呈正态分布的对称形,故常取 k 为奇数,本例 k 取值为 9,即分为 9 组。

组距 h 就是组与组之间的间隔,通过极差除以组数进行计算,为方便画图故计算结果取整,即

$$h=\frac{x_{\max}-x_{\min}}{k}=\frac{63-38}{9}=2.78\approx 3$$

④ 确定各组的组限值。组的上、下界限值称为组限值。从全部数据的下端开始,每加一次组距就可以构成一个组的界限。在划分组限前,必须明确端点的归属,故在确定组限前,只要比原始数据中的有效位数多取一位,则不存在端点数据的归属问题。本例最小值为 38,则第一组的组限值应该为(37.5,40.5),以后每组的组限值依次类推。

⑤ 统计各组频数及频率。频数就是实测数据处在各组中的个数,频率就是各组频数占样本大小的比重。统计结果如表 5-6 所列。

表 5-6 频数统计表

组 号	组界限	频 数	累计频数	累计频率/%
1	37.5～40.5	3	3	3
2	40.5～43.5	7	10	10
3	43.5～46.5	10	20	20
4	46.5～49.5	23	43	43
5	49.5～52.5	25	68	68
6	52.5～55.5	24	92	92
7	55.5～58.5	4	96	96
8	58.5～61.5	3	99	99
9	61.5～64.5	1	100	100

⑥ 画直方图。以各组序号为横坐标,频数为纵坐标,组成直角坐标系,以各组的频数多少为高度做一系列直方形,即可得到直方图,如5-3所示。

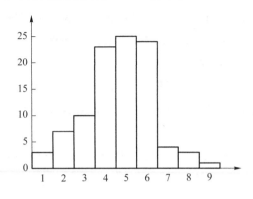

图5-3 直方图

2. 直方图的几种典型形状

直方图能比较形象、直观、清晰地反映产品质量分布情况。观察直方图时,应该着眼于整个图形的形态,对于局部的参差不齐不必计较。根据形状判断它是正常型还是异常型,正常情况下,由相同生产条件得到的数据做成的直方图,其形状是"中间高,两边低,左右近似对称"。而异常的直方图如孤岛型、偏态型、平顶型,对于异常型直方图则要进一步判断它是哪种类型,以便分析原因,采取措施。

常见的直方图形状大体有8种,如图5-4所示。

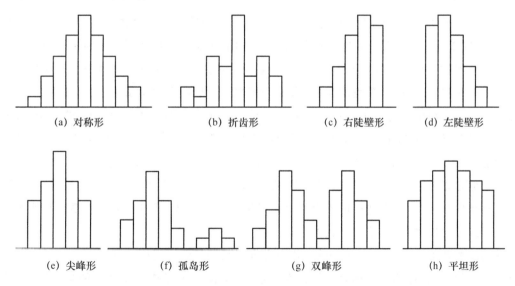

图5-4 直方图的典型形状

① 对称形,如图5-4(a)所示。对称形直方图是中间高、两边低、左右基本对称,符合正态分布。这是从稳定正常的过程中得到的数据做成的直方图,这说明过程处于稳定状态(统计控制状态)。

② 折齿形,如图5-4(b)所示。折齿形直方图像折了齿的梳子,出现凹凸不平的形状,这多数是因为测量方法或读数有问题,也可能是作图时数据分组不当引起的。

③ 陡壁形,如图5-4(c)和(d)所示。陡壁形直方图像高山陡壁,向一边倾斜,一般在产品质量较差时,为得到符合标准的产品,需要进行全数检验来剔除不合格品。当用剔除了不合格品后的产品数据作直方图时,容易产生这种类型。

④ 尖峰形,如图5-4(e)所示。尖峰形直方图的形状与对称形差不多,只是整体形状比较单薄,这种直方图也是从稳定正常的工序中得到的数据做成的直方图,这说明过程处于稳定状态。

⑤ 孤岛形,如图5-4(f)所示。孤岛形直方图旁边有孤立的小岛出现。原材料发生变化,刀具严重磨损,测量仪器出现系统偏差,短期内由不熟练工人替班等原因,容易产生这种情况。

⑥ 双峰形,如图5-4(g)所示。双峰形直方图中出现了两个峰,这往往是由于将不同原料、不同机床、不同工人、不同操作方法等加工的产品混在一起所造成的。此时应进行分层。

⑦ 平坦形,如图5-4(h)所示。平坦形直方图没有突出的顶峰,顶部近乎平顶,这可能是由于多种分布混在一起,或生产过程中某种缓慢的倾向在起作用。如工具的磨损,操作者的疲劳的影响,质量指标在某个区间中均匀变化。

直方图适用于对大量计量值数据进行整理加工,找出其统计规律,判断生产过程的稳定性,通过观察图形的散布范围和形状,以便对其总体的分布特征进行分析,及时采取应对措施。

5.2.4 排列图

排列图(Pareto chart)又叫帕累托图或主次因素排列图,它是从大量数据中找出主要因素,分析主要矛盾,从而将质量改进项目从最重要到最次要顺序排列而采用的一种简单的图示技术。排列图建立在帕累托原理的基础上,帕累托原理是19世纪意大利经济学家在分析社会财富的分布状况时发现的"关键的少数、次要的多数"的结论:国家财富的80%掌握在20%的人的手中。从生活中的许多事件得到印证:生产线上80%的故障,发生在20%的机器上;企业中由员工引起的问题当中80%是由20%的员工所引起的;80%的结果归结于20%的原因。如果知道产生80%收益的,究竟是哪20%的关键付出,那么就能事半功倍了。后来,质量管理专家朱兰把帕累托原理应用到质量管理中,发现尽管影响产品质量的因素有许多,但关键的因素往往只是少数几项,它们造成的不合格品占总数的绝大多数,通过区分最重要和其他次要的项目,就可以用最少的努力获得最大的改进。

排列图由两个纵坐标,一个横坐标,几个直方图和一条曲线组成。如图5-5所示,左边的纵坐标表示频数,右边的纵坐标表示累计百分数,横坐标表示影响产品质量的各个因素,按影响程度的大小从左至右排列;直方形的高度表示某个因素影响大小;曲线表示各因素影响大小的累计百分数,这条曲线称为帕累托曲线。通常将累计百分数分为3个等级,累计百分数在0~80%的因素为A类,显然它是主要因素;累计百分数在80%~90%的因素为B类,是次要因素;累计百分数在90%~100%的为C类,在这一区间的因素为一般因素。

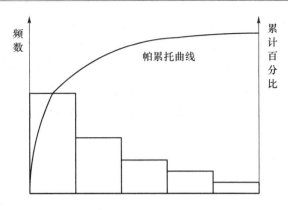

图 5-5 排列图的形式

1. 排列图的绘图步骤

① 选择要进行质量分析的项目。例如对某产品进行质量检验,并对其中的不合格品进行原因分析,共检查了 7 批,对每一件不合格品分析原因后列在表 5-7 中。

表 5-7 不合格原因调查表

批 号	检查数	不合格品数	产生不合格品的原因					
			操作	设备	工具	工艺	材料	其他
1	5 000	16	7	6	0	3	0	0
2	5 000	88	36	8	16	14	9	5
3	5 000	71	25	11	21	4	8	2
4	5 000	12	9	3	0	0	0	0
5	5 000	17	13	1	1	1	1	0
6	5 000	23	9	6	5	1	0	2
7	5 000	19	6	0	13	0	0	0
合计	频数	246	105	35	56	23	18	9
	频率	1.000	0.427	0.142	0.228	0.093	0.073	0.037

② 列频数统计表。将表 5-7 中的数据按频数或频率大小顺序重新进行排列,频数最大的排在最上面,依次类推,"其他"排在最后,然后再加上一列"累积频率"便得到频数统计表 5-8。

表 5-8 排序后频数统计表

原 因	频 数	频 率	累积频率
操作	105	0.427	0.427
工具	56	0.228	0.655
设备	35	0.142	0.797
工艺	23	0.093	0.890
材料	18	0.073	0.963
其他	9	0.037	1.000
合计	246	1.000	—

③ 画排列图。在坐标系的横轴上从左到右依次标出排序后频数统计表中的各个原因，"其他"这一项放在最后，在坐标系上左右分别设置两条纵坐标轴，在左边的纵坐标轴上标上频数，在右边的纵坐标轴的相应位置上标出频率。然后在图上每个原因项的上方画一个矩形，其宽度相等，高度等于相应的频数。在每一矩形的上方中间位置描一个点，其高度为该原因造成不合格品的累积频数，并从原点开始把这些点连成一条光滑曲线，称这条曲线为累积频率曲线，也叫帕累托曲线，如图 5-6 所示。

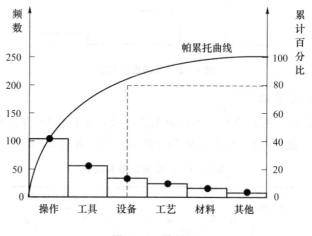

图 5-6 排列图

④ 确定主要原因。根据累积频率在 0～80% 之间的因素为主要因素的原则，可以在频率为 80% 处画如图所示的水平线和竖线，在该竖线左侧的折线部分对应的原因便是主要因素。从图 5-6 可以看出，造成不合格品的主要原因是操作、工具与设备，要减少不合格品应该从这 3 个方面着手。

2. 应用范围

排列图不仅可以用来分析产品质量问题的原因，也可以用排列图解决其他问题。例如不同应用部门也可以按照不同分类项目广泛使用排列图，其使用范围具体如下：

① 设计开发部门。将开发或设计所投入的时间、资金、人工等，按照产品类别、顾客类别、标准规范类别等分类方法，构建排列图开展分析。

② 技术制造部门。将作业时间、设备运转及停止时间、设备故障数、维修时间、等待时间或因此产生的费用等，按照产品类别、工种类别、人员类别等分类方法，构建排列图开展分析。

③ 质量检查部门。将检查资源投入、检查数量、不良件数、不合格数、市场投诉件数、返工返修件数等，按照产品类别、工种类别、作业者类别等分类方法，构建排列图开展分析。

④ 维修保障部门。将设备、机械的故障件数、修理时间、油电气资源消耗量、维修保障的工时费用等，按照部门类别、工种类别、时间类别等分类方法，构建排列图开展分析。

⑤ 销售部门。将销售额/数量、投诉件数、质量损失金额等，按照地域类别、商家类别、代理店类别、商品类别等分类方法，构建排列图开展分析。

⑥ 采购部门。将采购金额/数量、进货不良率、退换金额等，按照采购品类别、供货商类别等分类方法，构建排列图开展分析。

⑦ 仓库部门。将库存数量、占用库存时间、库存成本,按照零部件种类以及品种类别、使用部门类别、存放位置类别等分类方法,构建排列图开展分析。

⑧ 管理部门。将人力劳务费、问题数及其解决数、损失利润额、各种经费预算、出勤率或加班时间等,按照周、月、年等时间类别,部门、科室等单位类别,以及产品、项目种类等进行分类,构建排列图开展分析。

在各类管理中运用排列图,就是根据"关键的少数、次要的多数"的原理,对有关数据进行分类排列,用图形表明影响质量的关键因素,便可知道哪个因素对质量的影响最大,改善质量的工作应从哪里入手解决问题最为有效,经济效果最好。

5.2.5 控制图

控制图(Control Chart)是一种有控制界限的图,最早是由休哈特(W.A.)在1925年提出的,又称质量管控图。控制图监控过程质量数据随时间的变化,并利用统计学方法区分引起质量波动的是偶然原因还是系统原因,从而分析判断生产过程是否处于受控状态的工具。控制图是由一条中心线(Central Line,CL)、位于 CL 上方和下方的上控制界限(Upper Control Limit,UCL)和下控制界限(Lower Control Limit,LCL)和描在图上代表按时间顺序抽取的质量特性值的点组成。UCL、CL 与 LCL 统称为控制线,若控制图中的描点落在 UCL 与 LCL 之外或描点在 UCL 与 LCL 之间的排列不随机,则表示出现了异常波动。

控制图实质上是统计学中假设检验方法的应用,是根据有限的样本信息来判断总体是否具有指定的分布特征,质量控制过程就是利用样本统计量检验总体的均值 μ 和标准差 σ 是否发生显著性变化的过程。控制图的主要作用有:判断生产过程的稳定性、及时发现生产过程中的异常现象和缓慢变异。因此,控制图可以在过程波动刚刚产生甚至将要产生的时候就能报警。另外,根据控制图的模式特征还可以推断波动的特征以及大致的原因。

1. 常规控制图的分类

常规控制图的种类很多,一般按数据的性质分成计量控制图和计数控制图两大类。这两大类中常用的各种控制图如表 5-9 所列。

表 5-9 常规控制图的分类及应用

序号	质量数据分布形式	控制图名称	代号	图名	中心线	控制界限	标准	应用范围
1	正态分布（计量值数据）	均值-极差控制图	$\bar{x}-R$	$\bar{x}$ 图	$\bar{\bar{x}}$	$\bar{\bar{x}} \pm A_2\bar{R}$	GB/T 4091.2	计量值数据控制,检出力较强
				R 图	$\bar{R}$	$D_4\bar{R}, D_3\bar{R}$		
2		均值-标准差控制图	$\bar{x}-S$	$\bar{x}$ 图	$\bar{\bar{x}}$	$\bar{\bar{x}} \pm A_3\bar{S}$	GB/T 4091.3	计量值数据控制,检出力最强
				S 图	$\bar{S}$	$B_4\bar{S}, B_3\bar{S}$		
3		中位数-极差控制图	$\tilde{x}-R$	$\tilde{x}$ 图	$\bar{\tilde{x}}$	$\bar{\tilde{x}} \pm A_4\bar{R}$	GB/T 4091.4	计量值数据控制,检验时间应短于加工时间
				R 图	$\bar{R}$	$D_4\bar{R}, D_3\bar{R}$		
4		单值-移动极差控制图	$x-R_S$	x 图	$\bar{x}$	$\bar{x} \pm 2.66\bar{R}_S$	GB/T 4091.5	计量值数据控制,用于一定时间内只能取得一个数据的场合
				R_S 图	$\bar{R}_s$	$UCL=3.267\bar{R}_S$		

续表 5-9

序号	质量数据分布形式	控制图名称	代号	图名	中心线	控制界限	标 准	应用范围
5	二项分布（计件值数据）	不合格品率控制图	p	p图	$\bar{p}$	$\bar{p} \pm 3\sqrt{\bar{p}(1-\bar{p})/n}$	GB/T 4091.6	关键件全检场合
6		不合格品数控制图	p_n	p_n图	$\bar{p}_n$	$\bar{p}_n \pm 3\sqrt{\bar{p}_n(1-\bar{p})}$	GB/T 4091.7	零部件的样本容量一定的场合
7	泊松分布（计点值数据）	单位缺陷数控制图	μ	μ图	$\bar{\mu}$	$\bar{\mu} \pm 3\sqrt{\bar{\mu}/n}$	GB/T 4091.8	全数检验单位缺陷数的场合
8		缺陷数控制图	c	c图	$\bar{c}$	$\bar{c} \pm 3\sqrt{\bar{c}}$	GB/T 4091.9	要求每次检验样本容量一定的场合

2. 控制图的制作步骤

不同的控制图的制作过程大同小异，可概括为 5 个步骤。

① 明确目的。应首先明确控制图的使用目的。通常控制图有分析用的和控制用的两种用途：前者对过程的质量特性数据进行分析以掌握过程的质量状态，称为分析用控制图，利用分析用控制图对已经完成的生产过程进行分析，以此评估该过程是否处于稳定受控状态，也可以利用分析用控制图确认改进的效果；后者用于判断生产过程是否出现了异常情况，称为控制用控制图，利用控制用控制图对正在进行的生产过程实施质量控制，预防不合格品的产生、发现过程异常点，追查原因并加以消除，使过程恢复稳定受控状态，以保持过程的稳定状态。

② 收集数据。确定过程控制对象的生产过程条件，在过程能力充足的条件下，连续采集过程数据，一般按收集的时间顺序将数据分为 20~25 组，每组样本容量相同（通常是 4 或 5），数据总数不小于 100。

③ 确定控制界限。求得每组样本质量特性值统计量的观测值，计算所有样本组中这些观测值的平均值，根据算得的平均值确定控制图的中心线（CL）、上控制界限（UCL）及下控制界限（LCL）。

④ 绘制控制图。根据所得控制图的中心线及上下控制界限，绘制控制图。在日常生产活动中，对随机间隔取样并进行测量和计算，在控制图上描点并观察分析过程状态。如无异常现象，则维持现状进行生产；如出现质量波动的信息，应采取措施消除异常；如果出现质量提高的信息，应总结经验，进行标准化和制度化。

⑤ 控制图的使用和改进。在实际使用中，为使控制图的控制界限能反映生产过程的实际质量状况，应定期查验过程能力，修订控制界限，以确保控制图进行质量控制的效果。

5.2.6 因果图

因果图（Cause and Effect Diagram），是由日本质量管理学者石川馨（Kaoru Ishikawa）在 1943 年提出的，所以也称为石川图。因果图是描述、整理、分析通过头脑风暴法产生的质量问题（结果）与质量因素（原因）之间的关系，并将它们之间用箭头联系起来表示因果关系，按相互关联性整理而成的层次分明、条理清楚的图形，因其形状如鱼刺，故又称鱼刺图（Fishbone Diagram）。通过对质量问题进行全面系统地整理和分析，明确质量特性因素的波动与质量问题之间的因果关系,通过定量评价特性因素对质量问题的影响程度并对其进行排序,从而确定质量问题发生的主要原因。

质量管理的目的是减少不合格品,保证和提高产品质量,降低成本和提高效率,控制产品质量和工作质量的波动以提高经济效益。但是在实际设计、生产和各项工作中,常常出现质量问题,为了解决这些问题,就需要查找原因,考察对策,采取措施,解决问题。影响产品质量的原因,有时是多种多样、错综复杂的,概括起来,有两种互为依存的关系,即平行关系和因果关系。如能找到质量问题的主要原因,便可针对这种原因采取措施,使质量问题迅速得到解决。假如这些问题能用排列图定量分析,这当然很好。但是有时存在困难,例如,很难把引起质量问题的各种原因的单独影响区分开来,因为它们的作用往往是交织在一起的。因果图是用来分析影响产品质量各种原因的一种有效的定性分析方法。

因果图是利用头脑风暴法的原理,集思广益,寻找影响质量、时间、成本等问题的潜在因素,是从产生问题的结果出发,首先找出产生问题的主要原因,然后再通过主要原因找出次要原因,再进一步找出小原因,依次类推下去,步步深入,一直找到能够采取措施为止。

1. 因果图的做法

通过实例介绍因果图的具体画法。例如,某雷达总装过程焊缝质量未达到预定标准,希望通过因果图找出导致焊缝质量不合格的原因,以便采取针对性措施加以解决。

① 确定待分析的质量问题,将其写在最右侧的方框内,画出一条主干,箭头右端指向方框。如图5-7所示,确定"焊缝质量不合格"作为待分析的质量问题,在它的左侧画一个自左向右的粗箭头。

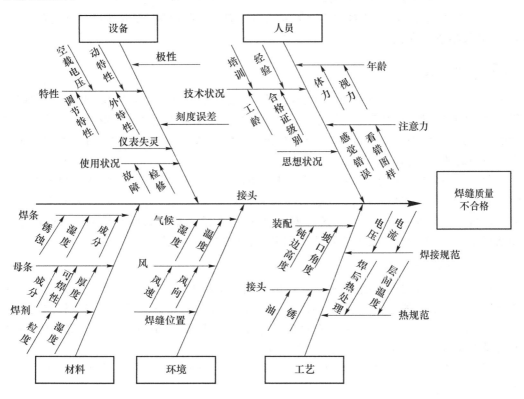

图 5-7 焊缝质量不合格的因果图

② 确定影响该质量问题的原因分类方法。一般分析工序质量问题，常按其影响因素：人、机、料、法、环五大因素，即造成焊缝质量不合格的原因可以具体分成使用人员、设备、材料、工艺及环境五大类，写在最上和最下侧的方框内，并画相应的分枝，箭头指向主干。

③ 将各分类原因分别进一步展开，每个分支表示各原因类别中造成质量问题的所有更深层次的原因。作图时，下一层次分枝箭头指向上一层次分枝，将原因记在分枝线条上。

④ 进一步分析，逐类细分找出导致它们质量不好的原因，用粗细不同，长短不一的箭头表示，细分到能采取具体措施为止。

⑤ 分析图上标出的原因是否有遗漏，从末端措施因素中选取和识别少量（一般3～5个）对结果有最大影响的原因（一般称重要因素，简称要因），开展进一步的质量改进，如收集资料，论证、试验、控制等。

⑥ 注明因果图的名称、绘图者、绘图时间、参与分析人员等。

2. 画因果图注意事项

① 画因果图时需要广泛收集数据，充分发扬民主，畅所欲言，各抒己见，集思广益，把每个人的建议都一一记录在图上。

② 确定要分析的主要质量问题（特性），不能笼统，要具体，不宜在一张图上分析若干个主要质量问题，也就是说，一个主要质量问题只能画一张图，多个质量问题则应画多张因果图，即因果图只能用于单一问题的研究分析。

③ 因果关系的层次要分明。最高层次的原因应寻求到可以直接采取措施为止。

④ 主要原因一定要确定在末端因素（最深层次的因素）上，而不应确定在中间过程上。

⑤ 主要原因可用排列图、投票或试验验证等方法进行论证，然后标记。

⑥ 画出因果图后，就要针对主要原因列出对策表。包括原因、改进项目、措施、负责人、进度要求、效果检查和存在问题等。

5.2.7 分层法

分层法(Stratification)又称分类法、分组法，是根据使用目的按照性质、来源、影响因素等进行分类（如时间、地点、材料、方法、设备、操作人员等），把搜集到的大量有关某一特定主题的统计数据先归类、整理和汇总，再进行质量分析的一种方法，也就是把性质相同、在同一生产条件下收集到的质量数据归为一类。

引起质量问题的原因多种多样，因此搜集到的质量数据往往带有综合性。为了能真实地反映产品质量问题的实质原因和变化规律，就必须对质量数据进行适当归类和整理。分层法是分析产品质量原因的一种常用的统计方法，它能使杂乱无章的数据和错综复杂的因素系统化和条理化，有利于找出主要的质量原因和采取相应的技术措施。

1. 常用的分层方法

分层法有一个重要的原则：使同一层内的数据波动幅度尽可能小，而层与层之间的差别尽可能地大。分层的目的不同，分层的标志也不一样。一般说来，分层可采用以下标志进行：

① 根据操作人员分层。当被调查对象的作业方法相同，但是由不同人负责完成，此时可按不同操作人员、年龄、工级和性别等对调查数据进行分组。

② 根据机器分层。当产品（或零部件）使用不同生产线、机器、设备类型、模具时，可以按设备将数据进行分组。

③ 根据原材料分类。当产品（或零部件）使用的原材料的产地、批号、制造厂、规范、成分

不同时,根据原材料进行分组。

④ 根据作业方法来分类。当作业顺序、工艺要求、操作参数、操作方法和生产速度不同,此时根据作业方法将数据进行分组。

⑤ 根据时间段来分类。当制造的产品(或零部件)是不同班次、日期生产的,可根据时间段进行分组。

⑥ 根据厂家来分类。当零部件或产品由不同厂家供货,可以按厂家不同进行分组。

⑦ 根据环境来分类。同样现象可能发生在产品的不同位置、场所、环境条件时,按环境不同进行分组。

2. 分层法的应用步骤

分层法通常与其他质量工具结合使用,将数据分层之后再进行加工整理,形成分层直方图、分层排列图、分层控制图、分层散布图、分层因果图等。下面通过实例介绍分层法的应用步骤。

① 收集数据。

例如,某柴油机装配厂的气缸体与气缸垫之间经常发生漏油现象,为解决这一质量问题,对该工序进行现场统计。被调查的 50 台柴油机,有 19 台漏油,漏油率为 38%。

② 将采集到的数据根据目的不同选择分层标志。

通过分析,认为造成上述质量问题(漏油)有两个原因:一是该工序涂密封剂的工人 A、B、C 三人的操作方法有差异;二是气缸垫分别由甲、乙两厂供应,原材料有差异。

③ 分层并归类分析。

为了弄清究竟是什么原因造成漏油或找到降低漏油率的方法,将数据进行分层。先按工人进行分层,得到的统计情况如表 5-10 所列。然后按气缸垫生产厂家进行分层,得到的统计情况如表 5-11 所列。

表 5-10 按操作工人分层统计表

操作者	漏 油	不漏油	漏油率/%
A	6	13	32
B	3	9	25
C	10	9	53
合计	19	31	38

表 5-11 按气缸生产厂家分层统计表

供应厂	漏 油	不漏油	漏油率/%
甲	9	14	39
乙	10	17	37
合计	19	31	38

由上面两个表格可以得出这样的结论:为降低漏油率,应采用操作者 B 的操作方法,因为操作者 B 的操作方法的漏油率最低;应采用乙厂提供的气缸垫,因为它比甲厂的漏油率低。

实际情况是否如此,还需要通过更详细的分层分析。下面同时按操作工人和气缸垫生产厂家分层,如表 5-12 所列。

表 5-12 综合分层的统计表

操作		气缸垫材料		合计
		甲厂	乙厂	
操作者 A	漏油	6	0	6
	不漏油	2	11	13
操作者 B	漏油	0	3	3
	不漏油	5	4	9
操作者 C	漏油	3	7	10
	不漏油	7	2	9
合计	漏油	9	10	19
	不漏油	14	17	31
共计		23	27	50

如果按照上面的结论,采用操作者 B 的操作方法和乙厂的气缸垫的话,漏油率为 3/7＝43%,而原来的是 38%,所以漏油率不但没有下降,反而上升了。因此,这样的简单分层是有问题的。正确的方法应该是:①当采用甲厂生产的气缸垫时,应推广采用操作者 B 的操作方法。②当采用乙厂生产的气垫缸时,应推广采用操作者 A 的操作方法。这时它们的平均漏油率为 0%。因此运用分层法时,不宜简单地按单一因素分层,必须考虑各因素的综合影响效果。

5.3 质量管理基本工具

"QC 老七种工具"的特点是强调用数据说话,重视对工业过程的质量控制。在实际的生产过程中,还需要对文字等非格式化资料进行定性分析,做出规划与决策。1972 年日本科学家与工程师联盟组织专家运用运筹学或系统工程的原理和方法开展了多年的研究和现场实践,于 1979 年正式提出"QM 新七种工具",该方法不是替代"QC 老七种工具",而是进一步丰富质量方法。"QM 新七种工具"由关联图、亲和图、系统图、矩阵图、矩阵数据分析法、过程决策程序图法等质量工具构成,重点用于整理、分析语言文字资料,解决全面质量管理中 PDCA 循环的 P(计划)阶段的有关问题,帮助管理人员整理问题、展开质量方针和目标、安排时间进度,各种工具及简介如表 5-13 所列。

表 5-13 QM 新七种工具

名称	功能	图示
箭条图	安排和编制最佳日程计划,有效地实施进度管理的一种科学管理方法	
过程决策程序图法	为了实现某个目标,在制定计划或方案时,预测可能出现的障碍和结果,并相应地提出多种应变计划的一种方法	

续表 5-13

名　称	功　能	图　示
系统图	把要实现的目的与需要采取的措施或手段,系统地展开,并绘制成图,以明确问题的重点,寻找最佳手段或措施	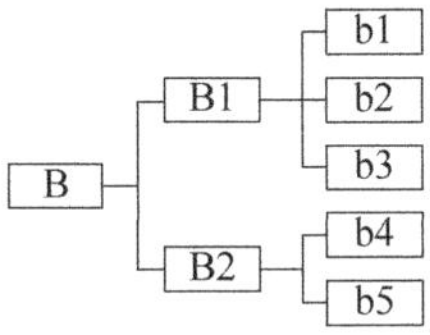
矩阵图	把问题及与其有对应关系的各个因素,按行和列排成图,并在其交点处标出两者之间的关系,从中确定关键点的方法	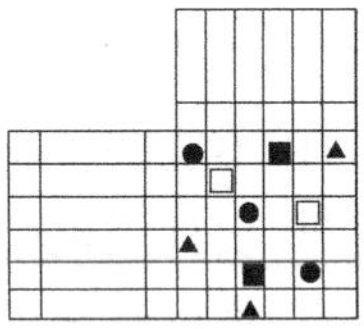
亲和图	对问题进行头脑风暴法思考,然后写下来,相似数据分组,进行归纳和明确	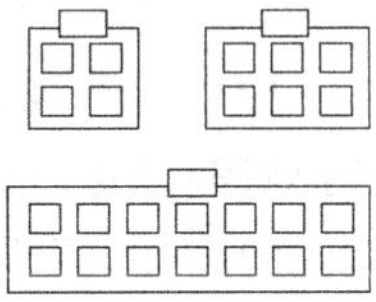
关联图	把若干个存在的问题及其因素间的因果关系用箭条连接起来的一种图示工具	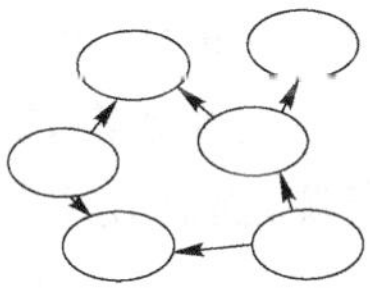
矩阵数据分析法	将矩阵图上各元素间的关系定量化表示,以便能更准确地整理和分析结果	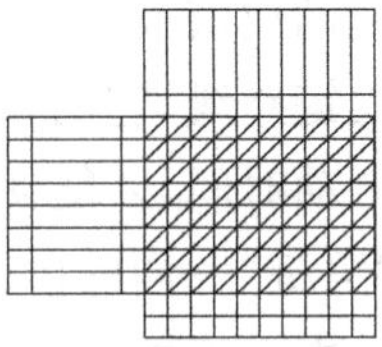

5.3.1 箭条图

箭条图(Arrow Diagram)又称网络计划图(Network Chart),在我国也称为统筹法,是安排和编制最佳日程计划,有效地实施进度管理的一种科学管理方法。箭条图法按工艺要求的时间顺序和生产组织的从属关系,将质量计划中各项工作用矢线段连接成网络图(见图 5-8),从而找到影响工程进度的关键和非关键因素,使质量计划具有时间进度内容的一种科学管理方法。箭条图法有利于从全局出发统筹协调,抓住关键线路,合理安排利用资源、提高执行质量计划的效率和效益。

在日程计划与进度管理方面人们常使用甘特图(Gantt Chart)。甘特图只能给出比较粗略的、计划简单的作业指示,由于表现不出作业间的从属关系,因而存在如下缺点:
① 难以给出详细的计划;
② 在计划阶段不便于反复推敲与思考;
③ 进入实施阶段后难以处理情况变化与计划变更;

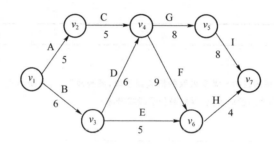

图 5-8 箭条图

④ 不能获得有关某一项作业迟滞对整个计划影响的正确情报;
⑤ 设计规模稍大就难以掌握计划全貌;
⑥ 难以判断进度管理上的重点。

20 世纪 50 年代后期,美国海军在制订北极星导弹研制计划时,为弥补甘特图的不足,提出了一种计划管理方法,称为计划评审法(Program Evaluation Review Technique,PERT),使该导弹研制任务提前两年多完成。1956 年,美国的杜邦和兰德公司为了协调公司内部不同业务部门的工作,提出了关键路线法(Critcal Path Method,CPM),并取得显著效果,箭条图法是上述两种方法的结合。一项任务或工程,可以分解为许多作业,这些作业在生产工艺和生产组织上相互依赖、相互制约,箭条图可以把各项作业之间的这种依赖和制约关系清晰地表示出来。通过箭条图,能找出影响工程进度的关键和非关键因素,因而能进行统筹协调,合理地利用资源,提高效率与效益。

箭条图是一张有向无环图,顶点表示事件(如 V_1、V_2、V_3…),弧表示活动(如 A、B、C…),弧上的权值表示活动持续的时间(如 5、6、9…)。在箭条图中,最长(权值之和最大)的路径称为关键路线,它的长度代表完成整个工程的最短时间,称为总工期。只有通过压缩关键路线上的活动时间,才能使整个工期缩短,因此关键路线上的活动是影响整个工程的主要因素,这就是"关键"一词的由来。

由上述可知,在箭条图中确定关键路线是重要的。假设始点为 V_1,从 V_1 到 V_i 的最长路径长度叫作事件 V_i 的最早发生时间,用 $VE(i)$ 表示,该时间决定了所有以 V_i 为尾的弧所表示的活动的最早开始时间。用 $E(i)$ 表示活动 A_i 的最早开始时间。活动 A_i 的最迟开始时间 $L(i)$ 是指在不推迟整个工期的前提下,活动 A_i 最迟必须开始进行的时间。事件 V_i 的最迟开始时间是指在不推迟整个工期的前提下,一个活动可以最晚开始的时间,用 $VL(i)$ 表示。

关键路线就是由满足 $VL(i)=VE(i)$ 的事件所组成的路径。设活动 A_i 由弧 $\langle j,k \rangle$ 表示(见图 5-9),其持续时间记为 $\text{dut}(\langle j,k \rangle)$,则有如下关系:

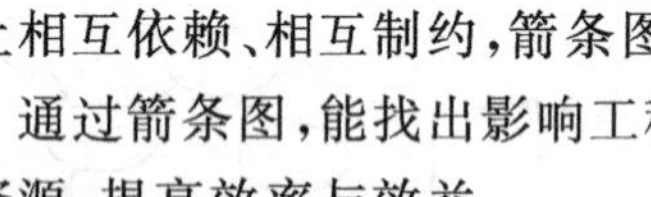

图 5-9 箭条图中的一条弧

$$\begin{cases} E(i)=VE(j) \\ L(i)=VL(k)-\text{dut}(\langle j,k \rangle) \end{cases} \quad (5.1)$$

求 $VE(j)$ 和 $VL(j)$ 分两步:
① 从 $VE(1)=0$ 开始向前递推

$$\begin{cases} E(i)=\underset{i}{\text{Max}}\{VE(i)+\text{dut}(\langle i,j \rangle)\} \\ \langle i,j \rangle \in T, \quad 2 \leqslant j \leqslant n \end{cases} \quad (5.2)$$

其中，T 是所有以 j 为头的弧的集合。

② 从 $VL(n)=VE(n)$ 起向后递推

$$\begin{cases} VL(i)=\underset{j}{\text{Min}}\{VL(j)-\text{dut}(\langle i,j\rangle)\} \\ \langle i,j\rangle\in S, \quad 1\leqslant i\leqslant n-1 \end{cases} \quad (5.3)$$

其中，S 是所有以 i 为尾的弧的集合。

关键路线是箭条图中一个重要的概念，其周期决定了整个作业的周期。关键路线上的延迟或提前，将直接导致整个项目总工期的拖延或提前完成。关键路线上的作业称为关键作业，关键作业在时间上没有回旋的余地。因此，要缩短总工期，必须抓住关键路线上的薄弱环节，采取措施、挖掘潜力，以压缩工期。关键路线能使管理者对工程做到心中有数、明确重点。

5.3.2 过程决策程序图

在质量管理中，要达到目标或解决问题，总是希望按计划推进原定各实施步骤。但是，随着各方面情况的变化，当初拟定的计划不一定行得通，往往需要临时改变计划。特别是解决质量问题时，修改计划更是屡屡发生。为应对这种意外事件，一种有助于使事态向理想方向发展的解决问题的方法——过程决策程序图法被提了出来。

过程决策程序图（Process Decision Program Chart，PDPC）是为了达到某个质量目标，在制定质量计划或进行系统设计时，事先预测可能发生的障碍（不理想事态或结果），从而设计出一系列对策、措施并制定相应的应变计划，这样在计划执行过程中遇到不利情况时，仍能按第二、第三或其他计划方案进行，从而保证实现最终的预定目标，如图 5-10 所示。PDPC 法可用于防止重大事故的发生，因此也称之为重大事故预测图法。

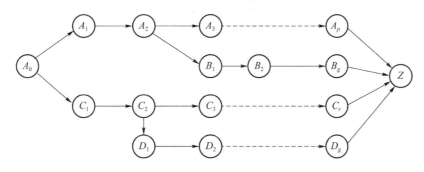

图 5-10 PDPC 法概念

1. PDPC 法的特征

① 从全局、整体掌握系统的状态，因而可作全局性判断；
② 可按时间先后顺序掌握系统的进展情况；
③ 可密切注意系统进程的动向，掌握系统输入与输出间的关系；
④ 情报及时，计划措施可被不断补充、修订。

2. PDPC 法的基本步骤

① 召集有关人员讨论所要解决的课题；
② 从自由讨论中提出达到理想状态的手段、措施；
③ 列举出预测的结果及遇到困难时应采取的措施和方案；

④ 将各研究措施按紧迫程度、所需工时、实施的可能性及难易程度分类。进而,决定各项措施实施的先后顺序,并用箭条向理想状态方向连接起来;

⑤ 落实实施负责人及实施期限;

⑥ 不断修订 PDPC。

利用 PDPC 法,可从全局、整体掌握系统状态以作出全局性判断;可按时间顺序掌握系统的进展情况。

PDPC 法可用于描述质量计划方案,特别适合具有多种替补方案的情况。

PDPC 法与系统图法的不同点是,系统图法将考虑到的手段、措施按"目的-手段"方式展开,是静止的,缺少时间概念。而 PDPC 法是按时间顺序由一种状态向另一种状态移动,是动态的。

按时间顺序排列项目的方法,还有前述的箭条图法(箭条图主要用于日程管理)。如果在 PDPC 中各状态点标记日期,则 PDPC 也能像箭条图那样用于日程管理。但是,箭条图法所处理的对象多是比较确定的事物,即各步实施事项的终了日程基本上可以准确给定,日程精度较高。然而,对于从最初到最终状态不易确切掌握的情况,采用 PDPC 法较为合适。

由于在 PDPC 中,从起点经过任一通路均可到达终点(见图 5 - 11),并存在多种方案,因此可以通过适当的评价方法来选择一个最佳方案(图中用粗线表示)。

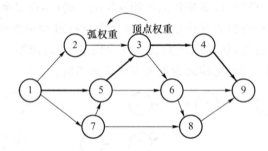

图 5 - 11　PDPC 中的最优路径

为了进行评价,首先根据每一顶点所代表的质量措施的时间(T)、成本或代价(C)、可行性(F)和效果(E)四方面进行评价。T、C、F 和 E 均取相对值 0~10。根据以上四方面评价,由式(5 - 4)可得到一个综合评价值 W,称为该顶点的权重。

$$W = E * F / C * T \tag{5.4}$$

有了顶点权重,即可以此为根据搜索最佳方案。由式(5.4)可知,W 取值越大,表明该顶点代表的方法越好。因此,从始点到终点的所有通路中,其顶点值之和最大者为最佳方案。如果将图 5 - 11 中除始点外所有顶点的权重值转换成以该顶点为弧头的弧的权重,最佳路线(方案)的算法即与网络图(箭条图)中关键路线算法相同。

5.3.3　系统图

系统图法和矩阵图法均可用于问题原因的分解,前者适于单影响因素的多层次分解,后者适于多影响因素的单层次分解。系统图(Systematic Diagram)又称树型图(Tree Diagram),表示某个质量问题与组成要素之间的关系,通过把要实现的目标与需要采取的措施或手段系统地展开(一方面对影响因素系统展开,另一方面对改进措施系统展开)并绘制成图。系统图法可以系统地掌握问题改进的实施路线和重点,寻找实现目标的最佳手段,在质量管理中应用广泛,如质量保证体系的建立、各种质量管理措施的开展等。

在计划与决策过程中,为了达到某种目的,就需要选择和考虑某一种手段;而为了采取这一手段,又需要考虑它下一级的相应手段(见图 5-12)。这样,上一级手段成为下一级手段的行动目的。如此把要达到的目的和所需的手段按顺序层层展开,直到可以采取措施为止,并绘制成系统图,就能对问题有一个全貌的认识,然后从图形中找出问题的重点,提出实现预定目标的最理想途径。

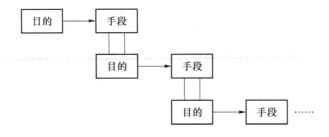

图 5-12 系统图的概念

系统图法的主要用途:
① 新产品研制过程中设计质量的展开;
② 质量保证活动中保证质量的展开;
③ 与因果图结合使用;
④ 目标、方针、实施事项的展开;
⑤ 部门职能、管理职能的展开。
通过上面的论述可知,在质量计划中,系统图适合于质量目标的展开。

在新产品研发过程中,首先通过调查与推测,明确用户的质量要求,并且把满足这种要求的规划质量作为企业领导方针确定下来,然后通过质量设计,把此规划质量变换成设计质量(代用特性)。最后,经过机能设计和生产设计,确定出经济地实现设计质量的具体手段和制造方法。整个过程可表示为图 5-13 所示的目的手段体系。

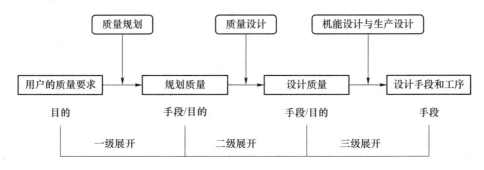

图 5-13 系统图在质量目标展开中的应用

在质量保证活动中,首先通过质量设计活动将用户的质量要求变换为设计质量的目标和要求,然后指导性能设计活动,将设计质量落实为质量特性指标,最后在工序能力研究的基础上,将质量特性指标展开为具体的管理项目和方法手段,如图 5-14 所示。

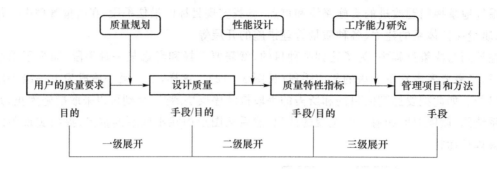

图 5-14 系统图在质量保证计划中的应用

在质量改进中,系统图还可与因果图结合使用,即"因果分析系统图"。具体用因果图法分析产生问题的原因,用系统图描述对应采取的质量措施,如图 5-15 所示。

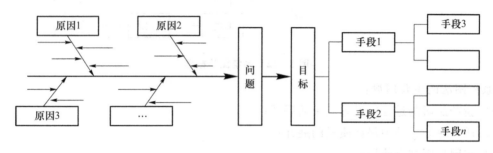

图 5-15 因果分析系统图

由于系统图不能描述时间和先后顺序等概念,所以不适于描述具有时间和先后顺序的质量计划。

5.3.4 矩阵图

矩阵图(Matrix Diagram)是指借助数学矩阵的形式,把多维问题中有相关性的因素列成矩阵,然后根据矩阵图的特点进行分析,从而确定关键点(或着眼点)的方法。矩阵图法能够综合考虑多个因素来探索问题,在复杂的质量问题中存在许多成对的因素,将这些成对因素分别排列成行和列,交点即为表示关联程度的符号,在此基础上再找出存在的质量问题以及质量问题的形态,从而寻找解决问题的思路。在质量管理中,这种方法可用于多因素分析,同时还可以用于寻找新产品研制和老产品改进的着眼点,寻找产品质量问题产生的原因等。在质量计划过程中,矩阵图可用于整理用户需求、分解质量目标以提出质量措施、对质量措施进行排序。

在寻求问题解决手段时,若目的(或结果)能够展开为一元性手段(或原因),则可用前述的系统图法。然而,若有两种以上的目的(或结果),则其展开用矩阵图法较为合适。

在分析质量问题的原因、整理用户需求、分解质量目标时,将问题、用户需求、质量目标(设为 L)放在矩阵图的左边,将问题的原因、用户需求转化来的质量目标或针对质量目标提出的质量措施(设为 R)列在矩阵图的上方,用不同的符号表示它们之间关系的强弱,如图 5-16 所示。

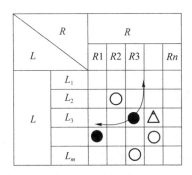

图 5-16 矩阵图的应用

矩阵图还可与系统图组合使用,如图 5-17 所示。如果作矩阵图所需的两要素 A、B 确定了,可先用系统图将每一要素展开,直到得出具有意义的末级要素,然后再将两组要素对应起来作矩阵图。

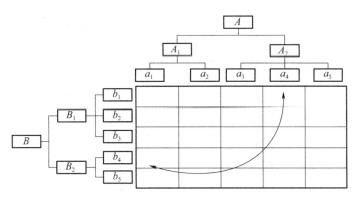

图 5-17 系统图与矩阵图的组合

5.3.5 亲和图

亲和图法(Affinity Diagram)是日本学者川喜田二郎(Kawakita Jiro)研究开发并推广的一种质量管理方法,因此又叫 KJ 法,亲和图法是一种归纳整理的方法,针对某一质量问题,充分收集各种经验、知识、想法和建议等语言、文字资料,通过亲和图进行汇总,并按其相互亲和性归纳整理这些资料,使问题明确起来,求得统一认识和协调工作,以利于问题解决的一种方法。亲和图法既可用于分析产生问题的原因,也可用于集思广益、提出解决问题的措施。

KJ 法的主要用途:

① 归纳思想、认识事物:对未知的事物或领域,虚心收集实际资料,并从杂乱无章的资料中整理出事物的相互关系和脉络,达到认识事物的目的。

② 打破现状:哲学家康德说过:经验是不可靠的。在旧有经验基础上形成的成见,常常成为阻力,妨碍事物的发展;前人的思想或理论体系,可能成为束缚。要求进步,必须打破现状。旧有的概念体系一经破坏、崩溃,思想观念又处于混乱状态,这时,需要用 KJ 法再次归纳整理思想。

③ 计划组织:不同观点的人们集中在一起,很难统一意见。最好能由相互理解的人员组成计划小组。就共同的目标,小组成员提出自己的经验、建议和想法,然后将这些资料编成卡

片并利用 A 型图解进行整理。

④ 贯彻方针：向下级贯彻管理人员的想法和方针，靠强迫命令不会取得好的效果。A 型图可以帮助人们进行讨论，集思广益，从而将方针自然地贯彻下去。

在质量计划过程中，KJ 法可用于基于用户需求或存在的质量问题确定质量目标，也可用于针对质量目标提出相应的实现方法。

在 KJ 法的使用过程中，资料的收集是至关重要的一环。语言文字资料收集的方法将随 A 型图解的用途与目的的不同而异（见表 5-14、5-15）。

表 5-14 语言文字资料收集方法选择

使用目的	收集方法					
	直接观察法	文献调查法	面谈阅览法	头脑风暴法	回忆法	内省法
认识事物	●	○	○	●	◎	—
归纳思想	●	◎	●	◎	◎	●
打破常规	●	◎	◎	●	●	●
参与计划	—	—	—	●	◎	◎
贯彻方针	—	—	—	●	◎	◎

说明：● 常用　◎ 使用　○ 不大使用　— 不用

表 5-15 资料类型选择（符号同上表）

使用目的	收集方法		
	事实资料	意见材料	设想资料
认识事物	●	—	—
归纳思想	◎	●	●
打破常规	●	◎	●
参与计划	○	●	○
贯彻方针	○	●	◎

5.3.6 关联图

质量特性因素之间的因果关系包括纵向关系和横向关系，因果图分析法适于分析纵向因果关系，而关联图（Inter-relationship Diagraph）则适于分析横向因果关系。关联图法又称关系图法，把几个质量问题及涉及这些问题的因素之间的因果关系用箭头连接，分析复杂质量问题之间"原因与结果""目的与手段"等相互关系的一种图表，关联图能够帮助人们分析导致质量问题的质量特性因素之间的横向因果关系，找出发生的主要原因。

关联图是表示事物依存或因果关系的连线图，把与事物有关的各环节按相互制约的关系连成整体，从中找出应从何处入手以解决问题。用于搞清楚各种复杂因素相互缠绕的、相互牵连的问题，寻找、发现各种因素内在的因果关系，用箭头（关联图的箭头，只反映逻辑关系，不是工作顺序，一般是从原因指向结果，手段指向目的）逻辑性地连接起来，综合地掌握全貌，找出解决问题的措施。

1. 关联图的用途

① 制定、执行质量方针及方针的展开、分解和落实；

② 分析、研究潜在不良品和提高质量的因素及其改进措施；
③ 制定开展质量管理小组活动的规划；
④ 改善企业劳动、财务、外协、设备管理等不良的业务工作。

2. 关联图的作法
① 提出主要质量问题,列出全部影响因素；
② 用简明的语言表达或示意各因素；
③ 用箭头把因素间的因果关系指明出来,绘制全图,找出重点因素。

3. 关联图的类型
① 中央集中型关联图（单一目的），即把应解决的问题或重要的项目安排在中央位置,从与其直接相关的因素开始,把相关的各因素排列其周围,并逐层展开,如图 5-18 所示。

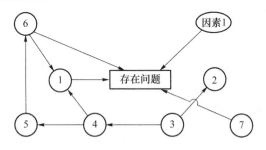

图 5-18　中央集中型关联图

② 单向汇集型关联图（单一目的），即把需要解决的问题或重要项目安排在右（或左）侧,与其相关联的各因素,按主要因果关系和层次顺序从右（左或）侧向左（或右）侧排列,如图 5-19 所示。

③ 关系表示型关联图（多目的），主要用来表示各因素间的因果关系,因此在排列上比较自由灵活,如图 5-20 所示。

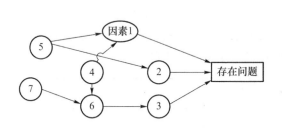

图 5-19　单向汇集型关联图

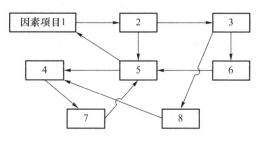

图 5-20　关系表示型关联图

4. 关联图的优缺点
(1) 关联图的优点
① 从整体出发,从混杂、复杂中找出重点；
② 明确、协调相互关系；
③ 把个人的建议、看法照原样记入图中；
④ 多次绘图,了解过程、关键和依据；
⑤ 用关联图表达看法,易于他人理解；

⑥ 整体和各因素之间的关系一目了然;
⑦ 可绘入措施及其结果。

(2) 关联图的缺点

① 同一问题,图形、结论可能不一致;
② 箭头可能有时与原意相反;
③ 比较费时间;
④ 开头较难,不易很快取得实效。

5. 关联图与因果图的比较

关联图与因果图的主要区别:因果图以研究因素与质量之间纵向的关系为主,以质量问题为主干,逐项整理出各影响因素与其的因果关系;而关联图是以分析因素之间横向关系为主,找出各因素之间的关联程度,从而达到解决质量问题的目的,具体如表5-16所列。

表 5-16 关联图与因果图的对比表

因果图	关联图
只限因果关系,从因果关系入手	一切关系,从整体部署,全局观点
只限一个问题,箭头方向一致	多个问题,箭头方向不变,并可扩散
箭头不可逆,一因素一箭头	箭头可逆,一因素可有多箭头
短期基本不变	动态,不断变化
一般措施前、后各绘制一次	多次分析研究绘制
措施不绘入	多考虑措施及其结果

6. 关联图示例

例 5.1 在某重型卡车后桥主减总成装配质量分析过程中,由于装配过程复杂,影响装配质量的因素较多,而且经常出现交叉影响。如:为了调整齿轮啮合斑点要改变主动齿与被动齿的位置,由此而改变了两者的位置,就可能会影响主减启动力矩以及主减噪声。

项目组借助关联图法来系统分析,在对影响主减装配质量问题进行总结的基础上,最后形成如图5-21所示的关联图形式,为解决这一问题提供了必要的支持。

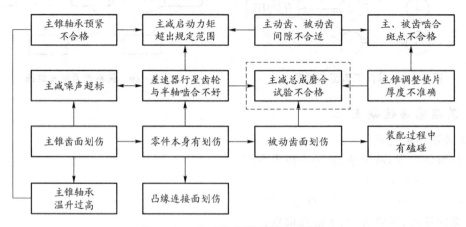

图 5-21 主减总成装配质量关联图

5.3.7 矩阵数据分析法

矩阵数据分析法(Matrix Data Analysis Chart)是矩阵图上各元素间的关系用定量化数据表示,从而可以准确地整理和分析结果,即用数据表示的矩阵图法。矩阵数据分析法的主要方法为主成分分析法(Principal component analysis),利用该方法可从原始数据中获得许多有益的情报。主成分分析法是一种将多个变量化为少数综合变量的一种多元统计方法。其基本思路是通过收集大量数据,组成相关矩阵,求出矩阵的特征值和特征向量,确定出第一主要成分,第二主要成分等。通过变量变换的方法,将众多的线性相关的指标转换为少数线性无关的指标(由于线性无关,分析与评价指标变量时,可切断相关的干扰,找出主导因素,做出更准确的估计),这样就找出了进行研究攻关的主要目标或因素。

矩阵数据分析法可以应用于市场调查,新产品开发、规划和研究,以及工艺分析等质量需求调研方面,其主要用途有以下几方面:

① 根据市场调查的数据资料,分析用户对产品质量的期望;
② 分析由大量数据组成的不良因素;
③ 分析复杂因素相互交织在一起的工序;
④ 把功能特性分类体系化;
⑤ 进行复杂的质量评价;
⑥ 分析曲线的对应数据。

矩阵数据分析法是一种计算工作量相对很大的质量分析方法,下面通过具体实例详细介绍这种质量分析方法。

例 5.2 调查为了了解消费者对 60 种手机的满意程度,评分标准为 1~9 分,即最喜欢的评 9 分,最不喜欢的评 1 分。将调查人群分为 10 组。每组 50 人,经过统计平均得出局部数据资料如表 5-17 所列。

表 5-17 局部数据资料统计表

评价分组	手机 1,(X_{1j})	手机 2,(X_{2j})	手机 i,(X_{ij})	手机 60,(X_{60j})
X_1(男 10 岁以下)	6.7	4.3	…	3.4
X_2(男 11~20 岁)	5.4	5.1	…	2.6
X_3(男 21~30 岁)	3.2	4.7	…	5.1
X_4(男 31~40 岁)	4.3	2.3	…	7.6
X_5(男 40 岁以上)	3.1	7.1	…	8.8
X_6(女 10 岁以下)	8.3	8.3	…	7.6
X_7(女 11~20 岁)	6.5	4.5	…	1.5
X_8(女 21~30 岁)	7.0	6.2	…	3.4
X_9(女 31~40 岁)	6.6	6.3	…	6.8
X_{10}(女 40 岁以上)	1.8	9.0	…	4.4

所研究的问题是男女及各种年龄对手机的喜好有无差异。若有差异,则应估计出每个年

龄组喜欢什么样的手机。而从上面的数据并不能反映出来,因为数据的相关因素太多,并没有达到调查的目的。对上述数据进行处理,得相关矩阵(即协方差矩阵)$\boldsymbol{R} = [r_{ij}]$

$$\overline{X}_j = \frac{1}{60}\sum_{i=1}^{60}X_{ij}(j=1,2,\cdots,10)$$

$$S_j^2 = \frac{1}{60-1}\sum_{i=1}^{60}(X_{ij}-\overline{X}_j)^2(j=1,2,\cdots,10)$$

$$Y_{ij} = \frac{X_{ij}-\overline{X}_j}{S_j}(i=1,2,\cdots,60,j=1,2,\cdots,10)$$

$$r_{ij} = \frac{\sum_{k=1}^{60}Y_{ki}\cdot Y_{kj}}{\sqrt{\sum_{k=1}^{60}Y_{ki}^2\cdot\sum_{k=1}^{60}Y_{kj}^2}}(i=1,2,\cdots,60,j=1,2,\cdots,10)$$

$$\boldsymbol{R} = \begin{bmatrix} 1 & 0.870 & 0.615 & 0.432 & 0.172 & 0.903 & 0.811 & 0.154 & 0.742 & 0.330 \\ & 1 & 0.698 & 0.640 & 0.402 & 0.815 & 0.678 & 0.657 & 0.666 & 0.330 \\ & & 1 & 0.524 & 0.726 & 0.517 & 0.838 & 0.687 & 0.687 & 0.558 \\ & & & 1 & 0.208 & 0.314 & 0.658 & 0.624 & 0.735 & 0.457 \\ & & & & 1 & 0.213 & 0.345 & 0.542 & 0.710 & 0.634 \\ & & & & & 1 & 0.889 & 0.746 & 0.624 & 0.745 \\ & & & & & & 1 & 0.897 & 0.768 & 0.486 \\ & & & & & & & 1 & 0.546 & 0.773 \\ & & & & & & & & 1 & 0.901 \\ & & & & & & & & & 1 \end{bmatrix}$$

该协方差矩阵实际上是通过对原始数据进行标准化处理后,利用标准化后的样本估计,获得一个由 10 组数据组成的对称协方差矩阵,通过计算得到反映系统特性的特征根。用计算机求解矩阵 $\boldsymbol{R}$,得到特征根 λ_i 和相应的特征向量 $[a_i]$,将所有的特征根 λ_i 由小到大排列,前三个的累计贡献率 $\left(\sum_{i=1}^{3}\lambda_i/\sum_{i=1}^{n}\lambda_i\right)$ 为 90.1%,所以取其前三位作为主成分来综合描述原来 10 项分组指标,更能反映人群对手机系列的满意程度。计算结果如表 5-18 所列。

表 5-18 对手机的喜好程度的计算结果

评价分组	特征向量		
	a_1(第一主成分)	a_2(第二主成分)	a_3(第三主成分)
X_1	0.264	0.371	0.194
X_2	0.331	0.245	0.336
X_3	0.323	−0.166	0.442
X_4	0.239	−0.359	0.375
X_5	0.245	−0.544	0.128
X_6	0.254	0.408	−0.284

续表 5-18

评价分组	特征向量		
	a_1（第一主成分）	a_2（第二主成分）	a_3（第三主成分）
X_7	0.344	0.235	−0.127
X_8	0.348	0.032	−0.290
X_9	0.303	−0.164	−0.189
X_{10}	0.411	−0.267	−0.256
特征根 λ_i	6.45	1.64	0.92
贡献率 $\lambda_i/10$	0.645	0.164	0.092
累计贡献率	0.645	0.89	0.901

从表中的数据可以反映的是各主成分的系数，三个主成分的意义可用特征向量来表示。第一主成分下有 10 个数值，此即特征向量。各数值表示各观测组同该偏爱类型（主成分）的关系。

第一主成分下的数值大体相近，而且符号相同，表示不论哪一个年龄组均共同喜欢该类型。因此，称这个新的综合指标为一般喜好指标。

第二主成分的特征值从第一组到第五组变小，第六组到第十组变小，表示男女各年龄组对其喜欢程度随年龄增长而下降。因此，称这个新的综合指标为年龄影响喜好指标。

第三主成分中，男性的特征向量为正值，女性为负值。由此看出男女之间的喜好差别。因此，称该指标为性别影响喜好指标。

以上分析可以看出，关于手机的喜好调查分析可以用三个综合指标来描述，其影响率分别是 64.5%、16.4% 和 9.2%，累计贡献率为 90.1%。

更进一步分析，对手机按各种喜好类型来排列一下。为此，用计算机求得主成分得分：

$$Z_{mj} = \sum_{i=1}^{10} a_{mi} y_{ij}$$

其中，a_{mi} 为第 m 个主成分的第 i 个观测组所对应的特征向量值，具体数值如表 5-18 所列。就 $m=1,2,3$ 的各主成分，求得各手机的 $j=1,2,\cdots,60$ 时的主成分得分，且将第一主成分与第二主成分的得分分别标在横、纵坐标轴上，横轴正方向表示一般喜欢的手机、负方向表示不太喜欢的手机。纵轴向上表示年轻人喜好的手机、向下表示不太喜欢的手机。若将第一主成分与第二主成分的得分描在图中，可以得到一般喜好和老少喜好值相区别的情况。同理，也可以分析第三主成分的信息。

矩阵数据分析法就是利用主成分分析法来整理矩阵数据，并借助计算机可从原始数据中获得许多有益的情报。

5.4 本章小结

本章主要介绍了质量物质文化的概念和内涵，简明扼要地介绍了用于分析定量的质量数据的"QC 老七种工具"，用于分析定性质量信息的"QM 新七种工具"。质量物质文化一方面贯彻质量精神、行为、制度等文化层面的要求，在相应的领域加强软硬件资源方面的物质投入；另一方面通过持续提升产品质量水平和组织质量形象，提高组织有形资产和无形资产的价值，更好地支持组织质量文化持续、全面、健康的发展。

习题五

5.1 简述质量物质文化建设常用的活动形式。

5.2 简述"QC 老七种工具"和"QM 新七种工具"在用途上的差异？

5.3 请简要介绍亲和图的功能。

5.4 请简要说明因果图的绘制步骤。

5.5 请简单说明散布图的使用功能以及分类。

5.6 请说明直方图通常反映的异常分布类型（请至少列出五种类型），以及对应的可能异常因素。

5.7 调查表的作用是什么？编制和运用调查表的基本步骤。

5.8 简述控制图的上下控制限与上下公差限的差异？

第6章 质量文化与技术的融合发展

子曰:"君子之于天下也,无适也,无莫也,义之与比。"

——《论语·里仁》

6.1 科学文化、工业科技革命与质量文化

质量文化与质量技术,是人类在工业文明发展的道路上与故障作斗争的过程中积累经验,不断进行理性思考和感性总结的两条路径。质量技术是围绕质量目标实现,开展质量管理的方法和技术工具的有机整体;质量技术伴随着质量文化观念的形成而发展,同时又推动质量文化的不断演化,它们的表达形式不同,但却是有机的整体。质量技术的创新往往与质量文化发展相互依存、相互支撑,并共同影响着质量学科的发展和演化。科学史研究通常认为,如果某个国家贡献的科学成果占同期世界科学成果总数的25%以上,这个国家就称为"世界科学文化中心"。近代科学诞生以来,科学发展史揭示了这样一条基本规律:在每一个历史时期,总有一个国家成为世界科学中心,引领世界科学技术发展的潮流,从16世纪的意大利到20世纪的美国,世界科学文化中心先后进行了四次大转移。

6.1.1 世界科学文化中心的转移

16世纪的意大利是第一个世界科学文化中心。发源于意大利的文艺复兴运动掀起了欧洲思想解放的高潮,终结了近千年的中世纪黑暗时代。这一时期的意大利,不仅产生了像但丁、达·芬奇这样的伟大诗人和艺术家,还出现了以哥白尼、伽利略为代表的著名科学家,诞生了《天体运行论》《星空信使》等一大批科学名著和天文望远镜这样的科学发明。这些科学技术成果的诞生,极大地改变了人们对世界的看法,开创了崭新的实验科学新时代,使意大利成为近代科学的第一个世界科学文化中心。但是,由于缺乏制度和政策的强力支持和保证,先进的科学文化并没有大规模地转化为先进生产力,随着1600年布鲁诺因支持哥白尼的"日心说"被教会送上火刑柱,1642年"现代科学之父"伽利略的去世,意大利科学中心开始向北欧转移。

17世纪的英国是第二个世界科学文化中心。较之欧洲大陆,文艺复兴的思潮传入英国的时间较晚,但后来者居上,英国工商业蓬勃发展,与世界文化联系日益扩大,并冲破罗马教廷的束缚,作为民族国家确立了君主立宪制,这些因素使得英国快速发展起来,并涌现出沙士比亚、培根和哈维等艺术、人文和科学领域的杰出代表。在培根科学思想的影响下,英国政府和社会普遍重视知识的价值,提倡科学实验,成立"皇家学会"研究自然科学。"皇家学会"云集了牛顿、虎克、麦克斯韦、波义耳、哈雷、达尔文等伟大的科学家,先后诞生了牛顿力学、电磁场理论、进化论等一大批重要科学理论。科学成就成为技术革命的先导,到了18世纪60年代,瓦特在前人的基础上发明和完善了高效蒸汽机,蒸汽机技术和纺织机械的完美结合,使英国引领了第一次工业革命,从而改变了英国整个生产和社会生活的面貌。

18 世纪的法国是第三个世界科学文化中心。18 世纪初,法国经历了一场空前的大革命,以伏尔泰、卢梭、狄德罗为代表的一批启蒙运动哲学家形成了法国百科全书派,他们竭力提倡科学和民主,进行了一次以反封建为主要内容的思想解放运动,他们所提出的思想席卷欧洲大地。同时,在牛顿科学理论的影响下,达朗贝尔、拉格朗日、库仑、拉普拉斯、拉瓦锡、傅里叶、安培、蒙日、泊松、柯西等群星闪烁,取得了《分析力学》《概率论的解析理论》《化学纲要》《画法几何学》等一批重要科学著作,使法国成为世界科学中心,到 19 世纪初进入高峰。但是,法国过分学院式的科研方式以及不重视科学成果的转化和应用,日益动摇了法国世界科学中心的地位。

19 世纪的德国成为第四个世界科学文化中心。"铁血宰相"俾斯麦 1871 年带领德意志完成统一,并对德国开展了政治、行政、教育、科研等层面上的改革,与此同时德国科学开始兴起并进行了大学改革,把教学与科学研究紧密结合起来,使德国成为世界上第一个创立导师制的国家。全新的科研教育体制吸引了许多世界最优秀的科学人才,德国成为科学研究的乐园,并为世界贡献了爱因斯坦、普朗克、玻尔、欧姆、高斯、李比希、霍夫曼等一大批顶尖科学家,创立了细胞学说、相对论、量子力学等重大科学理论和学说,超过 100 位德国人获得诺贝尔奖,特别是在物理、化学、生理学或医学等科学领域。奥托·哈恩为放射及放射化学领域的先驱,并发现核裂变;威廉·伦琴发现 X 射线;费迪南德·科恩及罗伯特·科赫建立了微生物学;航空航天科学家沃纳·冯·布劳恩开发了第一枚太空火箭。德国还特别注重科技成果的应用,卡尔·弗里特立奇·本茨等人成功地制造出了由内燃机驱动的汽车,内燃汽车、远洋轮船、飞机等也得到了迅速发展,使德国一跃成为世界工业强国,先进的电气工业和光学工业为德国科学家提供了世界最先进的科学仪器,使德国科学家在电磁学等领域做出一连串惊人的发现,电力成为新的能源进入生产生活领域,进一步推动了 19 世纪末蓬勃兴起的第二次工业革命,使人类进入了电气时代。

20 世纪的美国是第五个世界科学文化中心。20 世纪初的两次世界大战使欧洲强国元气大伤,美国本土由于地理位置没有受到战火的影响,国内经济特别是军火贸易得到快速发展,成为世界上最富裕的国家,同时也是军事最发达的国家。因此,美国科学的兴起一开始就站在了"巨人的肩膀上",不但继承了英国科学的传统和德国科学的体制,而且特别重视科学人才的引进。在优越的科研环境下,造就了发明家贝尔、爱迪生,二次大战后又吸引了爱因斯坦、费米、弗兰克、威格纳、西拉德等一大批世界顶尖科学家,超过 70%的诺贝尔奖得主被美国聘用在美国工作,为美国科学技术的发展做出了宝贵的贡献。世界各国优秀科学家的云集,使美国在整个 20 世纪引领了世界科学技术发展的潮流,并推动以原子能、计算机、空间技术、微电子技术、生物技术、互联网技术等为标志的第三次科技革命,极大地推动了人类社会经济、政治、文化领域的变革,而且也影响了人类生活方式和思维方式,随着科技的不断进步,人类的衣、食、住、行、用等日常生活的各个方面也在发生重大的变革。

6.1.2 世界科学中心与工业革命

纵观过去四次世界科学文化中心的转移,总结世界科学文化中心能否实现对工业变革和社会发展的巨大推动,可以得到如下基本规律。一个国家要成为世界科学文化中心并引领世界科技变革与工业革命,第一,厚植科学精神和创新文化,重视科学研究和探索试错的价值,构建更加开放包容的创新生态,推动民主自由成为民族精神的重要内涵,如意大利的文艺复兴运动、英国的民主主义思潮、法国的启蒙运动、德国的批判哲学、美国的实用主义哲学思想和开放宽松的移民文化等为各国科学发展创造了良好的精神土壤和文化氛围;第二,国家层面要制定长远的科学发展战略和鼓励原始创新的科技政策,完善国家科技决策体制、机制,优化科技资源配置机制,健全支持全面创新的基础制度体系,如美国第二次世界大战后将基础研究视为国家崛起及强盛的根本性要素,形成多元化科技管理体制,建立了国家科学基金会、国防先进研究计划署等,率先进入国家主导集中投入的"大科学"时代,实施了"阿波罗"登月、星球大战、信息高速公路、人类基因组等高科技计划;第三,要有促使本国人才迅速成长的教育制度和吸引他国人才的优厚科研环境,推动教育适应性改革,创新人才培养模式,循序调整人才结构,加快建设国家战略人才力量,如德国在1848年后加快了教育现代化进程,建立了多层次、全方位的职业技术教育体系,美国第二次世界大战后对战败国顶尖科学家的招揽和高薪聘用;第四,要注重科技成果的转化和应用,实现高新技术产业化,积累雄厚的物质基础,持续推动经济、社会和文化的全面发展,如英国1852年推出专利法修正案并正式成立了专利局,通过保护知识产权推动科技成果与应用转化的良性循环,美国硅谷更是数十年来持续不断地引领世界科技创新潮流,推动美国高科技产业进化历程,快速转化科技成果改变了人们的生活方式,甚至改变了整个世界。

科学发展永无止境,科学理论不可能穷尽自然界和人类社会的一切真理,世界科学文化中心也不可能永远停留在某一个国家。由于现代科学技术的发展存在越来越大的"惯性",目前还没有明显的迹象表明世界科学文化中心将转移出美国,并转向哪一个国家,但随着新兴国家和地区经济、科技迅速发展的势头,世界科学文化中心可能呈现多中心的局面。我国要强盛、要复兴,就一定要大力发展科学文化,努力成为世界主要科学文化中心和技术创新高地。因此,对我国来说,挑战和机遇并存,应按照世界科学文化中心转移的规律,保持理性包容的开放胸襟,高瞻远瞩,审时度势,把握世界百年未有之大变局,坚定赓续奋斗的行动意志,制定积极稳妥的应对政策,凭借中华民族的勤劳和智慧,为世界科学文化发展与技术创新变革做出应有的贡献。

6.1.3 工业时代质量概念的内涵发展

历次工业革命都能显著带动质量管理的创新发展,同时质量的内涵和概念不断丰富,进一步促进了工业变革,第一次工业革命,实现了工业生产机械化,产生了工业化大分工,质量管理出现了专职的检验员;第二次工业革命,实现了机器设备的电气化,出现了自动化水平较高的流水线生产模式,导致产品零件检测样本和数据的增加,质量管理开始与统计理论相结合,产生了统计质量控制技术;第三次工业革命,计算机和信息技术的驱动工业生产,实现了数字化,以数据形式存在的质量信息也成为企业的生产力,质量管理进入全面质量管理阶段;近年来,人工智能和大数据的时代背景为工业制造带来了一次新的革新机遇,真正的无人工厂和智能生产线已经出现,质量管理也将进入了智能化阶段。

1. 质量特性定义:从符合性到适用性

工业化时代早期,人们对质量的认识是"产品符合规定要求的程度",这是从生产角度来定义的质量,将质量问题转换成是否有不符合要求的问题,即只强调产品要达到规定要求或标准,而不管消费者有什么需求或意见。技术规格是由厂商提供的,要达到规定的技术要求,厂商最重要的质量工作就是检验,用检验在厂商和消费者之间树立一道墙,阻止不合格产品流入市场；依靠统计过程控制技术识别早期的波动，在出现不合格产品之前就控制了废品风险。

随着供需市场的变化，质量专家们发现产品只符合厂商一厢情愿的技术规格是不足以赢得市场竞争的，因此质量的概念需要扩大，被定义为产品的适用性（Fitness for Use），强调产品要适合用户的使用需要，任何产品如果不能满足顾客需要，不管它多么符合产品标准，也没有好的质量，人们需要从用户的角度认识和定义质量。在更为关注适用性的质量观念下，好的质量能够最大限度地满足消费者的需求。

由于不同层次的消费者需求不同，同一消费者在不同时期对同一产品的质量也具有不同的期望，而且消费者的需求层次在不断上升，因此，在这种质量观念影响下，质量特征是一个不断改进的动态概念，在其指导下的质量活动要求企业必须不断跟踪消费者的需求，永无止境地进行质量改进和质量创新，生产能够满足消费者需求的产品。质量特性的定义从关注生产方的符合性质量特性转变到关注需求方的适用性质量特性。

2. 质量对象深化：从产品到过程再到体系

质量活动定义的质量对象最初是围绕着产品实物进行的。随着社会的发展，质量的定义对象逐渐从产品扩展到服务、过程、组织和体系，质量的外延和内涵得到了进一步的扩展。质量工作不仅是抓产品和服务的质量，而且要抓过程质量、从业者的质量、组织的质量和体系的质量，要求企业对产品质量进行全员、全过程、全方位管理，对影响质量的各种因素进行控制，要求所有管理职能部门强化质量意识，进行质量责任考核，形成组织内部"质量计划、质量控制、质量改进"的闭环式全面质量管理，其指导下的质量活动强调质量对象的全面管理：全员参与，不限于一线员工和质量检验员，而是包括领导和管理干部在内的全体工作人员都要参加，强调质量第一、人人有责；全过程，不限于生产过程，还包括市场调研、产品开发设计、生产技术准备、制造、检验、销售、售后服务等质量环节的全过程；全方位的质量，不限于产品质量，还包括服务质量和工作质量等在内的广义的质量。质量对象由仅关注产品实物的质量深化到关注组织运行的全系统质量观念。

3. 质量范围延伸：从组织内部到全供应链

质量控制活动最初是在组织内部进行的，质量管理是一个组织内部的行为。随着科学技术的快速发展以及全球范围内分工协作时代的到来，原有标准化、大规模的生产模式，逐渐被注重小批量、多品种生产以满足不同需求、追求快速响应与个性化服务的网络化制造模式所代替，质量控制的范围开始由内部质量控制向外部质量控制扩展。内部质量控制注重组织内部过程、要素以及部门之间的管理与协调，缺乏对外部过程以及外部关系的关注，企业的供应商、制造商之间不仅没有形成一条连续的、通畅的质量传递链路，反而被一系列相对封闭的"质量黑箱"所割裂。质量传递链路中的上下游节点之间是一种纯粹基于订单约束和验收约束的质量关系，节点内部的质量过程相对封闭，缺乏开放性与信息共享，节点之间无法展开质量管理方面的合作与协调，无法适应和满足产品全寿命周期的全过程、集成化、敏捷化的质量管理需求。这种全质量传递链路的质量控制观念，要求企业实施的内部质量管理与包括供应商、制造商、流通商在内的供应链质量的管理相整合，实现企业联盟的持续竞争优势。质量管理和控制的范围由内部质量控制延伸到供应链质量管理。

4. 质量价值传播：从相关方到全社会责任

质量活动的行为主体之间有着明确的利益相关性，关注的是利益相关的组织成员间的质量问题,最初并没有考虑社会责任问题,质量活动中自然也不会纳入与社会责任相关的内容。随着社会和经济的发展,社会责任问题日益受到全社会的广泛关注。企业与组织在向社会提供产品与服务的同时,必须满足各国法律、法规、规章、法令等对质量的各项要求,也要满足环境保护、人类健康与安全、节能和合理利用资源等社会责任的要求。在可持续发展备受重视的今天,与质量有关的方面不仅有顾客与供给方,还包括从业人员、业主和社会,企业、组织、个人和整个社会都应负起自己的社会责任。对于企业来说,其产品和服务的质量应当体现社会责任与社会要求,应当有利于促进社会向健康、文明、进步和可持续的方向发展,而不是仅仅去满足顾客的个人消费需要。质量价值的传播由"让顾客满意,让组织成员及相关方受益"逐渐延伸到同时关注社会责任与环境的可持续发展。

进入21世纪,质量学科仍旧不断拓宽广度、挖掘深度,在全球范围内,质量管理的理论和实践已经突破了产品质量和企业内部管理的范畴,质量管理同企业的价值观、经营战略等理念紧密联系在一起,向卓越质量的方向发展,卓越质量是质量理念和内涵上的一次提升。首先,日新月异的现代信息技术和便捷高速的交通运输,加速了世界经济一体化进程,各国经济对外贸易的依存度日益增强,人类社会进入一个国际化的新时代,人、财、物和信息跨越国界流动,只有不断增强市场竞争能力,才能体现各自的价值并取得竞争优势;其次,可持续发展模式成为世界的共识和追求,传统经济社会发展模式以大量消耗资源和粗放经营为特征,违背了经济规律和自然规律,造成了资源浪费、环境污染和生态破坏,成为制约经济、社会发展的重要因素,成了人类社会继续前进的绊脚石;再者,企业经营管理者们意识到,科技与质量创新是决定企业竞争制胜的关键,企业文化是企业培育卓越质量的支柱,从人才与知识的培养上获取质量效益是企业质量管理的紧迫任务,在"质量生态体系"中建立所有相关者之间的合作伙伴关系已逐渐成为企业共识。

6.2 可靠性系统工程

"可靠性(reliability)"一词是由19世纪的诗人塞缪尔·泰勒·柯勒律治(Samuel Taylor Coleridge)最早提出,用来赞扬某人坚韧的人格品质。现在的可靠性是大家所熟知的一个词语,加入了更多的附加属性,这些属性跨越产品、服务、软件或人类活动,渗透到当今技术密集型社会的方方面面。在第二次世界大战之前,可靠性这个词的意义与可信性(dependability)或可重复性(repeatability)相近,是指一组试验结果或试验设备的一致性,在统计学中与随机误差是相对的概念。回顾统计学和可靠性发展历史可以看出,统计与可靠性概念的发展是密不可分的,概率和统计为可靠性的度量提供了重要的工具。

6.2.1 可靠性工程需求及发展

20世纪20—30年代,泰勒(Taylor)致力于将工程从管理中分开的研究工作,使工业化大生产中设计制造的产品和过程更加一致和高效,统计过程控制理论方法在这一时期应运而生。1927年,特技飞行员查尔斯·林德伯格(Charles Lindberg)尝试从纽约到巴黎的横渡大西洋无着陆飞行,要求发动机能够保证连续运行40 h而无须维护,被认为是明确提出的可靠性要求,但是由于材料、工艺、质量等量化控制研究尚处于起步阶段,可靠性和可靠性工程还没有形成。

第二次世界大战时期的军事需求推动了可靠性技术的发展,许多新的电子产品和新材料进入了作战领域,战争开始时,发现50%以上的机载电子设备无法满足空军和海军的要求,材料的疲劳问题也导致产品时常失效。可靠性的内涵逐渐包含"一个产品能够按需正常运行的能力"。在此期间,瑞典数学家瓦洛迪·威布尔(Wallodie Weibull)在研究材料疲劳工作时,利用威布尔(Weibull)分布模型来解释和处理疲劳试验数据的统计评估问题;M. A. Miner 于1945年发表了《疲劳累积损伤》等开创性论文。到了20世纪50年代,美国、苏联、日本等先进工业国家先后开展了对可靠性的研究与应用,美国无线电工程师协会(IRE)、美国机械工程师协会(ASME)、美国材料试验协会(ASTM)等机构,以及重要的学术期刊杂志和国际学术会议陆续发表了相关研究论文集。1952年,美国国防部下令成立由军方、工业办及学术界组成的电子设备可靠性顾问小组(Advisory Group on Reliability of Electronic Equipment,AGREE),该小组于1957年发布了著名的《军用电子设备的可靠性》(即AGREE报告),该报告极为广泛、系统、深入地提出了如何解决产品可靠性问题的一系列办法,并给出了可靠性的经典定义"产品在规定条件下,在规定的时间段内不发生故障地执行规定功能的概率"。可以认为AGREE报告的发表是可靠性工程成为一门独立学科的里程碑,此后美国制定了一系列有关可靠性的军用标准(MIL-STD),确立了可靠性设计方法、试验方法及程序,并建立了有效数据收集及处理系统,从而指导军用产品研制生产使用维护等全寿命周期的可靠性工作,正式诞生了可靠性工程专业。

20世纪60—70年代,可靠性工程技术在处于领先地位的美国和工业较发达的各国得以向纵深发展,具体表现为建立统一的可靠性管理机构,统一组织和协调国防部内各种产品的可靠性、可用性和维修性工作,制定可靠性工作的政策和指导性文件;成立专门的可靠性研究中心,分别围绕系统工程管理、电子设备、机械设备、软件系统等专业开展针对性的可靠性研究工作;成立全国统一的可靠性数据交换网,改善可靠性设计与试验方法,在可靠性试验中采用综合环境应力试验,加强环境应力筛选,强调可靠性增长试验。

20世纪80—90年代,可靠性工程技术发展为包括维修工程、测试性工程、综合保障工程在内的综合集成技术,称为可靠性维修性保障性(RMS)工程。这种综合集成技术主要表现在两个方面:一是RMS指标的综合,另一方面是RMS工程技术体系的综合,强调可靠性、维修性专业与性能专业的综合。到20世纪80年代中期,又提出用系统工程方法来综合各门工程专业,并把工程专业划分为传统工程专业(机械、电子、气动等)与通用工程专业(可靠性、维修性、质量控制、软件工程等)。20世纪90年代初,进一步发展出了并行工程(Concurrent Engineering)的概念,即进行产品设计、生产和保障的综合集成,对可靠性、维修性、维修保障等工程技术进行综合。

我国的可靠性工程起步于20世纪60年代,在钱学森的推动下,航天工业部704所1962年成立专家组,对质量、可靠性、精度等开展研究,1965年5月,为进一步加强质量与可靠性工作,以704所可靠性质量控制组和试验专家组为基础,抽调具有型号研制经验的技术骨干,同时从中国科学院及大专院校调集应用概率统计专家,组建了705所,这是全国第一个有关质量、可靠性的专门研究所。20世纪70年代,航空航天、电子工业等领域的可靠性工程逐渐兴起,学习并引进了大量国外可靠性工程标准资料;到了20世纪80年代,我国各领域的可靠性科研机构、学术团体雨后春笋般地迅速发展,在现代化武器装备的研制过程中开始推行RMS工程,并取得了显著成绩。在吸取国外先进技术和不断总结自己经验的基础上,逐渐形成了适合我国国情的标准、程序、方法。我国 RMS 工程虽然起步较晚,但及时把握 RMS 技术综合化的发展趋势,分析 RMS 技术之间相互渗透、交互影响的本质以及它们对系统的战备完好性、任务成功性、维修保障资源需求和维修保障费用的重要影响,在总结了国内外 RMS 工程实践经验基础上,于 1991 提出了 RMS 技术指标综合和体系综合的完整概念。

6.2.2 浴盆曲线与寿命周期故障率

系统工程奠基人钱学森在一次国防科技工业可靠性工作会议上总结可靠性工作经验时就首次明确指出"产品的可靠性是设计出来的,生产出来的,管理出来的"。通过长期大量的工程实践和探索,人们逐渐认识到:产品可靠性源于设计,成于生产,显于使用。故障率随产品寿命周期阶段的转换而不断动态变化,且设计规范相同的产品在不同的生产线上制造,其最终的可靠性表现却不同,总是低于设计预期。

为了形象地表达产品不同寿命阶段故障率的变化规律,人们通过统计产品不同寿命阶段的故障数据,提出了如图 6-1 所示的典型浴盆曲线。

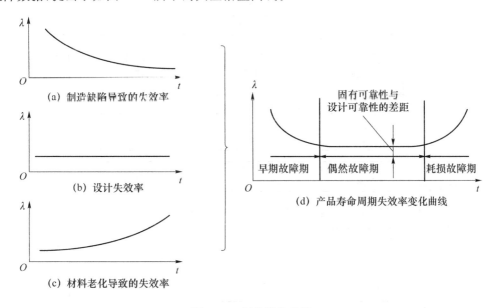

图 6-1 经典浴盆曲线

浴盆曲线模型是从统计意义上对产品全寿命周期内的故障发生特征进行的直观反映:早期故障期描述了产品在投入使用的早期,材料的缺陷、生产的偏差及设计的不当等因素,与制造过程的质量控制效果密切相关,质量控制效果越差,产品表现出的早期故障率就越高,因此,早期故障又叫质量缺陷导致的故障(Quality Failures)。早期故障率呈现由高到低的规律,老炼测试是去除电子产品早期故障的有效技术手段,能够加速早期故障率的下降,使其接近设计可靠性指标;经过早期使用阶段的磨合后,过高的早期故障率逐渐下降并接近可靠性设计指标,失效率曲线也表现稳定,这就是日常所说的偶然故障期或有效寿命期,该阶段的故障率主要与使用环境的应力变化相关,稳定的使用环境将会有效地延长有效寿命期,设计阶段的因素直接决定着偶然故障期的故障率水平;在产品的寿命周期末端,随着构成产品的材料或结构逐渐退化而产生系列蠕变、疲劳或磨损等,失效率曲线随时间推进而逐步递增,这一阶段称为耗损故障期,该阶段维修和使用成本激增,直至产品退出使用。

在传统上,可靠性工程技术主要侧重于通过设计方案的优化来降低偶然故障期的故障率和通过加强维修保障技术来缓解耗损故障期的故障率的增长速度,忽略了在物理上形成产品可靠性的关键阶段——制造过程的研究。早期故障阶段仅限于利用老炼测试等技术手段来被动地消除已经形成的制造缺陷,缺乏对于制造缺陷的预防分析、改进与控制技术手段的研究,更没有形成系统化的产品全寿命周期可靠性保证的理论与技术。

6.2.3 可靠性系统工程基本理论

可靠性系统工程(Reliability Systems Engineering,RSE)抓住了"产品故障"这一核心要素,将与故障相关的理论和技术发展成为一门相对独立的工程技术学科。可靠性系统工程的概念最早由北京航空航天大学杨为民于1991年提出,1994年杨为民、阮镰和屠庆慈教授公开发表了论文——《可靠性系统工程——理论与实践》,文中系统阐述了可靠性系统工程的概念和内涵,给出了如图6-2所示的可靠性系统工程的理论框架。

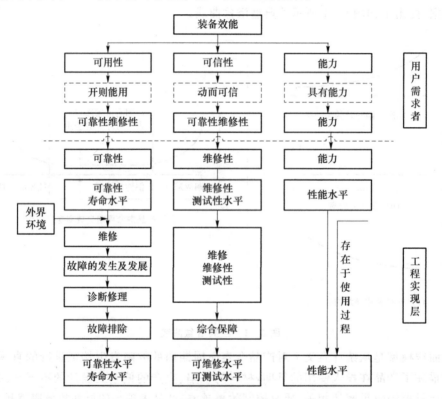

图6-2 可靠性系统工程理论框架

可靠性系统工程是研究产品全寿命过程以及同故障作斗争的工程技术,其从产品的整体性及其同外界环境的辩证关系出发,用实验研究、现场调查、故障或维修活动分析等方法,研究产品寿命与可靠性和外界环境的相互关系,研究产品故障的发生、发展及其预防和维修保障直至其消灭的规律,以及增进可靠性、延长寿命和提高效能的一系列技术和管理活动。可靠性系统工程的总目标为提高产品的战备完好性和任务成功性,减少维修人力和保障费用。

可靠性系统工程的系统工程特性主要体现在其整体性、综合性、择优性与社会性。整体性表明可靠性系统工程是一个有机整体,包含了与故障斗争的完整的学科体系,且具有一致的目标；综合性表明可靠性系统工程横向(时间维)是产品研制全寿命周期各阶段的综合；在纵向(专业维)是各门工程专业的综合；择优性表明可靠性系统工程具有可以量化的目标(战备完好性、任务成功性、寿命周期费用等)，可进行综合权衡与优化；社会性表明可靠性系统工程既包括技术又包括管理，它的工作对象是物(产品)、事(工作)和人，且与外界环境有紧密联系并相互影响。

国内外学者主要从故障的随机性、确定性和模糊性3个方面研究和认识故障规律，根据故障表现规律提出了以下3种可靠性工程技术：考虑故障随机性的基于可靠性数学的可靠性工程技术；考虑故障确定性的基于可靠性物理的可靠性工程技术；考虑故障模糊性的基于模型的模糊可靠性工程技术，这3种可靠性工程技术构成了可靠性系统工程学科的基础理论。

基于以上基础理论，可靠性系统工程又发展出一系列行之有效的相关技术，包括可靠性系统工程基础技术及集成技术。可靠性系统工程基础技术是指在基础理论指导下，应用故障规律形成的相关技术，主要包括：

① 故障预防技术：故障预防技术是可靠性系统工程基础技术中的重要组成部分，主要研究在产品的设计、生产和使用全寿命周期各阶段预防故障的技术。现有的余度技术、降额技术、统计过程控制技术、以可靠性为中心的维修技术等均属于预防故障的技术。由于故障原因和机理的复杂性，现有的这些技术还不能完全实现预防故障的目的。如果故障具有确定性或/和随机性或/和模糊性的规律，那么预防故障的技术也就不仅仅限于上述所列。

② 故障控制技术：故障控制技术是指在产品的设计、生产和使用全寿命周期各阶段控制产品故障的技术。故障控制有两个方面的含义，一是控制故障发生的趋势，二是控制故障发生的后果。要实现控制故障的目的，首先要感知产品的状态，其次要预测产品的故障。故障感知与预测，可以基于故障机理的确定性、随机性和模糊性规律进行。但无论用何种方法，准确地预测每一个产品在内外因的综合作用下的故障趋势，是可靠性系统工程技术研究中最具有挑战性的工作。

③ 故障修复技术：故障修复技术是指产品一旦发生不可控制的故障后，及时有效地恢复产品功能的技术。要实现故障修复，首先要进行故障诊断，即及时检测与隔离产品的故障。其次要进行产品的修理，即快速、经济、有效地恢复产品功能，包括了修复产品故障的具体技术、修复产品故障的程序和为修复产品故障而需要的备件、工具、设备、人力人员的筹措和供应等。

可靠性系统工程的集成技术是对基础理论与基础技术的集成，形成可用于产品的综合论证、设计与分析、试验与评价、生产保证、运用与保障等全寿命各阶段的可靠性系统工程技术能力。如对故障相关属性的度量、设计与分析、试验与评价等。

可靠性系统工程的应用是提高装备质量的关键与核心，在装备建设和发展中具有重要的地位和作用。可靠性系统工程的装备应用可提高产品可靠性水平、降低故障次数、减少维修保障工作量，提高装备安全可靠地完成任务的能力；提高维修性与测试性，有助于降低装备故障诊断时间和修复时间；提高保障性则有助于减少并优化保障资源的种类和数量，缩小保障规模，提高装备部署的机动性。

当前，我国的装备建设进入快速发展阶段，高新装备具有技术要求高、复杂程度高、成本造价高等特点，此外新技术的不确定性、过程控制的不规范性、产品设计的不可靠性等会影响到产品可靠性，最终表现为各类装备质量问题。为此，在装备研制、制造、使用中进行可靠性系统工程是应对上述挑战的重要途径。为实现装备领域可靠性系统工程应用工作的规范性和有效性,中央军委装备发展部于 2021 年 12 月颁布了《装备可靠性工作通用要求》(GJB 450B—2021),该要求作为通用的顶层可靠性工程标准,其内容涵盖了装备全寿命周期可靠性工程的各项工作规范,不仅为科学安排装备在全寿命周期内的可靠性工作提供了标准参考,也为建立装备可靠性应用领域标准体系框架提供了依据,对开展装备的可靠性系统工程应用工作具有重大意义。目前,在我国航空、航天、舰船、兵器等装备中已广泛开展可靠性系统工程并取得良好效果,以下重点介绍可靠性系统工程在航空航天装备中的应用。

例 6.1　航空航天可靠性系统工程的发展

航空与航天是人们经常并列提及的两个技术名词,两者虽然仅一字之差,却属于两大技术门类。航空技术主要是研制军用飞机、民用飞机及航空发动机,航天技术主要是研制导弹武器、运载火箭、人造卫星、飞船、探测器等航天器,最能集中体现两者成果的是航空器和航天器。从航空器与航天器的重大区别即可看出两个技术领域及其行业质量价值的显著差异。

第一,飞行环境与动力装置不同。航空器都是在稠密大气层中飞行的,现代飞机最大飞行高度距离地面约 30 多千米,主要利用吸气发动机提供推力,吸收空气中的氧气作氧化剂,本身只携带燃烧剂。航天器在近于真空的宇宙空间以类似自然天体的运动规律飞行,其运行轨道的近地点高度至少 100 km 以上,主要应用火箭发动机提供推力,既带燃烧剂又带氧化剂。对运行中的航天器来讲,还要研究太空飞行环境。航空发动机需要随飞机完成多次重复起降和执行飞行任务,而发射航天器的运载火箭基本上是一次性使用,返回式可复用火箭尚未普遍使用。

第二,飞行速度和操控要求不同。目前普遍使用的客机都是以亚声速飞行的,军用飞机最快速度是声速的三倍左右,最大航程约 2 万千米,最长飞行时间不超过 24 h;而航天器则是以非常高的速度运行,如在距地面 600 km 高的轨道上运行的航天器的速度是声速的 22 倍,并且可持续工作时间非常长,如航天飞机,能在轨道上飞行 7~30 天,而各种应用卫星、探测器以及空间站会在太空中驻留工作多年。航空器的起飞、飞行和降落与航天器的发射、运行和返回虽然都离不开地面中心的指挥,但两者的地面设施和保障系统及其工作性能与内容也大有区别。航天器发射,中间还要经过多次变轨,情况更为复杂,返回式航天器,其回归地面必须经历离轨、过渡、再入和着陆四个阶段,远比飞机降落困难。另外,航天器正常运行时处于失重状态,若长期有人驻留工作会使人产生失重生理效应,并影响健康,因此,航天员与飞机驾驶员比较起来,其选拔和训练要严格得多,一般人买票即可坐飞机,而花重金到太空遨游的人还须通过专门的培训。

不难想象航空与航天各自特有的质量技术内涵。航天人在工程实践中摸索出很多成功的保证产品可靠性的实践经验,这些经验总结起来就是:可靠性是设计出来的、制造出来的、管理出来的。管理上靠"严、慎、细、实",制造上靠"精益求精",设计上靠"留足裕量"。这个"裕量"是指产品的各种关键性能要在各种工作条件和环境条件的组合下都留有余地。要实现这个目标,一要靠大量的理论计算、仿真分析、地面试验来保证;二要靠各种极限条件下的环境试验来验证。从这个角度来说,"各种试验都是可靠性试验、各种工作都是可靠性工作"这样的认识和做法是非常值得肯定的,这是老一辈航天人针对航天产品"短时间工作、一次使用、小样本"的特点,摸索总结出来的行之有效的成功经验,也是航天产品质量工作的应有之义。

反观航空产品的特点就是"长寿命内重复使用、相对较多的样本",这样的特点就导致除了要运用类似航天产品的设计、制造和管理经验之外,也必须再开展考虑长时间重复使用效应的各种可靠性试验。这是两种产品特点导致的不同的质量工作模式与质量价值内涵。当然,随着航天产品的长时间重复使用(比如可重复使用的返回式航天火箭、长期有人驻留的空间站)和量产(比如小卫星)的需求,航天产品的质量行为模式和核心价值内涵也在与时俱进。

航空可靠性系统工程具有整体性、综合性、择优性等特点,包含可靠性系统工程管理、可靠性系统工程技术等工作内容。实施航空可靠性系统工程是航空产品质量建设的核心任务,是提高航空装备战斗力和保障能力、降低维保费用的有效手段。我国航空可靠性工程开始于20世纪80年代,以运-7、歼-7等型号的定寿延寿、维修改革、可靠性增长开展了可靠性工程应用研究;20世纪90年代初,在新研型号或改进型号中开展了可靠性、维修性、测试性等分析与评价工作,可靠性工程逐渐成为型号研制中的规范性工作,同时,随着杨为民教授提出可靠性系统工程理论框架以及国家将"可靠性共性技术"列入研究计划,可靠性系统工程理论也有了长足的发展。20世纪初期,可靠性系统工程在歼-10、直升机、空空导弹等重点型号中成功应用,产生了重大的军事与经济效益,同时,"可靠性基础理论"被列入关键安全重大基础研究计划。近年来,可靠性系统工程应用于歼-20、运-20等重点型号研制中的关键环节,在保障重大航空装备研制成功中发挥了重要作用。

航天装备具有高性能、高价值、小批量、组成复杂、环境严酷、高速飞行、多次分离等特点,其中导弹和运载火箭还具有长期贮存、不可维修以及"人不在回路"等突出特点。可靠性系统工程有助于解决航天装备在储存、待机、发射、飞行等任务中的故障预防与处置,提高航天装备可靠性与效能。我国航天工程起步于20世纪50年代,航天领域开始引进与研究可靠性技术。20世纪60年代,在导弹试验中暴露出的设计与工艺可靠性问题,使得航天工程师逐渐重视在设计、生产与管理等过程中提高产品的可靠性,中国运载火箭研究院提出了运载火箭可靠性指标,并进行了可靠性指标分配;20世纪80年代,可靠性预计、可靠性评估等被应用于通信卫星、火箭等的研发中;20世纪90年代,可靠性系统工程开始应用于航天装备研发,大范围开展可靠性试验、可靠性仿真、可靠性增长等工作;21世纪以来,基于信息技术、数据分析、人工智能等的可靠性系统工程广泛应用于我国航天工程中。经过几十年的发展,有效解决了航天装备的可靠性问题,助力我国航天装备质量水平达到世界前列。

6.3 零缺陷管理

零缺陷管理是一种系统层面的质量经营管理方法,即指企业发挥组织中的每个人的主观能动性来改进自己的工作、预防问题的发生,建立一套"以人为本、不折不扣"的工作标准,生产者、工作者努力让自己的产品、业务没有缺点,并向着高质量标准的目标奋斗。零缺陷管理强调使每个人都在自己工作职责范围内"一次做对"、兑现承诺,努力做到无缺点。零缺陷管理帮助企业定义绩效的标准,告诉企业什么是正确的事情和要达到的结果,通过"质量管理成熟度"的衡量与评价,确定企业所处的位置,找到组织在竞争中的经营管理及绩效差距,从而设置目标和进步的路径,有步骤地推动其整体进步。

"零缺陷之父"菲利浦·克劳士比(Philip Crosby)1926年出生于西弗吉尼亚州惠灵市的一个医学世家,获得俄亥俄州立医学院外科学位,毕业后在美国海军服役,担任海军陆战队医院医护兵,退役后担任高级工程师和质量经理。他从医学的角度看待质量检验这项工作,认为"检验并不能产生质量",在医生看来,"只有加强预防,才能够避免病人得病"。在就职美国军工企业马丁·玛瑞塔(Martin-Marietta)公司期间,针对导弹研制生产任务中对质量可靠性的高要求,提出"零缺陷"质量管理理念。1979年,克劳士比出版《质量免费:确定质量的艺术》一书,并创立了克劳士比质量学院,在之后近半个世纪的质量管理研究文献中,克劳士比是这个领域内被引用最多的作者之一,哈佛商学院、沃顿商学院、耶鲁大学的管理学院等专门开设了"克劳士比管理哲学"(Crosbyism)课程,并掀起了全球质量管理的"零缺陷"浪潮。

6.3.1 定义

零缺陷管理(Zero defects,ZD),亦称"零缺点管理",是以抛弃"缺点难免论"、树立"无缺点"的哲学观念为指导,要求全体工作人员从开始就正确地进行工作,以完全消除工作缺陷为目标的质量管理活动。

多年来,人们认为"人非圣贤,孰能无过",凡有人参与的事,就永远不可能完美,认为有缺陷的产品是理所当然、在所难免。克劳士比认为,酿成错误的因素有两种:缺乏知识和漫不经心。知识可以衡量,也是可以通过经验和学习而不断充实改进;漫不经心是一个态度问题,经彻底反省觉悟,是有可能改进的。因此,实现产品的"零缺陷"是完全可能的,质量标准就是"零缺陷"。零缺陷并不是说绝对没有缺点,或者说缺点绝对要等于零,而是指要以"缺点等于零"为工作目标,每个人都要在自己的职责范围内努力做到无缺点。

6.3.2 基本原则

1. 明确需求——明确质量的定义和要求

质量的定义就是符合明确的要求,而不是主观和含糊的"好";要了解顾客群体及其具体需求,企业在产品规划阶段须对顾客的需求进行全方位的了解和调研,对产品的开发销售做到整体把握、专业引导和明确需求、精确定位,同时对顾客的需求做到动态跟进、及时调整、全面分析、尽早预测等。

2. 做好预防——建立预防问题发生的质量保障系统

传统的观念是把质量工作的重点放在产品完工后的检验和售后服务,好比急诊医生对病人的诊断和治疗,企业质量人员好像是到处救火的消防员。质量是预防出来的,而不是通过检测得到的,预防过程是严密的策划与实践的互动过程,预防水平决定了企业的质量管理水平,预防措施得当的企业不应该有"意外"发生。质量系统是预防系统,好比是企业的免疫系统,通过提高自身免疫力实现不得病。

3. 一次做对——管理到位和员工做到位相结合的工作标准

管理到位是指管理人员要提供员工必需的工具、设备、方法等,消除工作中的质量弱点、疑点、盲点,明确标准,条件齐备地做好指导性工作,尽全力去鼓励并帮助员工达到要求;员工做到位是指员工要做到集中精力,动作有序,精确到位。两者结合,环环相扣,全过程受控;层层把关,全方位达标,从而避免问题的出现。

4. 科学衡量——建立一套科学的改进效果评价机制

选择适合的衡量标准,计算因质量问题而造成的损失和浪费,而不仅仅关注合格率指标;帮助各级人员从教训中查找问题的根源,从根本上解决问题,并引导员工的分析思路,完善管理方法等;对表现突出的员工,量化其突出业绩所带来的效益,给予相关人员一定的奖励。

6.3.3 管理理念

零缺陷的理念,必须正确理解和把握以下3种观念:

① 抛弃人们难免犯错误的"难免论"。一般认为"人总是要犯错误的",所以对于工作中的缺点和出现不合格品持容忍态度,不少企业还设立事故率、次品率等指标,纵容这种观念。零缺点管理向这种传统观念发出挑战,它抛弃"难免论",认为人都有一种"求全"的基本欲望:希望不犯错误,把工作做好。

② 每一个员工都是主角的观念。在日常的企业管理中,管理者是主角,决定着工作标准和内容,把质量理解为程序、标准、工具,通过约束操作者的行为来提高质量,员工只能照章办事。零缺陷管理要求把每一个员工当作主角,认为只有全体员工都具有零缺点的思想,人人想方设法消除工作缺点,才会有真正的零缺点的行动。从人的价值层面、精神领域入手,通过改变员工的态度与习惯,改变做人做事的方式,从而保证产品的质量。

③ 强调心理建设的观念。传统的经营管理方法侧重于技术处理,赋予员工正确的工作方法。零缺点管理则不同,它侧重于心理建设,认为做工作的人具有复杂心理,如果没有无误地进行工作的愿望,工作方法再好,也不可能把工作做得完美无缺。管理者应当给予从业人员尊重,赋予员工正确的工作动机,让员工相信自己能够做好工作,不再依赖于检验员的随时检查。

6.3.4 实施步骤

把零缺陷管理的哲学观念贯彻到企业中,使每一个员工都能掌握它的实质,树立"不犯错误"的决心,并积极地向上级提出建议,必须有准备、有计划地付诸实践。零缺陷管理可采用以下步骤实行:

① 建立推行零缺陷管理的组织。事情的推行都需要组织的保证,通过建立组织,可以动员和引导全体员工积极地投入零缺陷管理,提高其参与管理的自觉性;也可以对每一个人的合理化建议进行统计分析,持续进行经验交流。公司的最高管理者要亲自参加,表明决心,作出表率;要任命相应的领导人,建立相应的制度;要教育和训练员工。

② 确定零缺陷管理的目标。确定零缺陷小组(或个人)在一定时期内所要达到的具体要求,包括确定目标项目、评价标准和目标值。在实施过程中,采用各种形式,及时公布小组完成目标的进展情况,注意心理影响。

③ 进行绩效评价。小组确定的目标是否达到,要由小组自己评议,为此应明确小组的职责与权限。

④ 建立相应的提案制度。直接工作人员对于不属于自己主观因素造成的错误原因,如设备、工具、图纸等问题,可向组长指出错误的原因,提出建议,也可附上与此有关的改进方案。组长要与提案人一起进行研究和处理。

⑤ 建立表彰制度。无缺陷管理不是斥责错误者,而是表彰无缺点者;不是指出人们有多少缺点,而是告诉人们向无缺点的目标奋进。这就增强了员工"消除缺点"的信心和责任感。

因此,企业要想达到零缺陷,必须同时注重战略策划、操作实施以及结果突破三个方面,也就是说,光有目标没有行动是不够的,企业的管理者在确定战略目标后,还必须明确如何实施它们。

6.4 六西格玛管理

六西格玛管理(Six Sigma Management)是自上而下的管理模式,六西格玛项目的选择与企业战略相关联,要有预期的项目收益。六西格玛管理强调运用统计方法来减少波动,并使过程(过程不仅与制造过程相联系,而且与服务过程乃至组织所有过程相联系)趋于目标值,无限接近于产品或服务的无缺陷。六西格玛管理是一种战略执行层面的管理方法,更加注重路径和工具的选用,注重具体的实施和改善,是一种告诉企业怎样才能将事情做正确的操作实施执行工具,提供了科学地定义缺陷、分析缺陷、减少缺陷和控制缺陷的技术路线和管理模式。

20世纪80年代,日本产品凭借过硬的品质,逐渐抢占了美国大量的市场份额,美国摩托罗拉公司在同日本企业的竞争中,先后失去了收音机、电视机、半导体等市场,到1985年公司濒临倒闭。摩托罗拉公司痛定思痛,承认"摩托罗拉失败的根本原因是其产品质量相对于日本组织同类产品的质量差很多",通过努力实践,在生产过程中降低产品及流程的缺陷次数,防止产品质量变异,进而持续提升品质,总结并首创了六西格玛管理理念。通过设计和监控过程,将可能的失误减少到最低限度,使企业做到质量与效率最高、成本最低、过程周期最短、利润最大,全方位地使顾客满意。六西格玛管理逐步发展成为以顾客为主体、追求持续进步的一种管理哲学。

6.4.1 定 义

西格玛即希腊字 σ 的译音,在统计学中,σ 是标准差,表示分布偏离目标值的程度,可用于衡量流程中的质量波动。企业也可以用西格玛的等级来衡量在流程管理方面的表现,传统公司一般品质要求已提升至 3σ,也就是说流程合格率已达到99.73%的水平,只有0.27%为不合格品,或者解释为每1 000件产品中有2.7件为不合格品,质量波动水平与流程合格率如图6-3所示。

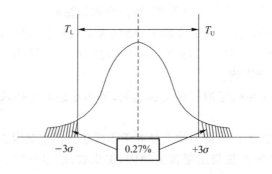

图6-3 对应 3σ 质量波动水平的流程合格率

很多人对产品达到这种水平已经非常满意。可是,根据研究结果证明,如果产品达到99.73%合格率的话,以下事件便会继续在现实中发生:每年有20万件药品处方配错事件,每年近15 000个婴儿出生时会被抛落到地上,平均每年有9小时没有水、电、暖气供应;每星期有5 000宗做错手术的事件,每小时有2 000封信邮寄错误。由此可以看出,随着人们对产品质量要求的不断提高和现代生产管理流程的日益复杂化,企业越来越需要更高的流程质量管理标准,以保持在激烈的市场竞争中的优势地位。实际过程偏差与合格品率的对应关系如图 6-4 所示。为了描述这种高质量水平,质量管理界提出了 PPM(Parts Per Million)。PPM 定义为百万分之一,表示每一百万个产品中的不良率的统计标准,如 10PPM 就表示百万分之十的不良率。在电子产品制造领域,这一指标也称为百万机会的缺陷数(Defects Per Million Opportunities,DPMO),即每百万次采样机会里出现缺陷的机会数。

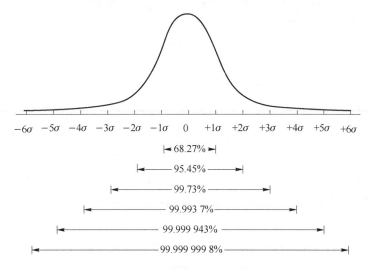

图 6-4 实际过程偏差与合格品率的对应

结合工序能力指数(C_p)的概念,如果质量特性分布中心与标准中心偏移 1.5σ,则容许误差 T 包含实际过程偏差的能力可以用西格玛等级来表示,因此可以将工序能力、西格玛水平、PPM 三者联系起来。不同的西格玛等级所对应的容许误差 T 以及合格率对应关系如表 6-1 所列。六西格玛水平可解释为每一百万个机会或产品中有 3.4 次出错的机会,即合格率为 99.999 66%,此时的工序能力指数 $C_p=2$,$C_{pk}=1.5$。

表 6-1 不同西格玛等级所对应的容许误差 T 以及合格率

西格玛水平	对应 T 与 σ 关系	无偏移			偏移 1.5σ		
		合格率 P/%	PPM	工序能力指数 C_p	合格率 P/%	PPM	工序能力指数 C_{pk}
6.0	12σ	99.999 999 8	0.002	2	99.999 66	3.4	1.5
5.0	10σ	99.999 943	0.57	1.67	99.977	230	1.17
4.0	8σ	99.993 7	63	1.33	99.379	6 210	0.83
3.0	6σ	99.73	2 700	=1	93.32	66 800	0.5
2.0	4σ	95.45	45 500	0.67	69.15	308 500	0.17
1.0	2σ	68.27	317 300	0.33	30.85	691 500	−0.17

实施六西格玛管理的主要作用可归结为:问题解决和降低成本、文化变革、战略实施、员工发展等四个方面。

6.4.2 六西格玛管理 DMAIC 实施流程

六西格玛的实施流程可以概括为 DMAIC,代表了六西格玛改进活动的 5 个阶段:界定阶段(Define)、测量阶段(Measure)、分析阶段(Analyze)、改进阶段(Improve)和控制阶段(Control),这 5 个阶段周而复始、持续不断地实施,实现企业绩效的持续改进。DMAIC 5 个阶段的具体逻辑如图 6-5 所示,每个阶段的工作内容如下:

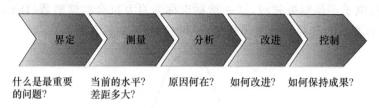

图 6-5 DMAIC 的基本逻辑

(1) 界定阶段

在定义阶段,企业首先要组成六西格玛改进团队,制定团队工作计划,确认顾客的关键需求并识别需要改进的产品或流程,然后分析比较竞争对手和市场发展态势,找出企业自身的优势与劣势以及市场环境中的机会与威胁,确定影响企业核心竞争力和客户满意度的关键质量特性(CTQ),合理确定需要改进的项目和改进目标的界定范围。

(2) 测量阶段

通过对现有过程的测量和评估,制定期望达到的目标及绩效的衡量标准。由于质量变异既可能是过程本身的变异造成的,也可能是由于测量系统的变异造成的,所以在测量系统分析前首先要对产品进行多变异分析,分析产出质量变异的来源和规律;其次要明确测量对象、方法和指标,定义测量过程,明确测量对象与企业绩效之间的关系;最后再进行测量系统分析,即评价测量系统的能力(偏倚分析、稳定性分析、线性分析、重复性与再现性分析),改进测量系统。测量阶段的目的是保证六西格玛项目能够采用正确的方法、测量正确的指标,使测量结果因测量系统导致的误差最小,保证数据准确、可靠、真实地反映流程的目前状况,在此基础上,才能确定合理的抽样方案,对产品进行抽样和数据测量。

(3) 分析阶段

通过数据分析确定过程的关键影响因素。分析阶段主要是利用测量数据对企业流程和产品进行失效模式效应分析(FMEA)、过程能力分析,了解企业流程和产品的目前状况和水平,并通过过程能力评价确定现有系统和流程能力与既定目标之间的差距和解决的方法,在此基础上找出影响企业绩效的根本原因和关键影响因素以及需要改进的关键环节。

(4) 改进阶段

寻找最优改进方案,使过程的缺陷或变异程度降至最低。改进阶段主要是针对分析阶段所找到的影响企业绩效的根本原因和关键影响因素,通过试验设计等方法优化关键影响因素的参数水平,寻求改进方法和策略,大胆地提出问题解决方案,实施企业流程变革与改进,消除流程中的缺陷和不增值的冗余环节以及影响绩效的瓶颈,进而改进流程。

(5) 控制阶段

控制阶段就是通过规范化、标准化和制度化的方式把流程改进的成果固定下来,形成标准作业程序和作业指导书,通过有效的监测方法,维持过程改进的成果并寻求进一步提高改善效果的持续改进方法,使企业长期保持在高绩效水平。此外,企业还应该通过不断地经验推广和交流,加强组织学习,以取得更好更大的管理效果。

需要指出的是,六西格玛项目实施中一般都用到以上的 5 个步骤,但是对于具体情况不必太形式化,其中一些步骤也是可以简化的,如某些测量系统是明显可靠的,就没有必要再做测量系统分析。另外,DMAIC 也是一种工作的模式,其他日常工作都可以用这种模式去解决问题,只是对于小的问题,没有必要严格区分过程阶段,也没有必要进行书面化处理。

6.4.3 六西格玛项目确立方法

实施六西格玛管理是一项复杂的系统工程,其成功实施的关键在于对六西格玛项目的管理,而不是具体的六西格玛方法和技术。企业首先应该从战略角度出发选择改进机会并确定改进项目,保证六西格玛项目能够取得突破性改进。六西格玛项目要能够解决组织流程中的关键问题,要有跨职能的组织方式和可量化的预期成果,项目本身要有一定的复杂度,项目执行过程中要进行定期评审。六西格玛项目的选择对于六西格玛项目的成败影响很大,项目选择要求自上而下,因此要有管理层的参与。

(1) 平衡计分卡与项目确立

平衡计分卡是企业战略部署的典型方法。在六西格玛项目选择中应用平衡计分卡,四个维度中的每一个维度指标都可以作为项目选择的大方向,这就保证了六西格玛项目与组织的当前目标及未来发展相匹配。四个维度中较弱的维度指标应作为项目选择的大方向,这样就保证了企业的平衡发展。需要注意的是,在确定项目具体指标时需要考虑四个维度的平衡,避免一种指标的改进导致另外一种指标产生不良后果。企业的平衡计分卡指标如图 6-6 所示。

财务	顾客
• 库存水平 • 管理成本 • 生产成本 • 不良质量成本(COPQ)	• 顾客满意度 • 准时交付率 • 产品质量特性(过程输出KPOV)
内部业务过程	学习与成长
• 缺陷 • DPMO,SIGMA水平 • RTY(流通合格率) • 过程周期时间 • 关键过程输入变量(KPIV)	• 员工满意度 • 培训时间 • 离职率 • 管理层与员工的沟通时间 • 企业文化认同度

图 6-6 企业的平衡计分卡指标

(2) 关键绩效指标与项目确立

关键绩效指标(Key Performance Indicator,KPI)是指衡量组织战略实施效果的关键指标,用于衡量组织各层级绩效表现的量化指标,是绩效计划的重要组成部分。关键绩效指标是对组织目标起到增值作用的工作而设定的指标,基于关键绩效指标确定组织改进机会,可以保证真正对组织有益处的工作得到改善。

组织的绩效指标较多,而根据二八原理,20%的组织关键行为能产出80%的组织经营效果,并不是所有的绩效指标都能对组织战略形成支持。因此,往往需要从众多绩效指标中,提取出符合组织自身发展所需要的关键绩效指标。通过关键绩效指标暴露出组织实际战略实施中的弱项,确定组织的改进机会,选择合理的六西格玛项目。

(3) 综合评价与项目确立

除了运用平衡计分卡和关键绩效指标这两个比较宏观的选择方法外,还可以采用综合评价法对备选项目进行综合打分,决定项目的确立。综合评价得分示例如表6-2所列。

表6-2 六西格玛项目确立示例

项 目	对外部顾客的影响 5	对企业战略的影响 3	对企业流程的影响 1	项目的示范作用 1	重要性得分
项目1×××	8	6	5	1	64
项目2×××	4	8	2	1	47
项目3×××	6	6	5	5	58
项目4×××	3	2	4	3	28
项目5×××	6	4	8	3	47
项目6×××	3	6	7	1	41

6.4.4 六西格玛项目组织管理

组织实施六西格玛项目的首要任务是创建一个致力于流程改进的专业队伍,并确定团队内的各种角色及其责任,形成六西格玛的组织体系,这是实施六西格玛管理的基本条件和必备资源,形成六西格玛项目的组织管理模式——"黑带团队"。以黑带团队为基础的六西格玛组织是实施六西格玛能取得突破性改进的基础和保证,六西格玛管理组织结构如图6-7所示。

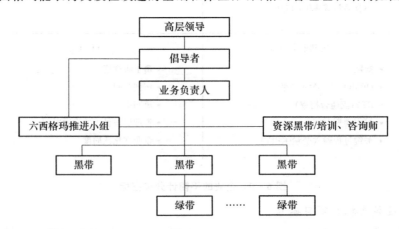

图6-7 六西格玛管理组织结构

(1) 高层领导

高层领导是推行六西格玛管理并获得成功的关键因素,通常由行政总裁(CEO)、总经理、副总经理等组成,成功推行六西格玛管理并获得丰硕成果的组织都拥有来自高层的高度认同、支持参与和卓越领导。

（2）倡导者

倡导者发起和支持黑带项目，是六西格玛管理的关键角色。倡导者通常是高层领导的一员，一般会由一到两位副总经理全职负责六西格玛管理的组织和推行，其工作通常是以战略视角，对六西格玛管理进行全面的战略部署、项目及目标确定、资源分配与过程监控，最终对六西格玛活动整体负责。倡导者在六西格玛组织中起着承上启下的作用，其主要职责为调动和提供企业内部和外部的各项资源，确认和支持六西格玛管理全面推行，决定"该做什么"，确保按时、按质完成既定目标，领导资深黑带和黑带。

（3）资深黑带

资深黑带与倡导者一起协调六西格玛项目的选择和培训，该职位为全职六西格玛管理人员。在一些组织中，资深黑带更多扮演的是组织变革的代言人角色，主要职责是组织项目实施，执行和实现由倡导者提出"该做什么"的工作，经常负责在全公司或特定领域、部门开展六西格玛管理工作，决定"该如何培训黑带并为其提供技术支持，推动黑带们负责的多个项目顺利进展。

（4）黑　　带

黑带是六西格玛管理中最为重要的一个角色，是为企业全面推行六西格玛管理的中坚力量。该职位一般专职从事六西格玛改进项目，负责具体执行和推广六西格玛管理。黑带是成功完成六西格玛项目的技术骨干，是六西格玛组织的核心力量，同时肩负培训绿带的任务，为绿带和员工提供六西格玛管理工具和技术培训，并提供一对一的支持，他们的努力程度决定着六西格玛管理项目的成败。

（5）绿　　带

绿带是黑带项目团队的成员或较小项目的团队负责人，是企业内部兼职推行六西格玛管理众多具体任务的负责人。他们侧重于六西格玛在日常工作中的应用，通常为企业各基层部门的骨干或负责人，他们接受六西格玛技术培训的项目与黑带类似，但内容所达层次略低。一些实施六西格玛的组织，很大比例的员工都接受过绿带培训，他们的任务是把六西格玛的新概念和工具运用到组织的日常活动中去。

（6）业务负责人

除了要选择培养好项目负责人——黑带之外，成功的六西格玛项目还需要相关业务部门负责人（过程管理者）的支持和配合，没有他们的协调和帮助，六西格玛很难取得丰硕的成果。此外，组织通常还需要为六西格玛项目配置财务代表，负责从项目潜在收益评估、解决方案成本收益分析到项目成果收益测算的全过程财务评审。

6.4.5　六西格玛改进常用的工具

六西格玛管理体系是个开放的系统，它吸收了一切可以利用的分析、改善和控制工具，其中常用的工具有：TQC新七种工具、TQM老七种工具、质量功能展开（QFD）、测量系统分析（MSA）、方差分析（ANOVA）、回归分析、失效模式与影响分析（FMEA）、多变异分析（MVA）、统计过程控制（SPC）、实验设计（DOE）等。各阶段使用的工具和技术如表 6-3 所列。

表 6-3　六西格玛(DMAIC)各阶段使用的工具和技术

阶　段	活动要点	常用工具和技术	
D(界定阶段)	明确问题 确定 y (CTQ/CTP)	• 头脑风暴法 • 亲和图 • 树图 • 流程图 • SIPOC 图 • 平衡计分卡	• 力场图 • 因果图 • 顾客的声音 • 质量功能展开(QFD) • 不良质量成本 • 项目管理
M(测量阶段)	确定基准 测量 y, x_S	• 排列图 • 因果图 • 散布图 • 流程图 • 测量系统分析 • 失效模式与影响分析 • 过程能力指数	• 不良质量成本 • 水平对比法 • 直方图 • 趋势图 • 检查表 • 抽样计划
A(分析阶段)	确定要因 确定 $y=f(x)$	• 头脑风暴法 • 因果图 • FMEA • 水平对比法 • 方差分析	• 试验设计 • 抽样计划 • 假设检验 • 多变异分析 • 回归分析 • 作业时间分析*
I(改进阶段)	消除要因 优化 $y=f(x)$	• 试验设计 • 响应曲面法 • 调优运算(EVOP)	• FMEA • 测量系统分析
C(控制阶段)	保持成果 更新 $y=f(x)$	• 控制图 • 统计过程控制	• 过程能力指数 • 过程文件控制

6.4.6　六西格玛项目总结和评审

六西格玛项目管理的最后一个过程是项目总结、项目成果评审与分享,该阶段是实现"闭环评价和知识管理"的过程,即通过对达到目标的项目进行文件化处理并予以闭环评价,将获得的实践经验和教训进行整理,以便识别新的机会,包括与其他相关部门、类似过程以及顾客、供应商、社会等利益相关方分享项目的知识成果,进而使项目的成果倍增,实现六西格玛项目知识资产的确认、积累和分享。

六西格玛管理通过持续改进产品、服务和过程的质量,实现客户满意。它通过系统地、集成地采用质量改进流程,实现无缺陷的过程设计,并对现有过程进行过程定义、测量、分析、改进和评价,消除过程变异,从而提高质量和服务水平、降低成本、缩短运转周期,达到客户满意,增强企业竞争力。六西格玛管理的核心理念是关注顾客、消除变异、以数据为依据。它形成了DMAIC 独特的项目管理模式和以黑带为核心的独特组织管理模式。

综上所述,六西格玛管理是基于统计学技术标准建立的一套系统化、结构化的业务改进与创新模式,旨在运用严谨、科学的方法论实现组织业务流程的突破性改进和设计创新,以项目管理和改进的方式,减少变异,降低浪费,提高质量和效率,提升顾客和其他相关方满意度,实现战略目标。

6.5 卓越绩效准则和质量奖

市场变化和竞争越来越激烈,组织要想持续发展,就需要调动相关方(顾客、股东、员工、供应商和合作者、社会等)深入参与。卓越绩效管理和 ISO 9001 质量体系的出发点不同:ISO 9001 体系的出发点是客户需求,通过标准化的管理,来满足客户需求;而卓越绩效管理的出发点是组织所有相关方的期望,通过激发人员的创造力,持续带来更大的价值。

进入 21 世纪后,由美国最早提出的"卓越绩效模式"日益受到各个国家和企业的重视。在全球经济一体化的形势下,实施卓越绩效模式已成为各国提升企业竞争力,以及企业自身实现持续改进、保持并不断增强竞争优势的有效途径之一。卓越绩效反映了当代先进的质量经营理念和世界级企业成功的经验,是一套引导和帮助企业实现持续改进、提升综合绩效和竞争力的系统方法,被世界公认为经营质量的国际标准。卓越绩效模式建立了一套标准的评价体系,企业可以通过对照标准条款进行相应的整改,以满足"评价标准"的要求,因而是一种"符合性"评价;通过第三方的引导,给出基于目标的诊断式评价,以寻求组织最强的优势和最需要改进的地方,从而引导组织不断追求更好。

6.5.1 卓越绩效模式的基本理念

卓越绩效模式建立在 11 条相互关联的基本理念的基础上,这些基本理念代表国际上最先进的经营管理理念和方法,也是许多世界级成功企业的经验总结,它贯穿于卓越绩效模式的各项要求之中,成为追求建立卓越绩效模式企业的全体员工尤其是企业高层经营管理人员的价值观和行为准则。

第1条:追求卓越的领导

领导力是一个组织成功的关键。组织的高层领导应确定组织正确的发展方向和以顾客为中心的企业文化,并提出有挑战性的目标。组织的方向、价值观和目标应符合其利益相关方的需求,用于指导组织所有的活动和决策。高层领导应确保建立组织追求卓越的战略、管理系统、方法和激励机制,激励员工勇于奉献、成长、学习和创新。

高层领导应通过治理机构对组织的道德行为、绩效和所有利益相关方负责,并通过自己的道德行为、领导力、进取精神发挥其表率作用,有力地强化组织的文化、价值观和目标意识,带领全体员工实现组织的目标规划。

第2条:顾客导向的卓越

将顾客当前和未来的需求、期望与偏好作为改进产品和服务质量、提高管理水平及不断创新的动力,以提升顾客的满意与契合。组织要树立顾客导向的经营理念,认识到质量和绩效是由组织的顾客来评价和决定的。组织必须考虑产品和服务如何为顾客创造价值,提升顾客满意度和顾客忠诚度,并由此提高组织绩效。

在具体做法上,"顾客驱动的卓越"包括以下内容:

① 顾客导向:建立以顾客来评价组织产品及服务的评价机制。

② 增进满意：为顾客创造价值，建立稳定的顾客关系，增进顾客满意和忠诚。

③ 预测需求：密切关注顾客的声音，预期市场变化，建立以顾客为关注焦点的文化，具备快速反应能力和灵活性。

④ 处理不满：顾客驱动的卓越不仅仅是减少产品缺陷和错误、满足规格要求或减少投诉，组织还应致力于修复缺陷、解决服务过失和错误，以恢复顾客信心，提升顾客满意和顾客契合。

⑤ 满足个性：关注那些将组织和竞争对手区别开来的性能和特点，具体措施可能是基于创新的产品交付、产品服务的组合、产品定制、多元化的联合机制或快速响应。

第3条：组织和个人的学习

要应对环境的变化，实现卓越的经营绩效水平，必须提高组织和个人的学习能力。组织和个人的学习意味着采用系统的流程进行知识共享、对现有方法进行持续改善、对目标体系进行重大变革或创新。通过加强组织和个人的学习可获得高水平的整体绩效。组织的学习是组织针对环境变化的一种持续改进和适应能力，通过引入新的目标和做法带来系统的改进。个人的学习是指通过新知识和能力的获得，引起员工认知和行为的改变。个人的学习可以提高员工的素质和能力，为员工的发展带来新的机会，同时使组织获得优秀的员工队伍，增强组织的市场应变能力和绩效优势。

在具体做法上，"组织和个人的学习"包括以下内容：

① 在组织范围内建立和共享知识，分享最佳实践；

② 从源头上解决问题，从而带来系统的学习机会；

③ 改善新产品和顾客服务，为顾客持续创造价值。

④ 提高响应能力和周期时间绩效，提高各种资源的生产率和效力；

⑤ 开发新的业务机会，开发改进新过程或业务模式。

第4条：重视员工和合作伙伴

组织的成功越来越取决于全体员工及合作伙伴不断增长的知识、技能、创造力和工作动机。企业要让顾客满意，首先要让创造商品和提供服务的企业员工满意，重视员工体现在确保员工的满意度、发展潜力和自身权益上。组织与外部的顾客、供应商、分销商和协会等机构之间建立战略性的合作伙伴关系，将有利于组织进入新的市场领域，或者开发新的产品和服务，增强组织与合作伙伴各自具有的核心竞争力和市场领先能力。建立良好的外部合作关系，应着眼于共同的长远目标，加强沟通，形成优势互补，互相为对方创造价值。

在具体做法上，"重视员工和合作伙伴"包括以下内容：

① 明确公司的基本承诺以促进员工和合作伙伴的业务开展；

② 关注员工工作和生活的需要，创造公平竞争的环境，建立奖励体系；

③ 共享公司的知识以便更好地为顾客服务并达成公司的战略目标；

④ 营造一个鼓励员工敢于承担风险和勇于创新的环境；

⑤ 组织与顾客、供应商、教育机构及社会组织间的专项合作。

第5条：快速反应和灵活性

要在全球化的市场竞争中取得成功，组织要有应对快速变化的能力和灵活性，以满足全球顾客快速变化和个性化的需求，"大鱼吃小鱼"已经变成了"快鱼吃慢鱼"。为了实现快速反应，组织要不断缩短新产品和服务的开发周期、生产周期，以及现有产品、服务的改进速度。

在具体做法上,"快速反应和灵活性"包括以下内容:
① 采取轮岗等交叉培训,培养掌握多种能力的员工,以便胜任工作岗位和任务变化的需要;
② 简化工作部门和程序,采取小组工作法并给予充分授权;
③ 须特别关注从设计到导入(产品或服务功能的启动)的周期时间或者创新周期时间,并将其作为企业的重要绩效指标予以评估;
④ 采取并行工程以及具备快速转换能力的柔性生产线,减少工作中的等待。

第6条:关注未来

在复杂多变的竞争环境下,组织不能只满足于眼前的绩效水平,还要有战略性思维,关注组织未来持续稳定的发展,让组织的利益相关方——顾客、员工、供应商和合作伙伴以及股东、公众对组织保持长期的信心。

为追求持续稳定的发展,组织应制定长期发展的战略和目标,分析、预测影响组织发展的诸多因素。例如,顾客的期望、新的商机和合作机会、员工的发展和聘用、潜在顾客和市场细分、技术的发展和法规的变化、社区和社会的期望、竞争对手的战略等,战略目标和资源配置需要适应这些影响因素的变化。战略要通过长期规划和短期计划进行部署,以保证战略目标的实现。组织的战略要与员工和关键供应商沟通,使员工和关键供应商与组织同步发展。组织的持续发展还需要实施有效的领导层继任策划,创造创新机会,预测并承担相应的社会责任。

第7条:促进创新的管理

组织只有通过创新才能形成组织的竞争优势,在激烈的竞争中取胜。创新意味着对产品、服务和过程进行有意义的变革,为组织的利益相关方创造新的价值,把组织的绩效提升到一个新的水平。创新不应仅仅局限于产品和技术的创新,创新对于组织经营的各个方面和所有过程都是非常必要的。组织应当对创新进行引导,把创新作为学习的一部分,使之融入组织的各项工作中,开展观念、机构、机制、流程和市场等管理方面的创新改革。

在具体做法上,"促进创新的管理"包括以下内容:
① 创新应该成为企业文化的一部分,使创新融入日常工作,得到企业绩效体系的鼓励;
② 有效利用企业和员工已经积累的知识进行创新,强化知识管理,使分散在组织和个人的隐性知识显性化;
③ 挖掘工作中的最佳实践,创造更多创新的机会,并促进其快速传播。

第8条:基于事实的管理

基于事实的管理是一种科学的态度,是指组织的管理必须遵从对绩效的测量和分析。测量什么取决于组织的战略和经营的需要,通过测量获得关键过程、输出和组织绩效的重要数据和有效信息;通过分析测量得到的数据和信息,可以发现其中变化的趋势,找出重点问题,识别其中的因果关系,用于组织进行绩效的评价、决策、改进和管理。

在具体做法上,"基于事实的管理"包括以下内容:
① 收集关于关键过程、工作结果的第一线的数据和信息,以确保测量的有效性和准确性。
② 围绕业务需要和企业长期发展目标,建立包括顾客、产品和服务、过程绩效等的测量体系;
③ 将组织的绩效水平与其竞争对手或标杆的"最佳实践"进行比较,识别自己的优势和弱

项,促进组织的持续改进;

④ 关注其他如供应商、员工、合作伙伴等的绩效测量和分析,关注组织成本和财务管理方面的绩效。

第9条:社会责任与公民义务

在组织的经营过程中,以及在组织提供的产品和服务的生命周期内,应注重所承担的社会责任,要恪守商业道德规范,维护公众健康安全,注重保护环境资源,在资源许可的条件下履行公民义务,对社区公益事业提供支持,促进组织和整个社会的持续发展。

在具体做法上,"社会责任与公民义务"包括以下内容:

① 企业的运营过程及产品的全寿命周期应包括对健康、安全和环境的保护;

② 应强调资源保护和从源头减少污染;

③ 应提前提供所需的信息与支持对产品和服务在生产、渠道、运输、使用和处理等方面可能产生的不利影响进行防范规划,保护公众安全。

④ 在与所有相关利益者沟通和交流时应注重道德规范,并将高尚的道德操守作为企业治理的一个要求,建立组织内外部有效的监管制度。

第10条:关注结果和创造价值

组织的绩效评价应体现结果导向,关注关键的结果,主要包括顾客满意程度、产品和服务、财务和市场、人力资源、组织效率、社会责任等方面。这些结果能为组织关键的利益相关方——顾客、员工、股东、供应商和合作伙伴、公众及社会创造价值,并平衡其相互间的利益。各种目标之间有时会发生冲突和改变,为了满足这些目标,组织的战略中就应明确地纳入关键的利益相关者的要求,这将有助于确保计划与行动满足不同的利益相关者的需要,避免对任何一方造成不利的影响。组织的绩效测量是为了确保其计划与行动能满足实现组织目标的需要,并为组织长/短期利益的平衡、绩效的过程监控和绩效改进提供了一种有效的手段。

第11条:系统的观点

卓越绩效模式强调以系统的观点来管理整个组织及其关键过程。卓越绩效模式的基本理念构成了一个系统的框架和协调机制,强调了组织的整体性、一致性和协调性。系统的观点体现了组织所有活动都是以市场和顾客需求为出发点的,以最终达到顾客和其他相关方满意为目的;各个基本理念的目的最终都是以主要利益相关方共同满意与和谐共赢为核心的,他们之间以绩效测量指标为纽带,各项活动均依据战略目标的要求,按照 PDCA 循环展开,并进行系统的管理。

在具体做法上,"系统的观点"需要关注组织的综合、校准和整合。

① 综合意味着要把组织视为一个整体并在此基础上确立包括核心能力、战略目标、行动计划和工作系统在内的关键组织属性;

② 校准意味着应用卓越绩效准则各项要求之间的联系来确保计划、过程、测量指标和行动之间的一致性;

③ 整合意味着组织绩效管理系统的各个要素以充分互联的方式运行,并产生可预期的效果。

理解这 11 条质量价值观,是为了更好地实践、应用卓越绩效模式,在应用中为企业持续发展创造价值。知易行难,在实践卓越绩效模式的过程中要付出艰辛的努力,适应环境的变化,从而实现观念变革和管理创新。

目前全世界已有80多个国家和地区设立了质量奖,以"波多里奇国家质量奖"评价标准为代表的卓越绩效准则目前几乎已成为"经营管理事实上的国际标准",作为一种可重复使用的绩效管理和持续改进的系统方法指南,得到了愈发广泛的关注和应用。

6.5.2 日本"戴明奖"及评价指标

"戴明奖"是世界上第一个与质量管理活动相关的国家奖项。1951年,戴明应日本科学家与工程师联盟(Japanese Union of Scientists and Engineers,JUSE)邀请赴日本讲学推广统计质量控制方法和理念,并且捐出讲义稿费用于推进日本质量管理活动,为了纪念戴明对日本质量管理发展的贡献,JUSE以戴明的名字设立质量管理最高奖。"戴明奖"的类别包括:针对个人的"戴明本奖"和针对企业的"戴明实施奖",以及针对企业内一个部门的"戴明事业部奖"。"戴明本奖"授予在全面质量管理或应用统计质量方法研究方面取得显著成绩,或相关知识普及方面作出突出贡献的个人;"戴明实施奖"授予实施全面质量管理并在该年度绩效有显著提高的企业;"戴明事业部奖"授予通过实施全面质量管理,在该年度取得与众不同的卓越改进效果的企业事业部门。

自1951年至今,有200多家企业获得"戴明实施奖",获得"戴明奖"的企业,都积极按照质量奖的评价标准和要求,根据自己企业的特点、环境,不断完善它们的质量控制方法,其产品质量和服务水平均得到大幅度提高。"戴明奖"评审委员会认为,持续改进不是轻易就能获得的,没有哪一个企业仅仅靠解决别人提出的问题就能获得卓越的绩效。它们需要自己思考、创新和变革,制定自己的质量战略目标和经营战略目标,并为此而努力。在这样的企业中,"戴明奖"被作为一种奖励持续改进、创新和变革的工具。"戴明奖"给日本企业的质量管理带来极大的直接或间接的影响。日本企业以申请"戴明奖"作为动力和桥梁,积极推动全面质量管理。经过几十年的努力,逐渐形成了日本企业的竞争力,取得了令世人瞩目的经济奇迹。

"戴明实施奖"的评奖准则及其运营方式经历了大量的修订和改进,2007"戴明实施奖"评审标准由基本事项、特色活动和领导职能及领导力的发挥3个部分构成。评价的基本事项及其相互联系如图6-8所示,基本事项所包含的具体内容如表6-4所列。

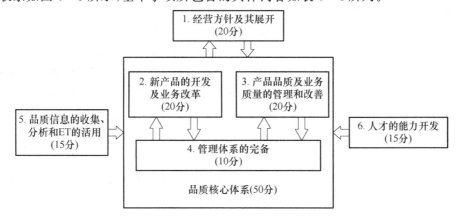

图6-8 "戴明实施奖"评奖事项及其相互联系

表 6-4 "戴明实施奖"基本事项评价项目和相应的分值

评价的项目	分值/分
1. 与质量管理相关的经营方针及其展开	20
a. 在为适应行业种类、现状、规模和经营环境而制定的明确的经营方针的基础上,是否规划了积极的重视品质、服务客户的经营目标及战备。	10
b. 经营方针是否在组织内部有效展开,做到全组织团结一致地实施	10
2. 新产品的开发和/或业务的改革	20
a. 是否积极地实行了新产品(制品、服务)的开发和/或业务的改革。	10
b. 新产品是否满足了顾客的需求;业务的改革是否对提高经营效率做出巨大贡献	10
3. 对产品品质及业务质量的管理和改善	20
a. 日常管理:标准化和教育训练是否使日常的业务基本不出现问题,各个部门的工作可以平衡进行。	10
b. 持续改进:品质及其他相关改进工作是否有计划地、持续地进行,市场和/或后工序的抱怨及不良率是否正在减少;市场和/或后工序的抱怨及不良率是否保持在很低的水平上。顾客满意度是否正在提高	10
4. 品质、产量、交货期、成本、安全、环境等方面的管理体系是否完备	10
上述的管理体系中,受审企业所必要的管理体系是否都建立完备、有效	
5. 品质信息的收集、分析和 IT(信息技术)的应用情况	15
是否系统地收集了市场和组织内部的品质信息;是否运用了统计的方法和信息技术;在产品开发、改进及业务品质管理、改进方面是否得到有效的应用	
6. 人才的能力开发	15
是否有计划地培养人才和开发人员能力;是否对提高产品质量和改进业务品质管理起到积极作用	

"戴明实施奖"的效果表现在经营结果和管理水平两方面。在经营结果方面,通过挑战"戴明奖"而改进了质量,促进了新产品的开发,提高了生产率,增加了销量和利润;在管理水平方面,改善了部门间的沟通效率,提高了工作质量,改进工作成为了持续性活动,推动了经营计划的落实,促进了经营方针的沟通,改善了综合管理体制。

日本质量管理活动以"戴明奖"为契机取得了长足的发展,得到了各国的认同。"戴明奖"之所以能对日本质量管理的发展起到巨大作用,其原因是"戴明奖"有别于 ISO 9000,它不进行符合性评审,即不审核质量管理活动是否符合规格、标准,而重在奖励质量管理活动的创新。ISO 9000 审核是以与 ISO 9000 标准的符合度作为基准进行的符合性评审,通过审查以确定企业质量管理活动是否符合相关标准的基准和规定。而"戴明奖"则与此相反,"戴明奖"是非竞争性的,没有明确的评审标准,它是对企业"开创了质量管理活动新方式"的奖励,它要求获奖企业应拥有独自特色的质量管理方式以及改进的实施案例。

另一方面,对于获奖企业来说,其质量管理的方式不再是秘密,要向别的企业进行公开。有意挑战"戴明奖"的企业,可到先期获奖的企业进行参观学习。为此,那些被授予了"戴明实施奖"的企业经营者或负责质量工作的管理者,在获奖后依然非常忙碌,要接受各种各样的邀请,到各处做以"我们公司的质量管理"为题的演讲。另外,获奖企业还要接纳安排其他企业的来厂参观请求,应答各种各样的提问,并与到访者交换意见、交流切磋。就有关质量管理的实施而言,日本企业间相对公开的层面是较为广阔的。通过提供和营造这种相互启发的机会,"戴明奖"极大地促进了日本质量管理的发展。由此,日本质量管理的运营水准得到持续不断的提高。

6.5.3 美国"波多里奇国家质量奖"及评价指标

20世纪80年代前后,日本的经济和日本企业的竞争力达到了顶峰。伴随着日本制造的精良产品,全面质量管理的概念几乎传播到世界的每一个地方。许多美国企业经营管理者开始重新认识"全面质量"活动,"日本能,我们为什么不能"一度成为美国工商界的热点话题。政府领导人和许多美国企业家也认识到,在竞争日益激烈的市场环境中,强调质量不再是可供企业选择的事情,而是必须的条件。很多组织和个人建议政府设立一个类似于日本"戴明实施奖"的国家质量奖,以促进美国企业全面开展质量活动。美国众议院科学、研究和技术委员会举行了一系列听证会,为了重振质量,在前商业部长 Malcolm Baldrige 的提议和资助下,美国国会1987年通过第 100-107 号公众法,设立了由美国总统亲自颁发的"波多里奇国家质量奖"(Malcolm Baldrige National Quality Award,MBNQA),以表彰美国组织在质量管理和提高竞争力方面作出的杰出成绩,并明确规定得奖企业在获奖后4年以内,负有向社会公开和分享其质量管理技术及经验的义务。

"波多里奇国家质量奖"由美国商务部所辖的国家标准技术研究院(NIST)颁发,奖项的行政事务由美国质量学会(ASQ)承担,绝大部分实际工作由来自公司、大学、政府部门、咨询机构和其他组织的志愿者来完成,如对申请报告进行审查和评分、实地考察、裁定、制定管理程序等。"波多里奇国家质量奖"最初主要针对制造业、服务业和小企业,后逐渐发展为面向工商业(制造业、服务业)、教育和医疗三种行业,提倡"追求卓越"的质量理念,每年评选2~3个获奖组织,要求获奖组织以经验交流会的方式,公开发表其质量管理经验,提供给其他组织学习和参考。经过多年的实践,"波多里奇国家质量奖"已经成为美国质量管理界的最高荣誉,而且随着它的影响不断扩大,对美国乃至世界的质量管理活动都起到了巨大的推动作用。

"马尔科姆·波多里奇国家质量奖"的评审依据称为"卓越绩效准则",这套准则的出台很快引起了美国及世界各国政府和企业界的关注,因为它不仅能为申报质量奖的企业提供一个评价标准,并且有助于提高各类组织的质量绩效标准和期望水平;在对于关键的质量要求和运作绩效要求有共同理解的基础上,能够促进各类组织之间及组织内部的交流与共享,还可以作为计划、培训、评估及其他用途的工具。因此,尽管每年申报美国国家质量奖的企业仅有几十家,卓越绩效准则依然得到了广泛的传播和应用,它超越了狭义的产品和服务质量的概念,关注经营管理系统的质量,以及组织全面的经营绩效和长期成功。

图 6-9 所示为波多里奇质量绩效评价框架,该框架具有如下的基本要素。

(1)组织概述

组织概述给出了组织运行的背景。组织所处的环境、关键的工作关系和战略挑战构成了组织绩效管理系统的简要指南。

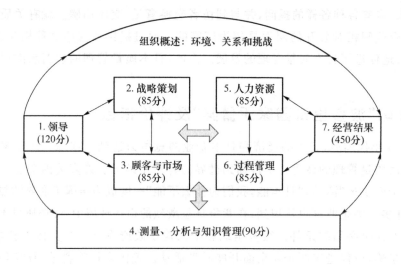

图 6-9 美国波多里奇质量绩效评价框架

(2) 系统的运行部分

系统的运行部分由 6 个条目组成,它确定了组织的运行方法以及所取得的结果。其中,领导、战略策划和以顾客和市场为中心组成了"领导作用"三角形。该三角形体现了制定战略和面向用户的领导的重要性,在组织绩效管理系统中起到驱动作用。组织的高层领导为组织确定发展方向,并为组织寻求未来的发展机遇。此外,人力资源、过程管理和经营结果组成了"经营结果"三角形。员工完成组织的工作作为关键过程,从而产生了经营结果。框架中心的水平箭头将"领导作用"三角形和"经营结果"三角形连接起来,这一联系对于组织的成功有着至关重要的作用,展示了领导和经营结果之间的关系,凸显出"反馈"在一个有效的绩效管理系统中的重要性。

(3) 系统的基础部分

测量、分析与知识管理作为绩效管理系统的基础,为提升组织的绩效和竞争力发挥着至关重要的作用,推动组织的改进和创新。对于一个基于事实的、知识驱动的改进绩效和竞争力的系统,其发挥着至关重要的作用。

还值得一提的是,自从美国国家质量奖创立以来,历届总统都很重视,出席并发表热情洋溢的讲话,充分肯定美国国家质量奖对美国经济的促进作用,大力倡导美国企业参与美国国家质量奖的评奖,因为评奖过程就是学习和提高的过程。在美国,每年获得"波多里奇国家质量奖"的企业只有几家,申报该奖的企业也只有几十家,但却有几十万家企业采用"波多里奇国家质量奖"标准进行自我评价,这一标准成为企业追求卓越的指导书和参照系,世界上许多国家和地区的质量奖标准都引用参考了这一标准。

美国国家质量奖的设立,促进了美国 20 世纪 90 年代后的发展,为美国重新回到世界经济霸主的地位做出了一定的贡献,其评价准则每年都要进行修订,力图涵盖被证明行之有效的先进管理实践,从而帮助使用者应对日益复杂的挑战。

6.5.4 欧洲质量奖及评价指标

美国"波多里奇国家质量奖"和日本"戴明奖"在推动和改进制造业与服务业质量水平和绩

效成果方面所取得的成效,使欧洲企业有所启发。时任欧盟委员会主席的雅克·戴勒指出:"为了企业的成功,为了企业竞争的成功,我们必须为质量而战。"1988年,由欧洲14家大公司发起成立了欧洲质量管理基金会(EFQM),意在强调质量管理在所有活动中的重要性,把促成质量改进作为企业实现卓越的基础,从而增强欧洲企业的效率和竞争力。1991年10月,在巴黎召开的欧洲质量管理基金年度论坛上,欧盟委员会副主席马丁·本格曼先生正式提出设立"欧洲质量奖"(European Model for Business Excellence,EMBE),颁给在质量管理的持续改进中取得实质性进步的卓越企业。1992年10月,在马德里召开的欧洲质量管理基金年度论坛上,西班牙国王胡安·卡洛斯向获奖者颁发了首届"欧洲质量奖"。

设立"欧洲质量奖"的目的与其他国家质量奖一样,都是为了推动质量改进运动,提高组织对质量改进的重视程度,增强使用质量管理技术方法的意识,对绩效卓越的组织表示认可,以提高欧洲企业在世界一体化市场上的竞争力。

"欧洲质量奖"的卓越模型的基本理念基于如下8个方面:
① 结果导:结果让所有利益相关方满意;
② 以顾客为中心:创建可持续的顾客价值;
③ 领导与坚定不移的宗旨:需要具有远见卓识的领导与坚定不移的目标;
④ 基于过程和事实的管理:通过一系列独立和相关的体系、过程和事实来管理组织;
⑤ 员工的发展与参与:通过职业发展和参与,使员工贡献最大化;
⑥ 持续学习、创新和改进:通过学习、创新和改进的过程来改善组织现状和实现变革;
⑦ 伙伴关系的建立:发展和保持增值合作伙伴关系;
⑧ 法人社会责任:超越组织运营的基本法规要求,努力理解和响应社会利益相关方的期望。

"欧洲质量奖"强调自我评估和计划改进,经过多次设计,"欧洲质量奖"形成如图6-10所示的卓越质量模型框架与打分标准,卓越质量模型在许多组织中得到了广泛的应用,许多欧洲国家在该模型的基础上建立了自己的国家质量奖。

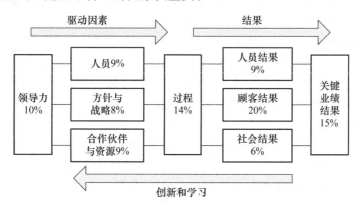

图6-10 "欧洲质量奖"的卓越质量模型框架与打分标准

"欧洲质量奖"的卓越质量模型从9个方面描述了组织走向卓越的过程,这9个方面可以分为"驱动要素"和"结果"两大类准则。它不仅帮助管理人员提高决策质量和领导能力,并且帮助管理者明确为了最大程度地满足利益相关方,他们应当将改革创新的重点放在哪里。"驱动要素"是组织可操作的并实现"结果"的手段,"结果"是组织用于反映某一特定的经营业务或业务领域取得的成就。图中的箭头表示模型的动态特性,创新和学习有助于改善"驱动要素",

从而实现"结果"的改进。

"驱动要素"标准如下：

① 领导力：决策团队和其他管理者在确定和表达组织可实现的全面管理和持续改进的愿景时的行为。

② 人员：组织如何对待其员工及组织如何发挥员工的知识和潜力来持续提高其产品和服务的质量。

③ 方针与战略：确定和重温组织的使命、价值观、愿景和战略方向，以及组织如何通过全面质量和持续改进的概念来完成其愿景和使命。

④ 合作伙伴与资源：是指组织如何有效管理和利用其外部的合作关系和内部的资源以实现其使命和战略计划所要求的经营业绩。

⑤ 过程：关于组织如何设计、管理和推进各种活动与业务过程来满足顾客和股东的要求。

"结果"标准如下：

① 人员结果：调查组织与员工的关系方面所取得的结果。

② 顾客结果：考察组织与目标客户关系方面所取得的结果。

③ 社会结果：确定组织在满足当地、国家和国际社会的需求与期望方面所取得的结果。

④ 关键业绩结果：了解组织在实现其预期业绩和满足其股东需求方面所取得的结果。

图 6-10 还给出了每一个标准在"欧洲质量奖"的评估体系中所占的分值比例，质量卓越模型除了作为"欧洲质量奖"的评奖框架，也被广大企业使用，作为进行自我评估和持续改进的有效工具。

6.5.5 我国质量奖及评价指标

改革开放以来，我国企业在政府的倡导和推动下，引进和实施全面质量管理方法。1979年，我国的质量发展也迎来了自己的春天，经国务院批准，原国家经济委员会颁发了《中华人民共和国优质产品奖励条例》，决定设立国家质量奖，这是我国首次以国家名义设置的质量专门奖项，并于同年开始评选"国家优质产品奖"，委托中国质量管理协会（中国质量协会的前身）组织专家评审，由原国家经济委员会代表政府授奖的方法进行管理。全国广大企业广泛开展以提高产品质量为中心的增产节约运动，把获得国家质量奖作为企业质量工作的奋斗目标，通过努力争创国家质量奖，带动企业管理及产品质量水平迈上新台阶。为了鼓励企业按照质量管理理论，更加深入地开展全面质量管理活动，建立健全有效的企业质量管理体系，参考工业发达国家的质量奖励制度，原国家经委与中国质量管理协会于1982年决定在国家质量奖中增设"国家质量管理奖"，1991年，这项奖励制度因种种原因停止了评选。

1993年，《中华人民共和国产品质量法》颁布实施，明确要求"对产品质量管理先进和产品质量达到国际先进水平、成绩显著的单位和个人，给予奖励"。在引进学习和总结试点经验的基础上，我国2001年设立了行业协会奖励"全国质量管理奖"，2006年更名为"全国质量奖"，由中国质量协会负责组织实施，每年评选一次，参照世界各国质量奖的评价标准和评审程序，研究探索应用卓越绩效模式，全国质量奖的评审标准和工作流程依据国家标准《卓越绩效评价准则》(GB/T 19580)开展，评审表彰在质量经营方面表现卓著的企业。此外，我国2012年设立了国家政府奖励"中国质量奖"，由原国家质检总局负责组织实施，每两年评选一次。"中国质量奖"旨在推广科学的质量管理制度、模式和方法，促进质量管理创新，传播先进质量理念，激励引导全社会不断提升质量，推动建设质量强国。

《卓越绩效评价准则》(GB/T 19580)标准的制定,结合我国企业质量管理的实际情况,参照了国外质量奖的评价准则,从领导、战略、顾客与市场、资源、过程管理、测量、分析与改进以及经营结果等七个方面规定了组织卓越绩效的评价要求,为组织追求卓越绩效提供了自我评价的准则,也适用于质量奖的评选,其框架如图6-11所示。

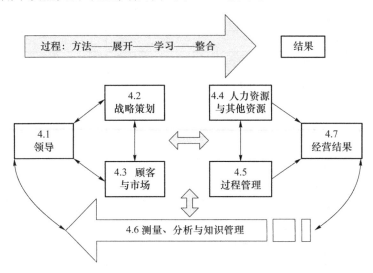

图6-11 《卓越绩效评价准则》框架模型

《卓越绩效评价准则》(GB/T 19580)的结构借鉴了美国波多里奇质量绩效评价框架,也包括由"领导""战略""顾客和市场"构成的"领导作用"三角形,和由"资源""过程管理""经营结果"构成的"经营结果"三角形。通过"测量、分析和改进"连接成 PDCA 循环改进模式,形成不断改进和创新的系统,引导企业追求卓越。同时还借鉴欧洲质量奖模式,表明了"过程"类目和"结果"类目的逻辑关系。卓越绩效模式旨在通过卓越的过程创造卓越的结果,并基于结果的测量、分析与知识管理,驱动过程的改进。其中"过程"强调的是应对评价准则的要求,确定、展开组织的方法并定期评价、改进、创新和分享,使之达到系统的一致、协调;"结果"强调的是不断提升组织的综合绩效,赶超竞争对手和标杆,获得世界级的绩效。

卓越绩效评价准则包括7个类目的评价要求,进一步又细分为22个条目,并根据不同的权重分配了分值。22个条目表明了各类目评价要求中基本和总体的要求,可单独进行评分,故也称为"评分项目";在各个条目中又包括了数个评价的要点,表明了评价的详细要求,但不单独评分。准则的实施可帮助组织评价其整体绩效和能力,为组织的股东、顾客、员工、供方、合作伙伴和社会创造价值,有助于组织获得长期的成功,并使各类组织易于在质量管理实践方面进行沟通,成为一种理解、管理绩效并指导组织进行规划和学习提高的工具。从表6-5可以了解准则的整体内容和分值分布。

表6-5 卓越绩效评价准则内容和分值分布

类目/条目号	类目/条目名称	类目分值	条目分值
4.1	领导	100	
4.1.1	组织的领导		60
4.1.2	社会责任		40

续表 6-5

类目/条目号	类目/条目名称	类目分值	条目分值
4.2	战略	80	
4.2.1	战略制定		40
4.2.2	战略部署		40
4.3	顾客与市场	90	
4.3.1	顾客和市场的了解		40
4.3.2	顾客关系与顾客满意		50
4.4	资源	120	
4.4.1	人力资源		40
4.4.2	财务资源		10
4.4.3	基础设施		20
4.4.4	信息		20
4.4.5	技术		20
4.4.6	相关方关系		10
4.5	过程管理	110	
4.5.1	价值创造过程		70
4.5.2	支持过程		40
4.6	测量、分析与改进	100	
4.6.1	测量与分析		40
4.6.2	组织绩效的信息和知识的管理		40
4.6.3	改进		30
4.7	经营结果	400	
4.7.1	顾客与市场的结果		120
4.7.2	财务结果		80
4.7.3	资源结果		80
4.7.4	过程有效性结果		70
4.7.5	组织的治理和社会责任结果		50

6.6 本章小结

本章介绍了新时代质量文化与技术的融合发展，阐述了科学文化与工业革命的协同关系，对可靠性系统工程、零缺陷、六西格玛管理、卓越绩效准则等质量经营模式的实现手段进行了重点介绍。

质量文化与技术的融合发展具有鲜明的结果导向性，都是为了提高企业和社会综合效益，注重企业综合经营结果、关注社会影响力、实现卓越绩效。世界各国质量技术的创新与各国文化密切相关，影响质量发展的因素既有经济发展水平，也有时代愿望，更有该国的传统文化。如日本企业根植于东方文化，强调"自觉""修为"，关注细节、精益求精，立足于企业内部，强调自我超越。美国企业文化属于西方文化范畴,强调标准制度的作用,通过制度监督、发现问题,立足于企业外部,把本企业的业绩与同行最优秀企业的业绩进行对比,找出差距以寻求改进。通过比较分析先进质量技术与文化协同发展的特点与经验,对其共性进行分析,便于找到国家质量发展的一些共同的特点,对我国建设质量强国以及组织追求卓越绩效有很大的借鉴和启发作用。

习题六

6.1 简述文艺复兴后世界出现的五个科学文化中心,并说明科学文化中心推动工业革命的四个要素。

6.2 在六西格玛方法论中,用于过程改进的DMAIC方法包括哪些步骤?

6.3 简述可靠性的概念、可靠性系统工程的内涵?

6.4 典型故障曲线称之为浴盆曲线(bathtub curve,失效率曲线),曲线的形状呈两头高,中间低,具有明显的阶段性,简述浴盆曲线的几个阶段及其特点?

6.5 简述零缺陷管理的基本原则?

6.6 简述卓越绩效模式的基本理念?

参考文献

[1] 国家质量监督检验检疫总局,国家标准化管理委员会.质量管理体系 基础和术语:GB/T1 9000—2016[S].北京:中国标准出版社,2016.

[2] 国家质量监督检验检疫总局.质量工程 术语:GB/T 19030—2009[S].北京:中国标准出版社,2009.

[3] 何益海,戴伟.质量工程技术基础[M].2版.北京航空航天大学出版社,2021.

[4] 赵宇,何益海,戴伟.质量工程技术体系与内涵[M].北京:国防工业出版社,2017.

[5] 制造质量强国战略研究课题组.制造质量强国战略研究·技术卷[M].北京:中国质检出版社,2016.

[6] 中国质量协会、中国制造企业质量管理蓝皮书[M],北京:人民出版社,2017.

[7] DOUGLAS C M. Introduction to Statistical Quality Control[M]. 7th ed. John Wiley & Sons, Inc. , 2013.

[8] 周三多.管理学——原理与方法[M].6版.上海:复旦大学出版社,2014.

[9] 林志航.产品设计与制造质量工程[M].北京:机械工业出版社,2005.

[10] 孙静.接近零不合格过程的质量控制[M].北京:清华大学出版社,2001.

[11] 钟伦燕.统计过程控制(SPC)技术原理和应用[M].北京:电子工业出版社,2001.

[12] 张公绪,孙静.新编质量管理学[M].2版.北京:高等教育出版社,2003.

[13] 张根保.质量管理与可靠性[M].北京:中国科学技术出版社,2005.

[14] 贾新章.统计过程控制与评价[M].北京:电子工业出版社,2004.

[15] 于振凡,等.生产过程质量控制[M].北京:中国标准出版社,2008.

[16] 张根保.现代质量工程[M].2版.北京:机械工业出版社,2007.

[17] 伍爱.质量管理学[M].3版.广州:暨南大学出版社,2006.

[18] 何益海,戴伟.质量工程技术基础[M].2版.北京航空航天大学出版社,2021.

[19] Montgomery D C. Introduction to Statistical Quality Control[M]. 7th ed. John Wiley & Sons, Inc. ,2013.

[20] 倪金刚.GE航空发动机百年史话[M].北京:航空工业出版社,2015.

[21] 何益海.基于关键质量特性的产品保质设计研究[D].北京:北京航空航天大学,2006.

[22] 邵家骏.质量功能展开[M].北京:机械工业出版社,2004.

[23] 林志航.产品设计与制造质量工程[M].北京:机械工业出版社,2005.

[24] 张性原.设计质量工程[M].北京:航空工业出版社,1999.

[25] 秦现生.质量管理学[M].2版.北京:科学出版社,2008.

[26] 唐晓青,王美清,段桂江.产品设计质量保证理论与方法[M].北京:科学出版社,2011.

[27] 康锐,何益海.质量工程技术基础[M].北京航空航天大学出版社,2012.

[28] Krishnamoorthi K S. A first course in quality engineering : integrating statistical and management methods of quality[M]. CRC Press, 2012.

[29] 苏秦,张涑贤. 现代质量管理学[M]. 2版. 北京:清华大学出版社,2013.
[30] 尤建新,邵鲁宁,李展儒. 质量管理学[M]. 4版. 北京:科学出版社,2021.
[31] 山田秀. TQM 全面质量管理[M]. 东方出版社,2016.
[32] Hubert K. Rampersad. 全面质量管理——持续改进指南[M]. 北京:中国人民大学出版社,2004.
[33] 中国质量协会. 全面质量管理[M]. 2版. 北京:中国科学技术出版社,2010.
[34] 刘晓论,柴邦衡. ISO 9001—2015 质量管理体系文件[M]. 2版. 北京:机械工业出版社,2017.
[35] 郭庆华. 2015 版质量管理体系标准理解与应用[M]. 北京:中国铁道出版社,2017.
[36] 斯欣宇. PDCA 循环理论在质量管理工作中的运用[J]. 中国检验检疫,2004(06):35 - 36.
[37] 康锐,王自力. 可靠性系统工程的理论与技术框架[J]. 航空学报,2005(05):633 - 636.
[38] 康锐,曾声奎,王自力. 装备可靠性系统工程的应用模式[J]. 中国质量,2013(04):16 - 18.
[39] 徐萍,王自力. 航空可靠性系统工程发展研究[C]//航空科学技术学科发展报告(2010—2011),2011:137 - 147+178 - 179.
[40] 王国辉,李文钊,刘轻骑,等. 航天可靠性工程技术体系及关键技术研究[J]. 宇航总体技术,2020,4(04):1 - 6.
[41] 王自力,韩笑,何益海. 基于用户期望偏差度的装备适用性质量评价方法[J]. 质量与可靠性,2021(04):1 - 7+12.
[42] 康锐,王自力. 装备全系统全特性 全过程质量管理概述[J]. 国防技术基础,2007(04):25 - 29.
[43] 武器装备质量管理条例[M]. 北京:中国法制出版社,2010.
[44] 尤建新. 质量观念与质量成本管理方法创新[M]. 石家庄:河北人民出版社,2001.
[45] 段波,董明方. 完善武器装备质量法规制度体系的思考[J]. 质量与可靠性,2020(06):63 - 66.
[46] 中华人民共和国计量法[M]. 北京:中国计量出版社,2000.
[47] 中华人民共和国标准化法[M]. 北京:人民出版社,2017.
[48] 中华人民共和国产品质量法[M]. 北京:中国法制出版社,2005.
[49] 中华人民共和国食品卫生法[M]. 北京:法律出版社,2001.
[50] 中华人民共和国食品安全法[M]. 北京:人民出版社,2015.
[51] 中华人民共和国认证认可条例[M]. 北京:中国标准出版社,2004.
[52] 中华人民共和国进出口商品检验法[M]. 北京:中国法制出版社,2021.
[53] 国家食品药品监督管理局. 药品召回管理办法[S].
[54] 国家标准局. 产品质量监督试行办法[S].
[55] 国务院. 工业产品质量责任条例[S].
[56] 国家质量监督检验检疫总局. 强制性产品认证管理规定[S].
[57] 国家经贸委,国家技术监督局,国家工商局,财政部. 部分商品修理更换退货责任规定[S].
[58] 戴克商. 质量工程技术方法[M]. 北京:清华大学出版社,2007.

[59] 张根保.质量管理与可靠性[M].北京:中国科学技术出版社,2006.
[60] 宋明顺.质量管理学[M].北京:科学出版社,2005.
[61] 张根保.现代质量工程[M].2版.北京:机械工业出版社,2009.
[62] 赵选民.试验设计方法[M].北京:科学出版社,2006.
[63] 陈亚力.概率论与数理统计[M].北京:科学出版社,2008.
[64] 徐京辉.产品质量分析与评价技术基础[M].北京:中国标准化出版社,2007.
[65] Shi J J. Stream of Variation Modeling and Analysis for Multistage Manufacturing Processes[M]. Taylor & Francis Group,2007.
[66] Joseph M. Juran,Joseph A. De Feo. Juran's Quality Handbook[M]. 7th ed. Mc Graw Hill,2017.
[67] 吉姆·柯林斯,杰里·波勒斯.基业长青[M].北京:中信出版社,2019.
[68] 吉姆·柯林斯,从优秀到卓越[M].北京:中信出版社,2019.
[69] 陈阳,徐文锋.零缺陷实战[M].广州:广东经济出版社,2005.
[70] 中国质量协会.质量经理手册[M].北京:中国人民大学出版社,2010.
[71] 许达哲.航天型号可靠性守则[M].北京:中国宇航出版社,2013.
[72] 朱兰,戈弗雷.朱兰质量手册[M].5版.北京:中国人民大学出版社,2003.